一流高职院校旅游大类创新型人才培养"十三五"规划教材

总主编 ⊙ 江　波

茶艺服务与管理

Tea Art Service and Management

主　编◎叶　宏　钟　真

副主编◎刘孝利　费　璠　唐春艳　柳　波　李　蓉

参　编◎熊　娟　郭红芳　李　琨　郑　翔　刘　权

中国·武汉

内 容 简 介

本书通过引用企业茶艺岗位的工作技能标准和茶艺师资格考证标准，形成项目任务式教学内容。采用情景导入法、任务驱动法、角色训练法，激发学生的学习兴趣，深化学生的学习内容，通过课前自主学习，课中教师引导、学生训练，课后学生探究，使学生全面了解中国茶文化知识，并熟练掌握茶叶冲泡技巧和服务方式。

全书内容以“茶艺服务”为主线，通过对茶艺服务流程和岗位技能标准的分析，结合茶艺师资格考证内容，选取八大项目25个任务模块来组成教材。项目模块将茶艺服务岗位前、岗位中和岗位后充分融合，突出茶艺服务技能。在教材中穿插“识茶之趣”、“泡茶之雅”、“品茶之乐”、“悟茶之道”、“玩茶之心”等小知识点，增加书本的趣味性。

本书可作为高等职业院校旅游管理专业及相关专业的教学用书，融入中国传统文化，在教学生识茶、泡茶、品茶的同时，培养学生的服务意识和职业素养。

图书在版编目(CIP)数据

茶艺服务与管理/叶宏，钟真主编. 一武汉：华中科技大学出版社，2018.4(2023.1 重印)
一流高职院校旅游大类创新型人才培养“十三五”规划教材
ISBN 978-7-5680-3914-7

Ⅰ.①茶… Ⅱ.①叶… ②钟… Ⅲ.①茶文化-中国-高等职业教育-教材 ②茶馆-商业经营-高等职业教育-教材 Ⅳ.①TS971.21 ②F719.3

中国版本图书馆 CIP 数据核字(2018)第 067814 号

茶艺服务与管理 叶 宏 钟 真 主编
Chayi Fuwu yu Guanli

策划编辑：周 婵 周晓方
责任编辑：李家乐
封面设计：杨小川
责任校对：李 弋
责任监印：周治超
出版发行：华中科技大学出版社(中国·武汉) 电话：(027)81321913
武汉市东湖新技术开发区华工科技园 邮编：430223
录 排：华中科技大学惠友文印中心
印 刷：武汉开心印印刷有限公司
开 本：787mm×1092mm 1/16
印 张：14.75 插页：2
字 数：348 千字
版 次：2023 年 1 月第 1 版第 5 次印刷
定 价：49.80 元

总 序

全域旅游时代，旅游业作为国民经济战略性支柱产业与改善民生的幸福产业，对拉动经济增长与满足人民美好生活需要起着重要作用。2016 年，我国旅游业总收入达 4.69 万亿元，旅游业对国民经济综合贡献高达 11%，对社会就业综合贡献超过 10.26%，成为经济转型升级与全面建成小康社会的重要推动力。“十三五”期间，我国旅游业将迎来新一轮黄金发展期，旅游业消费大众化、需求品质化、竞争国际化、发展全域化、产业现代化等发展趋势将对旅游从业人员的数量与质量提出更高的要求。因此，如何培养更多适合行业发展需要的高素质旅游人才成为旅游职业教育亟待解决的问题。

2015 年，国家旅游局联合教育部发布《加快发展现代旅游职业教育的指导意见》，提出要“加快构建现代旅游职业教育体系，培养适应旅游产业发展需求的高素质技术技能和管理服务人才”，标志着我国旅游职业教育进入了重要战略机遇期。同年，教育部新一轮的职业教育目录调整，为全国旅游职业教育专业群发展提供了切实指引。高职院校专业群建设有利于优化专业结构、促进资源整合、形成育人特色。随着高职教学改革的逐渐深入，专业群建设已成为高职院校迈向“一流”的必经之路。教材建设是高职院校的一项基础性工作，也是衡量学校办学水平的重要标志。正是基于旅游大类职业教育变革转型的大背景以及高职院校“争创一流”的时机，出版一套“一流高职院校旅游大类创新型人才培养‘十三五’规划教材”成为当前旅游职业教育发展的现实需要。

为此，我们集中了一大批高水平的旅游职业院校的学科专业带头人和骨干教师以及资深业界专家等，共同编写了本套教材。

本套教材的编写力争适应性广、实用性强、有所创新和超越，具备以下几方面的特点。

一是定位精准、具备区域特色。教材定位在一流高职培养层次，依托高职旅游专业群，突出实用、适用、够用和创新的“三用一新”的特点。教材编写立足湖南实际，在编写中融入湖南地方特色，以服务于区域旅游大类专业的建设与发展。

二是教材建设系统化。本套教材计划分批推出 30 本，涵盖目前高等职业院校旅游大类开设的大部分专业课程和院校特色课程。

三是校企合作一体化。教材由各高职院校专业带头人、青年骨干教师、旅游业内专家组成编写团队，他们教学与实践经验丰富，保证了教材的品质。

四是配套资源立体化。本套教材强化纸质教材与数字化资源的有机结合，构建了配套的教学资源库，包括教学课件、案例库、习题集、视频库等教学资源。强调线上线下互为配套，打造独特的立体教材。

希望通过这套以"一流高职院校旅游大类创新型人才培养"为目标的教材的编写与出版，为我国高职高专旅游大类教育的教材建设探索一套"能显点，又盖面；既见树木，又见森林"的教材编写和出版模式，并希望本套教材能成为具有时代性、规范性、示范性和指导性，优化配套的、具有专业针对性和学科应用性的一流高职院校旅游大类教育的教材体系。

湖南省职业教育与成人教育学会
高职旅游类专业委员会秘书长
湖南省教学名师
江波　教授
2017 年 11 月

前言

中国作为茶之母国，目前正在践行的“一带一路”倡议，是振兴中华茶文化，振兴中国茶产业，建设中国茶叶强国的新的历史机遇。中国茶的进一步推广，能推动国际经贸、旅游和相关文化产业的发展，有助于茶经济的深化，使茶产业朝更高、更强的方向持续发展。产业的迅猛发展需要人才的支撑，茶产业从产业源头的采茶工，到服务客人的茶艺师，都是产业链上必不可少的一环。

本书作为旅游专业教材，着重于茶文化、茶知识、茶叶冲泡和茶艺服务等方面的内容。同时培养学生的服务意识和职业素养，为旅游专业的学生提供一门专业技能，拓宽学生的就业面，提高学生的创新意识。教材编写的特色主要体现在以下几个方面。

1. 教材内容项目化

在教材内容的选取上，我们引入企业的工作流程和服务标准，以工作项目为导向，形成工作任务，贴近企业对人才的技能需求。并结合茶艺师技能考证内容，突出教材的职业性和实践性。

2. 专业内容趣味化

本书通过设计一系列的“识茶之趣”、“泡茶之雅”、“品茶之乐”、“悟茶之道”、“玩茶之心”等栏目，丰富和拓展专业内容，增加阅读的趣味性。

3. 技能要点图文化

通过简明利落的文字展现技能要求，并附上大量原创图片，使教材浅显易懂，增加阅读者的自我探索和学习意识。

4. 能力培养职业化

本书每个章节都配有与茶艺师技能考证有关的知识考核和能力考核，使学习内容更具有职业性。

本书由湖南外贸职业学院叶宏、钟真担任主编，并负责设计编写教材大纲和全书的统稿、主审工作；由费璠、唐春艳、刘孝利、柳波、李蓉担任副主编。费璠（湖南大众传媒职业技术学院）参与项目一、项目七的编写，唐春艳（湖南工业职业技术学院）参与项目三、项目四的编写，刘孝利（湖南大众传媒职业技术学院）参与项目六、项目八的编写，钟真参与项目五的编写，熊娟（湖南高尔夫旅游职业学院）参与项目二的编写。湖南网络工程职业学院柳波，湖南环境生物职业技术学院李蓉，湖南外贸职业学院郭红芳、李琨、郑翔、刘权参与了资料的收集整理、图片拍摄制作、文字校对等工作。

本书在编写过程中，参考了大量网络资料、报纸杂志、相关论著等，并吸取了其中的优秀成果，同时也特别感谢湖南省十佳茶艺师、高级茶艺师黎曦遥小姐和中级茶艺师何梅倩小姐担当我们的茶艺表演模特。茶艺内容丰富多样，本书仅对其重点知识进行了介绍，在编写过程中难免有疏漏和不妥之处，敬请社会各界人士对内容提出宝贵的意见和建议，以助我们不断改进和完善。

编者
于 **2017** 年 **11** 月

目录

项目六　茶席设计

项目七　茶的相关

项目八　茶馆运营与管理

主要参考文献

项目一 绪论

茶原为中国南方的嘉木，茶叶作为一种著名的保健饮品，是古代中国南方人民对中国饮食文化的贡献，也是中国人民对世界饮食文化的贡献。

◇学习目标

知识目标

了解茶文化的起源与发展，了解历史中茶的发现与利用。

能力目标

熟悉茶学、茶艺、茶道的关系。

素质目标

感受茶文化的内涵，提高学生对传统文化的兴趣。

◇学习重点

中国茶的发展与传播。

◇学习难点

掌握与茶相关的诗词歌赋。

中国是茶的故乡

在一次茶展会上，几位外国朋友饶有兴致地品着中国茶，其中一位外国友人问道："中国茶很香，味道与其他国家的茶确实不一样，可是茶到底是起源于中国还是起源于日本？"

你知道茶的故乡在哪里吗？

任务一　茶之文化

五千年中华文明能生生不息地流传至今，得益于中国传统文化的不断传承与教化，茶文化堪称中国传统文化的活化石，在形成与发展的漫长历程中，不断融汇了中国传统文化的哲学母体——儒、释、道三家思想，同时还不断从各民族的茶礼俗中吸取营养，最终成为中华民族优秀传统文化的一个重要组成部分乃至特色鲜明的东方文化符号。

茶文化是饮茶活动过程中形成的文化现象和社会现象。它包含与茶有关的一切文化领域，涉及多个学科，如哲学、宗教、道德、历史、文化、艺术、礼仪等。茶文化是以茶为主体的综合性文化，概括了中华上下五千年文化，包括民俗文化和皇家文化的总体。

一　茶的起源

中国是茶的原产地。茶文化起源久远，历史悠久，文化底蕴深厚，与宗教结缘。中国人对茶的熟悉，上至帝王将相、文人墨客、诸子百家，下至挑夫贩夫、平民百姓，无不以茶为好。全世界有一百多个国家和地区的居民都喜爱品茗。有的地方把饮茶品茗作为一种艺术享受来推广。中国人民历来就有"客来敬茶"的习惯，这充分反映了中华民族的文明和礼貌。

中国茶文化源远流长，据科学家们的研究，地球上的茶树植物至少有六七千万年的历史，而茶被人们发现和利用，还是四五千年以前的事。饮茶起源众说纷纭，争议未定。大致说来，有神农说、商周说、西汉说、三国说。

1. 神农说

陆羽根据《神农食经》"茶茗久服，令人有力，悦志"的记载，在《茶经》(六之饮)中说道："茶之为饮，发乎神农氏，闻于鲁周公。"神农即炎帝，与黄帝同为中国上古都部落首领。然而《神农食经》据今人考证，成书在汉代以后，饮用始于上古原始社会，只是传说，不是信史。

《神农本草》记载："神农尝百草，日遇七十二毒，得荼而解之。""荼"就是我们今天说的"茶"。

古代茶的别称有：荼、苦荼、诧、酒、苦卢、茗、槚、荈、荈草、葭等。

识茶之趣

传说神农（炎帝）有一个水晶般透明的肚子，吃下什么东西，人们都可以从他的胃肠看得清清楚楚。那时候的人，吃东西都是生吞活剥的，因此经常闹病。神农为了解除人们的疾苦，就把看到的植物都尝试一遍，看看这些植物在肚子里的变化，判断哪些无毒哪些有毒。当他尝到一种开白花的常绿树嫩叶时，就在肚子里从上到下，从下到上，到处流动洗涤，好似在肚子里检查什么，于是他就把这种绿叶称为"查"。以后人们又把"查"叫成"茶"。神农长年累月地跋山涉水，尝试百草，每天都得中毒几次，全靠茶来解救。

2. 商周说

据东晋常璩所撰《华阳国志・巴志》载：巴子国"土植五谷，牲具六畜……茶、蜜、灵龟、巨犀、山鸡、白雉、黄润鲜粉，皆纳贡之。其果实之珍者，树有荔枝，蔓有辛蒟，园有芳蒻、香茗"。常璩明确指出，进贡的"芳蒻、香茗"不是采之野生，而是种之园林。芳蒻是一种香草，香茗指茶。此说法表明，生活在陕西南部的古代巴人才是中国最早用茶、种茶的民族，至少已有3000余年的用茶、种茶的历史。

3. 三国说

《三国志・吴书・韦曜传》有"密赐茶荈以代酒"，这种能代酒的饮料当为茶饮料，足以证明吴国宫廷已经饮茶。据此，《南窗纪谈》认为中国饮茶始于三国，《集古录》则认为始于魏晋。

三国时期东吴饮茶是确凿无疑的，然而东吴之茶当传自巴蜀，巴蜀的饮茶要早于东吴，因此，中国的饮茶应早于三国时代。

4. 西汉说

清代郝懿行在《证俗文》中指出："茗饮之法，始见于汉末，而已萌芽于前汉。司马相如凡将篇有荈诧，王褒僮约有武阳买茶。"郝懿行认为饮茶始于东汉末，而萌芽于西汉。

王褒《僮约》中有"烹茶尽具"以及"武阳买茶"的记载，一般都认为"买茶"之"茶"为茶，而武阳即今四川彭山区，说明四川在西汉宣帝神爵三年（公元前59年）已有茶，中国的饮茶不晚于公元前一世纪。

二 茶的发展

中国人最先发现和利用茶，是将茶作食用和药用，茶作饮用则晚于食用、药用。史书中记载关于茶的最早记录与利用是在4800多年前的《神农本草经》。中国茶文化在孕育成长的过程中，不断吸收和融入了民族的优秀传统文化精髓，并逐步形成独特的审美情趣和个性风格，成为中华民族灿烂文明的一个重要组成部分。

1. 先秦饮茶

一般认为，春秋以前，茶是作为药用而受到关注的。在这个阶段，茶叶由生嚼转变为煎服，即将茶叶洗净后和食物一起熬煮，连汤带叶一起服用，慢慢养成单煮茶叶煎服品饮的习惯。这是茶作为饮料的开端。

茶由药用发展到日常饮料，中间经历了食用阶段。《晏子春秋》记载："晏子相景公，食脱粟之饭，炙三弋五卵茗菜而已"，又《尔雅》中，"苦荼"一词注释云"叶可炙作羹饮"；《桐君录》等古籍中，则有茶与桂姜及一些香料同煮食用的记载。此时，茶叶利用方法前进了一步，运用了当时的烹煮技术，并已注意到茶汤的调味。

2. 汉代茶文化启蒙

到了汉代，有关茶的保健作用日益受到重视，文献记载也相应增多。

西汉王褒在《僮约》中提到"烹荼尽具"、"武阳买荼"，说明在西汉时期，我国四川一带饮茶、种茶已十分普遍，并且有了专门买卖茶叶的市场。

四川成都市郊出土的汉画像表明（见图1-1），当时已经出现了专门的品茶。

图1-1 宴饮汉画像

由此可见，在三国时代以前，茶是作为药物、食品和饮料逐渐被人们使用的。在这个时期，茶以物质形式出现并渗透至其他人文科学，从而形成茶文化的启蒙。

3．三国魏晋南北朝时期

魏晋南北朝时期茶叶主要作为特殊的祭祀品，西周到西汉年间，茶叶经历从种植到买卖的转变过程。当时只有帝王才有条件去喝茶，但在南北朝时已经产生从官家到百姓，从朱门到柴户的转变。这说明茶叶在百姓中已得到广泛使用。

从西汉直到三国时期，在巴蜀之外，茶是供上层社会享用的珍稀之品，饮茶限于王公朝士，民间可能很少饮茶。

南朝宋何法盛《晋中兴书》记："陆纳为吴兴太首时，卫将军谢安常欲诣纳，……安既至，所设唯茶果而已。"西晋刘琨《与兄子南州刺史演书》有："吾体中烦闷，恒假真茶，汝可信致之。"晋左思《娇女诗》有："止为茶荈据，吹嘘对鼎立。"南朝宋刘义庆《世语新说·轻诋第二十六》记："褚太傅初渡江。……刺左右多与茗汁。"又《纰漏第三十四》载："任问人云，此为茶为茗。"两晋时期，江南一带，"做席竟下饮"，文人士大夫间流行饮茶，民间亦有饮茶。

南朝梁萧子显《南方书·武帝本纪》："我灵座上，慎勿以牧为祭。唯设饼、茶饮、干饭、酒脯而已，天下贵践，咸同此例。"意思是：在我去世的时候，不要拿很多牲畜来祭祀我，只要放一些饼果、茶叶、米饭、酒就好了，天下人不论贵贱和我一样。《释道该说续名僧传》："宋释法瑶，姓杨氏，河东人。……年垂悬车，饭所饮茶。"《宋录》中载，"新安王子鸾、豫章王子尚，诣昙济道人于八公山，道人设茶茗。子尚味之曰：此甘露也，何言茶茗。"后魏杨衡之《洛阳伽蓝记》卷三城南报德寺："（王）肃初入国，不食羊肉及酪浆等物。常饭鲫鱼羹，渴饮茗汁。……时给事刘镐，慕肃之风，专习茗饮。"南朝宋山谦之《吴兴记》有"乌程温度，出御荈"，"长兴啄木岑，每岁吴兴、昆陵二郡太守才茶宴会于此，有境会亭。"南北朝时期，帝王公卿、文人道流，茶风较晋更浓。吴兴有御茶园，采茶时节二郡太守宴集，大概是督造茶叶，上贡朝廷。

这一时期，随着文人饮茶的普及，茶从一种单纯的饮品被引入文化领域，各代文人以诗赋的形式多方位提及茶，赋予了茶丰富的文化内涵。

悟茶之道

荈　　赋

【晋】 杜育

灵山惟岳，奇产所钟。瞻彼卷阿，实曰夕阳。厥生荈草，弥谷被岗。承丰壤之滋润，受甘霖之霄降。月惟初秋，农功少休，结偶同旅，是采是求。水则岷方之注，挹彼清流。器择陶简，出自东隅；酌之以匏，取式公刘。惟兹初成，沫成华浮，焕如积雪，晔若春敷。

注：文章第一次全面而真实地叙述了中国历史上有关茶树种植、培育、采摘、器具、冲泡等茶事活动，其学术价值超过了它的文学价值，是研究茶文化的珍贵资料。

娇 女 诗

【魏晋】 左思

吾家有娇女，皎皎颇白皙。小字为纨素，口齿自清历。
鬓发覆广额，双耳似连璧。明朝弄梳台，黛眉类扫迹。
浓朱衍丹唇，黄吻烂漫赤。娇语若连琐，忿速乃明集。
握笔利彤管，篆刻未期益。执书爱绨素，诵习矜所获。
其姊字惠芳，面目粲如画。轻妆喜楼边，临镜忘纺绩。
举觯拟京兆，立的成复易。玩弄眉颊间，剧兼机杼役。
从容好赵舞，延袖像飞翮。上下弦柱际，文史辄卷襞。
顾眄屏风画，如见已指摘。丹青日尘暗，明义为隐赜。
驰骛翔园林，果下皆生摘。红葩掇紫蒂，萍实骤抵掷。
贪华风雨中，眒忽数百适。务蹑霜雪戏，重綦常累积。
并心注肴馔，端坐理盘槅。翰墨戢函案，相与数离逖。
动为垆钲屈，屣履任之适。止为荼荈据，吹嘘对鼎立。
脂腻漫白袖，烟熏染阿锡。衣被皆重地，难与沉水碧。
任其孺子意，羞受长者责。瞥闻当与杖，掩泪俱向壁。

4. 唐代茶文化——中国最早的茶艺表现形式

唐代开始出现烹茶法，也就是煎茶，即将茶叶放入烧沸的水中煮开饮用。

唐封演《封氏闻见记》卷六饮茶载："南人好饮之，北人初不多饮。开元中，泰山灵岩寺有降魔师，大兴禅教。务于不寐，又不夕食，皆许其饮茶。人自怀侠，到处煮饮，从此转相仿效，遂成风俗。于是茶道大行，王公朝士无不饮者。穷曰竞夜，殆成风俗，始自中地，流于塞外。""楚人陆鸿渐为茶论，说茶之功效，并煎茶炙茶之法，造茶具二十四事，以都统笼贮之。元近倾慕，好事者家藏一副。有常伯熊者，又因鸿渐之论广润色之，于是茶道大行，王公朝士无不饮者，御史大夫李季聊宣慰江南，至临淮县馆，或言伯熊善饮茶者，李公请为之。伯熊著黄被衫乌纱帽，手执茶器，口通茶名，区分指点，左右刮目。"

封演认为茶艺之所以在唐朝兴起，是因为"大兴禅教"，文中提到的泡茶方式，即是在唐朝备受上流社会阶层和文人推崇的烹茶法。由此可见，在唐朝泡茶已经十分讲究服饰、程式，并有一定的讲解，可以在客人面前讲解，具有一定的表演性，这就是今天的茶艺表演的雏形。唐代茶文化的最大成就，就是陆羽所著《茶经》。

唐代茶文化的兴盛，主要有如下几个方面的原因。

(1) 社会鼎盛促进了唐代饮茶盛行。

唐朝是中国封建社会的巅峰王朝，社会安定，经济繁荣。人民安居乐业，文人辈出。在这样一个大环境下，在宫廷大量饮茶的带动下，文人墨客争相效仿，使得饮茶之风在社会上得以普及。

（2）茶叶贸易的繁盛及贡茶的出现。

唐中叶以后，长江中下游茶区不仅产茶量大幅度提高，而且制茶技术也达到当时的最高水平，茶叶生产和技术中心转移到了长江中下游，江南茶叶生产集一时之盛。唐朝当时为郡县制，有 328 个县，其中 28 个县以茶叶作为重大农业种植项目。唐代是中国茶叶史上第一个高峰期，生产总值达到最高，形成很大气候，分布 15 个省市。北方不产茶，当时的茶叶全靠南方运来。扬州是当时茶叶转运的主要中转站。《封氏闻见记》中有“茶自江淮而来，舟车相继，所在山积，色额甚多”之语，反映了当时茶叶交易的热闹场面。正是由于茶叶贸易的繁荣，各地均有源源不断的茶叶供应，这也促进了饮茶风气的普及。

唐朝政府规定每年各地都要选送优质名茶进贡朝廷，还在浙江湖州的顾诸山设专门为皇宫生产“紫笋茶”的贡茶院。贡茶的出现促使各地提高制茶技术，使得茶叶的加工、贮存和保管都上了一个台阶，同时也促进了茶文化的发展。

（3）佛教的盛行。

佛教自西汉传入中国，在唐朝达到巅峰。唐太宗在清除割据、平息骚乱时，曾得僧兵之助；在即位后，下诏在全国“交兵之处”建立寺刹，并在大慈恩寺设译经院，请国内外名僧进行译经、宣化事业，培养出了大批高僧、学者。并派遣唐玄奘赴印度取回真经。佛教由此在中国得以大盛。《封氏闻见记》中提及“开元中，泰山灵岩寺有降魔师，大兴禅教。务于不寐，又不夕食，皆许其饮茶。”佛教茶事的盛行，也带动了善男信女争相饮茶，极大地促进了饮茶风气和茶文化的发展。由于饮茶和禅宗关系密切，文人雅士在饮茶中追求禅的意境，所以才有了所谓的“禅茶一味”之说。

（4）文人文学作品丰富。

唐代茶文化的发展，和文人的积极参与和推广是分不开的。著名诗人李白、杜甫、白居易、杜牧、柳宗元、卢仝、皎然、皮日休、颜真卿等百余名文人写了数百篇涉及茶事的诗歌，正宗的茶诗约 70 首，其中最著名的为卢仝的《走笔谢孟谏议寄新茶》，而他也因这首诗在茶文化史上留下盛名。唐代还出现了描述饮茶场面的绘画（见图 1-2、图 1-3、图 1-4）。

唐代是文明礼仪之邦，也是茶文化传播的高峰期。在唐代，茶传至我国新疆、内蒙古、日本、韩国。日本女子出嫁时必须习茶道，象征女子比较贤惠；对于武士来说也象征一种民族精神。唐朝茶传至日本和韩国，是茶文化到文明礼仪的渗透传播。在《唐国史补》里记载“常鲁公使西蕃，烹茶帐中，赞普问曰：此为何物？鲁公曰：涤烦疗渴，所谓茶也。赞普曰：我此亦有。遂命出之，此指此曰：此寿州者、此舒州者、此顾诸者、此蕲门者、此昌明者、此浥湖者。”

5．宋代茶文化的兴盛

宋承唐代饮茶之风，日益普及，多为“斗茶”。宋徽宗赵佶不爱从政，则偏爱于琴、棋、书、画、茶。当时臣子为讨好皇帝，多研究茶，拿好茶于他。宋徽宗对茶颇有研究，在《大观

图 1-2 宫乐图(佚名)

图 1-3 调琴啜茗图(周昉)

图 1-4 萧翼赚兰亭图(阎立本)

茶论》中序云:“缙绅之士,韦布之流,沐浴膏泽,薰陶德化,盛以雅尚相推,从事茗饮。顾近岁以来,采择之精,制作之工,品第之胜,烹点之妙,莫不盛早其极。”当代王安石善于议法,他在《议茶法》中写道:“夫茶之为民用,等于米盐,不可一日以无。”宋代王安石制定了茶的法规,如生产税、榷茶司等。在茶叶进入西藏、新疆时规定了榷茶司。从唐代的繁荣到宋代的奢华富丽,说明茶叶进入了规范时期。

宋徽宗赵佶对茶进行了深入研究,写成茶叶专著《大观茶论》,全书共二十篇,对北宋时期蒸青团茶的产地、采制、烹试、品质、斗茶风俗等均有详细描述,其中斗茶一篇,见解精辟,论述深刻。

宋朝诗人苏轼《咏茶》:“武夷溪边粟粒芽,前丁后蔡相宠加。争新买宠各出意,今年斗品充贡茶。”说明当时赵佶爱茶已形成风气,所有的臣子为了讨好他,每年拿最好的茶来讨他欢心,以讨一官半职。唐宋时期茶文化从西南方—东南—东北—新疆—西藏逐渐形成,出现了“茶百戏”、“点茶法”,即边注水边放茶末。宋朝诗人范仲淹被称为茶仙,他的《和章岷从事斗茶歌》中:“斗茶味兮轻醍醐,斗茶香兮薄兰芷。”意思是好茶要像酥油一样润滑,有兰花之香、幽香,香要细滑、幽远。茶香不是开泡就香气扑鼻的。说明宋代斗茶已经讲究茶的韵味和香气。“众人之浊我可清,千日之醉我可醒。屈原试与招魂魄,刘伶却得闻雷霆。”

宋梅尧臣《南有嘉茗赋》云:“华夷蛮豹,固日饮而无厌,富贵贫贱,亦时啜无厌不宁。”宋吴自牧《梦粱录》卷十六“鳌铺”载:“盖人家每日不可阙者,柴米油盐酱醋茶。”自宋代始,茶就成为开门“七件事”之一。

吴自牧《梦粱录》卷十六“茶肆”记“今之茶肆,列花架,安顿奇松异桧等物于其上,装饰店面,敲打响盏歌卖,止用瓷盏漆托供卖,则无银盂物也。夜市于大街有车担设浮铺,点茶汤以便游观之人。大凡茶楼多有富室子弟,诸司下直等人会聚,司学乐器、上教曲赚之类,谓之‘挂牌儿’。人情茶肆,本非以点茶汤为业,但将此为由,多觅茶金耳。又有茶肆专是五奴打聚处,亦有诸行借买志人会聚行老,谓之‘市头’。大街有三五家靠茶肆,楼上专安着妓女,名曰‘夜茶坊’,……非君子驻足之地也。更有张卖面店隔壁黄尖嘴蹴球茶坊,又中瓦内王妈妈家茶肆名一窟鬼茶坊,大街车儿茶肆,蒋检阅茶肆,皆士大夫期朋约友会聚之处。巷陌街坊,自有提茶瓶沿门点茶,或朔望日,如遇吉凶二事,点送邻里茶水,倩其往来传语。又有一等街司衙兵百司人,以茶水点送门面铺席,乞觅钱物,谓之‘龊茶’。僧道头陀欲行题注,先以茶水沿门点送,以为进身之阶。”南宋都城临安(今杭州市)茶肆林立,不仅有人情茶肆、花茶坊、夜市,还有车担浮铺点茶汤,以便游观之人。有提茶瓶沿门点茶,有以茶水点送门面铺席,僧道头陀以茶水沿门点送以为进身之防。茶在社会中扮演着重要角色。

当时出现过这样一种现象:“长安酒价减百万,成都药市无光辉。”意思是:长安酒价为什么大跌呢?甚至药店生意也不景气,原来是人们争相饮茶,可作药用保健之用。这说明宋朝是饮茶的鼎盛时期。茶文化的盛行,使得茶艺也随之精巧展现。

宋代斗茶之风盛行。斗茶即今日茶艺比赛的雏形。其具体方法是:先将饼茶碾碎,置碗中待用。以釜烧水,微沸初漾时即冲点入碗。但茶末与水亦同样需要交融一体。于是发明一种工具,称为茶筅(见图 1-5)。茶筅是打茶的工具,有金、银、铁制,大部分用竹制,文人美其名“搅茶公子”。水冲入茶碗中,需以茶筅拼命用力打击,就会慢慢出现泡沫。茶的优劣,以沫饽出现是否快,水纹露出是否慢来评定。沫饽洁白,水脚晚露而不散者为上。因茶乳融合,水质

图 1-5 茶筅

浓稠，饮下去盏中胶着不干，称为咬盏。茶人以此较胜负，胜者如将士凯旋，败者如降将垂首，如图 1-6 所示。

图 1-6 斗茶图

6. 明清茶文化的普及

陆游的《安国院试茶》："日铸则越茶矣，不团不饼，而曰炒青，曰苍鹰爪，则撮泡矣。"越：江南浙江绍兴一带。炒青：绿茶。苍鹰爪：形状。撮泡：抓拿一把。说明茶叶已经进入转折期。明朝的蔡廷秀《茶灶石》："仙人应爱武夷茶，旋汲新泉煮嫩芽。"明帝朱元璋认为饼茶制作既费工又费时，特下诏书废除饼茶制作，"罢造龙团，惟采茶芽以进"。"废团改散"是中国饮茶方法史上的一次革命。这就有了"唐煮、宋斗、明冲泡"的说法。同时还改变了茶的制作工艺，在绿茶制作上，除了改良蒸青技术之外，还产生了炒青技术。由于炒青技术的出现，在加工过程中，人们又发明了乌龙茶、红茶。

朱元璋的侄子朱权觉得饼茶不易泡饮，便创造了瀹饮法。瀹饮法是将茶叶一片片地冲洗后泡饮，在冲泡方法上得到了认证。这说明明代是我国茶叶转折的重要时期，制作工艺的转变，加工方法的创新，带动了品饮方式的革新，茶具也随之得到了革新。明代散茶的制作奠定了绿茶泡饮的基础。

明清时期的茶文化在文学艺术上的成就，除了茶诗、茶画外，还出现了众多的茶歌、茶舞以及采茶戏。

在采茶季节，采茶姑娘用歌声来抒发感情，反映茶区生活，由此形成了众多的采茶歌，同时又产生了采茶舞、采茶灯等。在此基础上，后来又形成了诸多地方剧种，如采茶戏、花鼓戏、花灯戏等。其中尤以江西采茶戏、湖北采茶戏、广西茶灯戏、云南茶灯戏较为有名。采茶戏的出现，是明清茶文化的一个重大成就。

三 茶的传播

1. 茶在我国国内的传播

中国是茶树的原产地，然而，世界上的茶树原产地并不是只有中国一个，在世界上的其他国家也发现原生的自然茶树。但是，世界公认，中国在茶业上对人类有着卓越的贡献，这主要在于，最早发现并利用茶这种植物，把它发展成我国一种灿烂独特的茶文化，并且逐步传播到中国的周边国家乃至整个世界。

(1) 秦汉以前：巴蜀是中国茶业的摇篮。

顾炎武曾道："自秦人取蜀而后，始有茗饮之事"，认为饮茶是秦统一巴蜀之后才开始传播的，肯定了中国和世界的茶叶文化最初是在巴蜀发展起来的。这一说法，已被现在绝大多数学者认同。巴蜀产茶，可追溯到战国时期或更早，巴蜀已形成一定规模的茶区，并以茶为贡品。

关于巴蜀茶业在我国早期茶业史上的突出地位，直到西汉成帝时王褒的《僮约》，才始见诸记载，内有"烹茶尽具"及"武阳买茶"两句。前者反映成都一带，西汉时不仅饮茶成风，而且出现了专门用具；从后一句可以看出，茶叶已经商品化，出现了如"武阳"一类的茶叶市场。西汉时，成都不但已成为我国茶叶的一个消费中心，由后来的文献记载看，很可能也已形成了最早的茶叶集散中心。不仅仅是在秦之前，秦汉乃至西晋，巴蜀仍是我国茶叶生产和技术的重要中心。

悟茶之道

僮 约

《僮约》，是王褒的作品中最有特色的文章，记述他在四川时亲身经历的事。神爵三年(公元前59年)，王褒到"煎上"即渝上(今四川彭州市一带)时，遇见寡妇杨舍家发生主奴纠纷，他便为这家奴仆订立了一份契券，明确规定了奴仆必须从事的若干项劳役，以及若干项奴仆不准得到的生活待遇。这是一篇极其珍贵的历史资料，其价值远远超过了受到汉宣帝赞赏的《圣主得贤臣颂》之类的辞赋。在《僮约》中有这样的记载："脍鱼炮鳖，烹茶尽具"；"牵犬贩鹅，武阳买茶"。这是我国，也是全世界最早的关于饮茶、买茶和种茶的记载。由这一记载可以知道，四川地区是全世界最早种茶与饮茶的地区；武阳(今四川彭山)地区是当时茶叶主产区和著名的茶叶市场。此外，他所描述的当时奴仆们的劳动生活、奴伴关系，是研究汉代四川社会情况的极为重要的材料，可以使人从中了解到西汉社会生活的一个侧面。

(2) 三国两晋：长江中游成为茶业发展壮大的地区。

秦汉时期，茶业随巴蜀与各地经济文化而传播。首先向东部、南部传播，如湖南茶陵的命名，就是一个佐证。茶陵是西汉时设的一个县，以其地出茶而名。茶陵邻近江西、广东边界，表明西汉时期茶的生产已经传到了湘、粤、赣毗邻地区。

三国、西晋时期，随着荆楚茶业和茶叶文化在全国的传播和发展，也由于地理上的有利条件和较好的经济文化水平，长江中游或华中地区，在中国茶文化传播上的地位逐渐取代巴蜀而明显重要起来。三国时期，孙吴据有东南半壁江山，这一地区，也是这时我国茶业传播和发展的主要区域。此时，南方栽种茶树的规模和范围有很大的发展，而茶的饮用，也流传到了北方高门豪族。西晋时期，长江中游茶业的发展，还可从西晋时期《荆州土地志》得到佐证。其载曰"武陵七县通出茶，最好"，说明荆汉地区茶业的明显发展，巴蜀独冠全国的优势，似已不复存在。

南渡西晋之后，北方豪门过江侨居，建康（南京）成为我国南方的政治中心。这一时期，由于上层社会崇茶之风盛行，使得南方尤其是江东饮茶和茶叶文化有了较大的发展，也进一步促进了我国茶业向东南推进。这一时期，我国东南植茶，由浙西进而扩展到了现今温州、宁波沿海一线。不仅如此，如《桐君录》所载，"西阳、武昌、晋陵皆出好茗"，晋陵即常州，其茶出宜兴。表明东晋和南朝时期，长江下游宜兴一带的茶业也著名起来。三国两晋之后，茶业重心东移的趋势，更加明显化了。

（3）唐代：长江中下游地区成为茶叶生产和技术中心。

六朝以前，茶在南方的生产和饮用，已有一定发展，但北方饮者还不多。直至唐朝中后期，如《膳夫经手录》所载"今关西、山东，闾阎村落皆吃之，累日不食犹得，不得一日无茶"。中原和西北少数民族地区，都嗜茶成俗，于是南方茶的生产，随之空前蓬勃发展了起来。尤其是与北方交通便利的江南、淮南地区，茶的生产更是得到了快速发展。唐代中叶后，长江中下游茶区，不仅茶产量大幅度提高，就是制茶技术，也达到了当时的最高水平。湖州紫笋和常州阳羡茶成为贡茶就是集中体现。茶叶生产和技术的中心，已经转移到了长江中游和下游，江南茶叶的生产，集一时之盛。当时史料记载，安徽祁门周围，千里之内，各地种茶，山无遗土，业于茶者十之七八。同时，由于贡茶设置在江南，大大促进了江南制茶技术的提高，也带动了全国各茶区的生产和发展。由《茶经》和唐代其他文献记载来看，这时期茶叶产区已遍及现在的四川、陕西、湖北、云南、广西、贵州、湖南、广东、福建、江西、浙江、江苏、安徽、河南等十四个省区，几乎达到了与我国近代茶区约略相当的局面。

（4）宋代：茶业重心由东向南移。

从五代和宋朝初年起，全国气候由暖转寒，致使中国南方南部的茶业，较北部更加迅速发展了起来，并逐渐取代长江中下游茶区，成为茶业的重心。主要表现在贡茶从顾渚紫笋改为福建建安茶，唐代还不曾形成气候的闽南和岭南一带的茶业，明显地活跃和发展起来。宋朝茶业重心南移的主要原因是气候的变化，长江一带早春气温较低，茶树发芽推迟，不能保证茶叶在清明前贡到京都。福建气候较暖，如欧阳修所说"建安三千里，京师三月尝新茶"。作为贡茶，建安茶的采制，必然精益求精，名声也越来越大，成为中国团茶、饼茶制作的主要技术中心，带动了闽南、岭南茶区的崛起和发展。由此可见，到了宋代，茶已传播到全国各地。

宋朝的茶区，基本上已与现代茶区范围相符，明清以后，茶区基本稳定，茶业的发展主要体现在茶叶制法和各类茶的兴衰演变。

2. 茶向国外的传播

当今世界广泛流传的种茶、制茶和饮茶习俗，都是由中国向外传播出去的。据推测，中国茶叶传播到国外，已有两千多年的历史。

约于公元五世纪南北朝时期，中国的茶叶就开始陆续输出至东南亚邻国及亚洲其他地区。

公元805、806年，日本最澄、空海禅师来中国留学，归国时携回茶籽试种；宋代的荣西禅师又从中国传入茶籽种植。日本茶业继承中国古代蒸青原理制作的碧绿溢翠的茶，别具风味。

10世纪时，蒙古商队来华从事贸易时，将中国砖茶从中国经西伯利亚带至中亚以远。

15世纪初，葡萄牙商船来中国进行通商贸易，茶叶对西方的贸易开始出现。而荷兰人约在公元1610年将茶叶带至西欧，1650年后传至东欧，再传至俄、法等国。17世纪时传至美洲。

印度尼西亚于1684年开始传入中国茶籽试种，以后又引入中国、日本茶种及阿萨姆茶种试种。历经坎坷，直至19世纪后叶开始有明显成效。第二次世界大战后，加速了茶的恢复与发展，并在国际市场居一席之地。

18世纪初，品饮红茶逐渐在英国流行，甚至成为一种表示高雅的行为，茶叶成了英国上层社会人士用于相互馈赠的一种高级礼品。

1780年印度由英属东印度公司传入中国茶籽种植。至19世纪后叶已是“印度茶之名，充噪于世”。今日的印度是世界上茶的生产、出口、消费大国。

17世纪开始斯里兰卡从中国传入茶籽试种，复于1780年试种，1824年以后又多次引入中国、印度茶种扩种和聘请技术人员。所产红茶质量优异，为世界茶创汇大国。

1880年，中国出口至英国的茶叶多达145万担(1担＝50千克)，占中国茶叶出口量的百分之六十至七十。

1833年，俄国从中国传入茶籽试种，1848年又从中国输入茶籽种植于黑海岸。1893年聘请中国茶师刘峻周并带领一批技术工人赴格鲁吉亚传授种茶、制茶技术。

1888年土耳其从日本传入茶籽试种，1937年又从格鲁吉亚引入茶籽种植。

1903年肯尼亚首次从印度传入茶种，1920年进行商业性开发种茶，规模经营则是1963年独立以后。

1924年南美的阿根廷由中国传入茶籽种植于北部地区，并相继扩种。以后旅居的日本与苏联侨民也辟建茶园。20世纪50年代以后茶园面积与产量不断提高，成为南美主要的茶生产、出口国。

20 世纪 20 年代几内亚共和国开始茶的试种。1962 年中国派遣专家赴几内亚考察与种茶，并帮助设计与建设规模为 100 公顷茶园的玛桑达茶场及相应的机械化制茶厂。

1958 年巴基斯坦开始试种茶，但未形成生产规模。1982 年，中国派遣专家赴巴基斯坦伊斯兰共和国进行合作。

20 世纪 50 年代阿富汗共和国试种茶。1968 年，应阿富汗政府邀请，中国派遣专家引入中国群体品种，成活率在 90%以上。

1962 年中国派遣茶专家赴位于撒哈拉沙漠边缘的马里共和国，通过艰辛的引种实验，取得了成功。1965 年应该国总统的请求，中国政府分批派遣了茶农场专家帮助考察设计与建设有自流灌溉设施的锡加索茶农场和经过热源改革具有国际水平的年产 100 吨的绿茶厂。此项目农业部认定为我国援助亚非拉及南太平洋地区一百多个农业工程项目中较成功的三个项目之一。

20 世纪 60 年代玻利维亚共和国最初从秘鲁引进茶种试种。20 世纪 70 年代台湾农业技术团赴玻考察设计与投资，开始规模种植茶园。1987 年应玻政府请求，中国派遣茶专家赴玻，帮助建设 200 公顷的茶场及相应的机械化制茶厂。

1983 年，中国向朝鲜提供茶种试种，并在黄海南道临近的西海岸的登岩里成功种植。韩国的种茶起源可以追溯到 9 世纪 20 年代，经过千年沧桑，至今茶叶生产初具规模。

目前，中国茶叶已行销世界五大洲上百个国家和地区，世界上有 50 多个国家引种了中国的茶籽、茶树，茶园面积 247 万多公顷，有 160 多个国家和地区的人民有饮茶习俗，饮茶人口 20 多亿。中国近年来的茶叶年产量达 286 多万吨，其中三分之一以上用于出口。

茶叶诞生于中国。而如今世界各地都在饮用的茶叶是通过怎样的途径传播的呢？人们一般是通过查阅各国的文献，按年代和区域，绘制出一幅茶叶传播之图，来了解它的传播路径的。

茶叶的发祥地位于中国的西南地区，但茶叶之路却是通过广东和福建这两个地区传播于世界的。当时，广东一带的人把茶念为“CHA”；而福建一带的人又把茶念为“TE”。广东的“CHA”经陆地传到东欧；而福建的“TE”是经海路传到西欧的。

任务二　茶之艺与茶之道

一　茶之艺

茶艺是一种文化艺术，是中国茶文化的外在表现形式。

茶艺，萌芽于唐，发扬于宋，改革于明，极盛于清，可谓有相当的历史渊源，自成一系统。

最初是僧侣用茶来集中自己的思想，唐代赵州从谂禅师曾经以“吃茶去”来接引学人；后来才成为分享茶的仪式。

茶艺在中国优秀文化的基础上又广泛吸收和借鉴了其他艺术形式，并扩展到文学、艺术等领域，形成了具有浓厚民族特色的中国茶文化。是包括茶叶品评技法和艺术操作手段的鉴赏以及品茗美好环境的领略等整个品茶过程的美好意境，其过程体现形式和精神的相互统一，是饮茶活动过程中形成的文化现象。茶艺包括选茗、择水、烹茶技术、茶具艺术、环境的选择创造等一系列内容。茶艺背景是衬托主题思想的重要手段，它渲染茶性清纯、幽雅、质朴的气质，增强艺术感染力。不同风格的茶艺有不同的背景要求，只有选对了背景才能更好地领会茶的滋味。

茶艺是包括茶叶品评技法和艺术操作手段的鉴赏以及品茗美好环境的领略等整个品茶过程的美好意境，其过程体现形式和精神的相互统一。就形式而言，茶艺包括选茗、择水、烹茶技术、茶具艺术、环境的选择创造等一系列内容。品茶，先要择，讲究壶与杯的古朴雅致或是豪华高贵。另外，品茶还要讲究人品及环境的协调，文人雅士讲求清幽静雅，达官贵族追求豪华高贵等。一般传统的品茶，环境要求多是清风、明月、松吟、竹韵、梅开、雪霁等种种妙趣和意境。总之，茶艺是形式和精神的完美结合，其中包含着美学观点和人的精神寄托。传统的茶艺，是用辩证统一的自然观和人的自身体验，从灵与肉的交互感受中来辨别有关问题，所以在技艺当中，既包含着中国古代朴素的辩证唯物主义思想，又包含了人们主观的审美情趣和精神寄托。

中国茶艺按照茶艺的表现形式可分为表演型茶艺、待客型茶艺、营销型茶艺、养生型茶艺四大类。

二 茶之道

茶道精神是茶文化的核心，茶道被誉为道家的化身。

茶道，就是品赏茶的美感之道，亦被视为一种烹茶饮茶的生活艺术，一种以茶为媒的生活礼仪，一种以茶修身的生活方式。它通过沏茶、赏茶、闻茶、饮茶来增进友谊，美心修德，学习礼法，领略传统美德，是很有益的一种和美仪式。喝茶能静心、静神，有助于陶冶情操、去除杂念。

中国茶道吸收了儒、道思想精华。道家的学说则为茶道注入了“天人合一”的哲学思想，树立了茶道的灵魂。同时，还提供了崇尚自然、崇尚朴素、崇尚真的美学理念和重生、贵生、养生的思想。

正因为道家“天人合一”的哲学思想融入了茶道精神之中，在中国茶人心里充满着对大自然的无比热爱，中国茶人有着回归自然、亲近自然的强烈渴望，所以中国茶人最能领略到“情来爽朗满天地”的激情以及“更觉鹤心杳冥”的那种与大自然达到“物我玄会”的绝妙感受。

中国茶道强调“道法自然”，包含了物质、行为、精神三个层次。

物质方面，中国茶道认为“茶是南方之嘉木”，是大自然恩赐的“珍木灵芽”，在种茶、采茶、制茶时必须顺应大自然的规律才能产出好茶。行为方面，中国茶道讲究在茶事活动中，一切要以自然为美，以朴实为美，动则行云流水，静如山岳磐石，笑则如春花自开，言则如山泉吟诉，一举手，一投足，一颦一笑都应发自自然，任由心性，绝无造作。精神方面，道法自然，返璞归真，表现为自己的心性得到完全解放，使自己的心境变得清静、恬淡、寂寞、无为，使自己的心灵随茶香弥漫，仿佛自己与宇宙融合，升华到“无我”的境界。

任务三 茶之保健

茶有良好的风味及一定的营养、保健作用，都是基于茶叶中含有多种身体有益的化学成分。茶叶的品质高低主要通过茶的外形、色泽、香气、汤色、滋味、叶底来衡量的。鲜叶中成分含量的多少和组成比例会直接影响成品茶叶的品质。但茶树因品种、季节、采摘标准内含成分会有所不同。

一 茶叶中的主要成分

1. 茶多酚

茶，古人称“苦茶”，即是因为茶叶中含有较能多易溶于水的苦涩物质。茶多酚又叫茶单宁、茶鞣质，是茶叶中30多种酚类物质的总称，味苦涩。在茶鲜叶中含量为15%—35%，包括儿茶素、黄酮、花青素、酚酸四类化合物，其中儿茶素在茶多酚中的比例，占茶多酚总量的70%以上，是茶叶中一种主要的多酚类物质。

鲜叶中茶多酚含量表现为，日照强、温度高的产区的茶其茶多酚含量高，夏茶的茶多酚含量高于秋茶、春茶的，大叶种茶的高于中小叶种茶的，平地茶的高于高山茶的。

茶多酚对茶叶的色、香、味、品质的形成起着重要的作用；不同茶类的茶多酚氧化程度存在较大差异，从而形成了各茶类迥然不同的品质风格。绿茶的茶多酚保留最多，红茶、黑茶的茶多酚保留较少，其他茶类的茶多酚保留量介于其间。

2. 咖啡碱

茶叶早期是寺庙中的饮料。由于茶有适度的兴奋作用，能驱除睡意，使僧侣道士在坐禅打坐时能保持较好的精神状态，因此寺庙中都有种茶。出现了名寺出名茶的现象。随后佛教的传播又推动了茶叶的普及，使茶叶成为一种广为人知的饮料。1827年茶叶中的咖啡碱被发现，人们终于认识了这个让人兴奋，推动茶叶普及的“功臣”。

咖啡碱的兴奋作用及其爽口的苦味满足人们的生理及口味的需求，使添加有咖啡碱成分的咖啡、茶、软饮料及能量饮料十分畅销。

咖啡碱在茶叶中的含量为2%—5%。茶叶几乎是在发芽的同时，就已开始形成咖啡碱，从发芽到第一次采摘时，所采下的第一片和第二片叶子所含咖啡碱的量较高，随着茶梢的生长，其咖啡碱含量逐渐降低。咖啡碱含量表现为，大叶种高于中小叶种，夏季高于春秋季，嫩叶高。相反，老叶和茎、梗中含量较低，根、种子中不含咖啡碱。

3. 蛋白质

茶叶中的蛋白质占干物质总量的20%左右，但绝大多数是不溶于水的。茶叶经冲泡后溶于茶汤的蛋白质占蛋白质总量的2%左右，它对保持茶汤的清亮和茶汤胶体的稳定性起了重要作用，同时也保证了茶滋味的浓厚度。

非水溶性的蛋白质与茶树的新陈代谢、生长发育及茶叶自然品质的形成密切相关，与成品茶品质也有间接和直接关系。蛋白质含量高的制茶原料，其外形都是叶色嫩绿、叶质柔软，具备制外形高档的产品的条件。而从内质看，凡是蛋白质含量高的鲜叶，其游离氨基酸、咖啡碱和核酸的代谢旺盛，代谢过程中的中间产物和终产物含量都高，对茶叶的滋味、香气带来良好的作用。不论水溶性蛋白，还是不溶性蛋白，在茶叶的加工过程中，会发生不同程度的水解，同时还可转化为其他香气成分，影响茶叶的品质。

茶叶中还含有一类具有催化作用的特殊的蛋白质，称为酶蛋白(简称酶)。在茶叶加工中也正是由于这些酶的作用，如在茶鲜叶萎凋中香气的形成；在红茶加工中由于多酚氧化酶的氧化，促使茶黄素、茶红素等形成，使得红茶呈现“红汤红叶”；绿茶通过杀青钝化了酶的活性使其保持了“清汤绿叶”的品质特征等。

(1) 蛋白质的营养对采用泡饮的茶意义不大。

茶叶中蛋白质占干物质的20%—30%，由谷蛋白、球蛋白、精蛋白、白蛋白组成，其中谷蛋白约占80%，但不溶于水。白蛋白有40%溶于水。

(2) 利用途径：吃茶如抹茶。

(3) 对茶汤品质的影响。

① 茶的浓厚度：约2%溶于水。

② 加工过程中水解为氨基酸，转化为香气成分。

③ 酶蛋白参与茶叶加工中起催化作用。

4. 氨基酸

据报道，在茶叶中发现并已鉴定的氨基酸有26种。除20种蛋白质氨基酸外，还发现6种非蛋白游离氨基酸，即茶氨酸、豆叶氨酸、谷氨酰甲胺、γ-氨基丁酸、天冬酰乙胺和β丙氨酸。

茶叶中的氨基酸含量一般占茶叶干重的1%—4%。特殊品种如安吉白茶、安吉黄金芽的茶氨基酸含量达6%以上。茶叶中氨基酸极易溶于水，大都具有鲜甜味，增加了茶汤滋味的鲜爽，还可缓解茶汤的苦涩味。日照弱、温度低的产区的茶氨基酸含量高，夏茶的含量低于春茶、秋茶的，中小叶种的高于大叶种茶的，高山茶的高于平地茶的。在柔嫩的芽叶中含量较高，这也是嫩茶受欢迎的主要原因之一。

在茶叶中含有其他植物没有的特殊的氨基酸——茶氨酸，具有焦糖香和类似味精的鲜爽味。茶氨酸一般约占茶叶中游离氨基酸总量的40%以上，在萌发的新梢中，可达到70%以上；占茶叶干重的1%—2%，泡出率可达80%，与绿茶等级的相关系数达0.787—0.876，为强正相关。

茶氨酸的阈值为0.06%，比谷氨酸的阈值(0.15%)和天冬氨酸的阈值(0.16%)低，说明茶对味觉的影响十分显著。茶氨酸本身具有甜爽的感觉，能缓解苦涩味。不仅是绿茶，也是红茶重要的品质指标。

5. 糖类

茶叶中糖类含量较为丰富，占干物重的25%—40%，有单糖、双糖及多糖三类。单糖和双糖又称可溶性糖，含量为0.8%—4%，是组成茶叶滋味的物质之一，能使茶汤具有甜醇味，还有助于提高茶香。茶叶中的多糖包括淀粉、纤维素、半纤维素和果胶等物质，水溶性果胶是形成茶汤厚度和外形色泽的主要成分之一。除淀粉外，其他多糖可认为是膳食纤维。

茶多糖称为茶叶多糖复合物，是酸性糖蛋白并结合有大量的矿质元素，简称为茶叶多糖或茶多糖。

茶多糖的分布：①从原料老嫩方面，老叶含量比嫩叶多，同种茶类级别低原料老，含量相对高；②加工方法不同的茶类间，乌龙茶(2%—3%)>绿茶(1%—1.5%)>红茶(0.5%—0.1%)(百分比含量是指占干茶重量的比例)。另外，茶树品种、栽培管理、采摘季节对茶多糖的含量及组成也有影响。

茶叶中大多数为不溶于水的多糖类，能提供能量的蔗糖、葡萄糖和果糖只占1%—3%，淀粉只含0.2%—2%，其余都为非能量来源的膳食纤维。因此，茶叶是一种低热量饮料。这对于某些诸如糖尿病患者，是一种非常适合的饮料。

6. 茶叶中的色素

茶叶色素分为水溶性与脂溶性两大类。叶绿素和类胡萝卜素属于脂溶性色素。黄酮类和花青素以及茶色素属于水溶性色素。脂溶性色素常呈现于叶底，而水溶性色素呈现于茶汤汤色。

(1) 叶绿素。

叶绿素是高等植物都含有的进行光合作用的重要色素，也是茶树正常生长发育的保证，是形成茶叶众多有机化学成分的前提。

叶绿素的含量随茶树品种、季节、老嫩的不同而不同，一般地，中小叶种比大叶种含量高，秋季比夏春季含量高，成熟叶片比嫩叶含量高。

不同茶类对叶绿素的保留有不同的要求，绿茶、轻发酵乌龙茶如清香型铁观音、台湾文山包种茶要求尽可能保留叶绿素，红茶、黄茶、黑茶要求叶绿素尽可能被破坏。

(2) 类胡萝卜素。

类胡萝卜素是一类不溶于水的具有黄色到橙色的多种有色化合物，是进行光合作用的辅助色素，在茶叶中的含量一般在1%以下。在秋季，在黄茶闷黄、红茶发酵等工序中，因叶绿素大量被破坏后显现出类胡萝卜素的黄色。目前茶叶中已发现十余种。

(3) 茶色素。

茶色素不是茶鲜叶中固有的色素，而是在茶叶加工中由茶多酚(儿茶素)在酶或湿热条件下氧化形成的一类色素物质，包括茶黄素、茶红素和茶褐素三大类成分。它是构成红茶、黑茶的干茶、茶汤和叶底颜色的主要物质。

茶黄素是多酚类物质氧化形成的，水溶液呈鲜明的橙黄色，具有较强的收敛性、刺激性。红碎茶中其含量占红茶固形物的1%—5%，是红茶滋味和汤色的主要品质成分。对红茶的色、味及品质起着重要的作用，是红茶汤色“亮”的主要成分，是红茶滋味强度和鲜度的重要成分，同时也是形成茶汤“金圈”的主要物质。茶黄素与红碎茶品质的相关系数为0.875。

茶红素水溶液呈酸性，深红色，刺激性较弱，是构成红茶汤色的主要物质，对茶汤滋味与汤色浓度起极重要的作用。参与“冷后浑”的形成。此外，还能与碱性蛋白质结合生成沉淀物存于叶底，从而影响红茶的叶底色泽。

茶褐素由茶黄素和茶红素进一步氧化聚合而成，深褐色，溶于水，无收敛性，其含量一般为红茶中干物质的4%—9%。是造成红茶茶汤发暗的重要因素。

(4) 黄酮类和花青素。

黄酮类在茶鲜叶的含量占干物重的3%—4%，它们是茶叶水溶性黄色素的主要物质。一般在茶叶中的花青素占干物质的0.01%—1.0%，紫芽茶中的含量较正常芽叶的含量高。紫色芽叶作为原料会使绿茶汤色变褐，滋味苦涩。

7. 芳香物质

茶之所以受人欢迎，是由于它具有独特的风味，其中之一便是幽雅的香气。茶的香气是茶青原料在制茶过程中进行复杂的生化反应而产生的，是源自茶叶本身，而非外加的(熏花茶除外)。茶叶中的芳香物质也叫芳香油、茶精油，在茶叶中的含量为0.02%—0.03%，是酯、醇、酮、酸、醛类等有机物。

芳香物质在茶叶中有以下特点。

(1) 含量少，重要性强。

茶叶中的挥发性成分(俗称精油)是茶香的主要来源,这些挥发性成分仅占干茶的0.1%,其含量虽极微,但成分却相当复杂,至少有二、三百种的成分共同形成茶叶香气。

(2) 种类多。

茶叶中已经发现有约700种香气化合物,各类茶的香气成分的种类含量不同,这些成分的绝妙组合形成了不同茶类独特的品质风味。如鲜叶中约50种,绿茶中约100种,红茶中约300种。

(3) 芳香物质在鲜叶中的存在形式。

茶树鲜叶中的香气成分主要以香气配糖体的形式存在。香气配糖体本身无挥发性,无臭无味。与茶叶香气配糖体(糖苷类前体)释放有关的两个重要酶类为β-葡萄糖苷酶、β-樱草糖苷酶。

(4) 不同茶叶茶香有别,同种茶叶茶香亦有别。

芳香油易挥发,是赋予茶叶香气最多的成分。各种茶由于原料和加工工艺的不同,呈现不同香气成分的组合,从而构成了不同种类茶叶的香气。下面从制法、品种、地域(土壤、气候、海拔)举例说明。

① 制法。

基于制法的不同形成了各类茶不同的香型。绿茶的清香,红茶的甜香,乌龙茶带花香、果香,黑茶的陈香,白茶的毫香,黄大茶的锅巴香等。同类茶如绿茶,炒青(屯绿具炒板栗香与龙井嫩栗香)、烘青(清香)、蒸青(似海苔香)。

② 品种。

铁观音、本山、水仙、肉桂四个品种制成乌龙茶,闽南铁观音清香带有类似兰花的香气,本山与铁观音类似但以清香为主。闽北当家品种水仙和肉桂,水仙具有类似水仙花的香气而肉桂带有辛锐的桂皮香。

③ 地域(土壤、气候、海拔)。

红茶:滇红、祁门、阿萨姆产于不同的地区,云南红茶具有特殊的甜香或焦糖香,祁门红茶有似玫瑰的花香(祁门香),阿萨姆红茶则具"阿萨姆香"。

高山与平地:不论是绿茶、红茶还是乌龙茶,高山原料中的芳香类物质较为丰富,且组成比例更佳,常有"高山云雾出好茶"的说法。

8. 茶皂素

茶皂素是茶叶中含有的又一个特殊成分,是茶汤起泡的重要物质,味苦而辛辣,其含量越高,茶汤的起泡力越强。茶籽中的含量比茶叶中的含量高,粗老原料比嫩叶含量高。

综上所述,茶叶中影响茶汤风味的主要物质的特性及风味如表1-1所述。

表 1-1　茶叶成分分布特性及风味

	成　分	分布特性	风　味
茶多酚	儿茶素、黄烷醇类、黄酮类	日照强、温度高的产区的茶其茶多酚含量高，夏茶的高于秋茶、春茶的，大叶种茶的高于中小叶种茶的，平地茶的高于高山茶的	苦涩，氧化为茶色素后滋味的苦涩味降低
生物碱	咖啡碱、茶叶碱、可可碱	大叶种的高于中小叶种的，夏季的高于春秋季的，嫩叶的高。相反老叶和茎、梗中含量较低，根、种子中不含咖啡碱	苦味，爽口
氨基酸	游离氨基酸：茶氨酸、氨基丁酸	在柔嫩的芽叶中含量较高。日照弱、温度低的产区的茶氨基酸含量高，夏茶的低于春茶、秋茶的，中小叶种的高于大叶种茶的，高山茶的高于平地茶的	鲜甜味，缓解苦涩味
蛋白质	水溶性蛋白、非水溶性蛋白	凡是蛋白质含量高的鲜叶，其游离氨基酸、咖啡碱和核酸的代谢旺盛，代谢过程中的中间产物和终产物含量都较高，对茶叶的滋味、香气带来良好的作用	水溶性蛋白滋味的浓厚度
糖类	单糖、双糖	原料老嫩的依据，老叶含量比嫩叶多	使茶汤具有甜醇味
	多糖	淀粉、果胶、茶多糖、纤维素，老叶含量比嫩叶多。加工过程中可分解	水溶性果胶是形成茶汤厚度和外形色泽的主要成分之一
色素	脂溶性：叶绿素、类胡萝卜	叶绿素的含量一般中小叶种的比大叶种的含量高，秋季的比夏春季的含量高，成熟叶片的比嫩叶的含量高。茶叶中含量一般在1%以下。秋季，在黄茶闷黄、红茶发酵等工序中，因叶绿素大量被破坏后显现出类胡萝卜素的黄色	参与叶底色泽的形成
	水溶性色素：茶色素	茶黄素、茶红素和茶褐素三大类成分。茶多酚的氧化产物，茶黄素水溶液呈鲜明的橙黄色，茶红素水溶液深红色，茶褐素为深褐色	干茶、茶汤和叶底颜色的主要物质。茶黄素具有较强的收敛性、刺激性。茶红素刺激性较弱，茶褐素无收敛性
	水溶性色素：黄酮类和花青素	属于茶多酚，黄酮类在茶鲜叶的含量占干物重的3%—4%；一般茶叶中的花青素占干物质的0.01%—1.0%	水溶性黄色素的主要物质，苦涩
芳香物质	酯、醇、酮、酸、醛类等有机物	①含量少，重要性强；②种类多；③鲜叶中常以香气配糖体的形式存在	不同茶叶的茶香因制法、品种、地域(土壤、气候、海拔)不同
茶皂素		粗老原料比嫩叶含量高，茶籽中的含量比茶叶中的含量高	茶汤起泡的重要物质，味苦而辛辣

二 茶叶中的其他成分

1. 维生素

茶叶中还含有多种维生素。如维生素 A、B1、B2、B5、C、E、K 等，这些维生素都对人体有益。

(1) 水溶性维生素。

茶叶中的维生素以水溶性的维生素 C 和维生素 B 含量较高。

① 维生素 C。

以绿茶中的保留最多。

人体的需要量：我国营养学会推荐每日维生素 C 的摄入量为 4—6 岁 60 毫克，7—10 岁 80 毫克，11—13 岁 90 毫克，14 岁以上人群 100 毫克，孕妇和乳母 130 毫克。

表 1-2 所示为茶和其他食品中维生素 C 含量的比较。

表 1-2　茶和其他食品中维生素 C 含量的比较(Lin RY,1989)

食　　品	维生素 C 浓度(mg/100 g)	食　　品	维生素 C 浓度(mg/100 g)
绿茶	280	花菜	110
红茶	140	金橘	200
新鲜辣椒	100	柑橘	50
干辣椒	200	草莓	80
辣椒叶	100	柠檬	180
芹菜	200	紫菜	20
蓖麻	100	菠菜	100

维生素 C 在茶叶中含量很高，特别是在鲜叶和绿茶中，几乎可与柠檬和肝脏所含数量相媲美。一个人每天约需维生素 C 70 毫克，而一杯好的绿茶中则含 5—6 毫克，每天饮茶 5—6 杯，就可以从茶叶中直接得到很大的补充。

② 维生素 B。

表 1-3 所示为茶叶维生素 B 类的供需关系。

表 1-3　茶叶维生素 B 类的供需关系

	含量(mg/100 g)干茶	每日需量(mg)	缺 乏 症 状
维生素 B1	0.1—0.5	0.8—1.2	脚气、神经炎
维生素 B2	0.8—1.4	1.0—1.2	代谢障碍
维生素 B3	4—7	13—19	糙皮症，消化系统功能障碍

(2) 非水溶性维生素。

茶叶中含有的脂溶性维生素，如维生素 A、E、F 等。

① 品饮。

一般以水冲泡或水提取方法为主，而这些脂溶性维生素在水中的溶解度很低，所以饮茶时对它们的利用率并不高。

② 茶叶的多元利用。

如以茶粉作添加物，榨茶籽油时，这些脂溶性维生素就得到了有效利用。

2. *矿质元素*

矿物质是人体内无机物的总称。茶叶中有近 30 种矿质元素，与一般食物相比，饮茶对钾、镁、锰、锌、氟等元素的摄入较有意义。每日饮茶 10 克，能适当补充人体所需的多种矿物质。表 1-4 所示为矿质元素对人体的保健作用。

表 1-4　矿质元素对人体的保健作用

矿质元素	含量(mg/10 g)干茶	溶出率(%)	主要功效	每日需量(mg)
钾	140—300	≈100	调节细胞渗透压	2000
磷	16—50	25—35	骨和牙的组成成分，细胞膜的组成成分	800
钙	20—70	5—7	骨和牙的组成成分，参与凝血过程	800
镁	17—30	45—53	体内 300 多种酶的辅助因子	250—300
锰	3—9	≈35	多种酶的活剂，参与骨骼的形成和凝血作用	3—4
铁	1—4	≥10	体内多种酶的组成成分，促进造血	10—15
锌	0.2—0.6	35—50	体内多种酶的组成成分，维持生殖器官的正常功能，维持敏锐的味觉，促进生长，增强抵抗力	10
铜	0.15—0.3	70—80	分布于肌肉、骨骼中，参与造血，增强抗病能力	1.5
氟	10—100	60—80	骨和牙的组成成分，预防蛀牙	1.5—4.0
硒	0.02—6.0	10—25	抗氧化作用，延缓衰老，预防癌症	0.05—0.2

三 茶叶的保健功能

茶叶成分对人体功效是多种多样的，归纳起来主要有以下保健作用。

1. *兴奋作用*

人体疲劳，主要是由于神经系统衰弱，中枢神经兴奋降低，使肌肉收缩力减退而不能充分伸缩。古人称之为“令人少眠”、“使人益思”。咖啡碱的兴奋作用，已是众所周知。

咖啡碱是强有力的中枢神经兴奋剂，能兴奋神经中枢，尤其是大脑皮质。当血液中咖啡碱浓度在 5—6 mg/L 时，会使人精神振奋，注意力集中，大脑思维活动清晰，感觉敏锐，记忆力增强。咖啡碱摄取量在每千克体重 15—30 mg 以上，会出现恶心、呕吐、头痛、心跳加速等急性中毒症状。茶叶中的咖啡碱由于茶多酚、茶氨酸等成分的协调作用，喝茶时的不良反应发生的可能性较轻、较缓和。

2. 利尿排毒作用

茶叶中的咖啡碱和茶碱具有利尿作用，用于治疗水肿、水滞瘤。

咖啡碱具有强大的利尿作用，机理为舒张肾血管，使肾脏血流量增加，肾小球过滤速度增加，抑制肾小管的再吸收，从而促进尿的排泄。这能增强肾脏的功能，防止泌尿系统感染。与喝水相比，喝茶时排尿要多 1.5 倍。

增进利尿，能促进许多代谢物和毒素的排泄，消除水肿，降低得胆结石的机会。

3. 强心解痉作用

咖啡碱具有强心、解痉、松弛平滑肌的功效，能解除支气管痉挛，促进血液循环，是治疗支气管哮喘、止咳化痰、心肌梗塞的良好辅助药物。因此，坚持长期适量饮茶对心脏具有良好的保护作用。

4. 抗菌、抑菌作用

茶中的茶多酚又称鞣酸，作用于细菌，能凝固细菌的蛋白质，将细菌杀死。

(1) 肠道：可用于治疗肠道疾病，如霍乱、伤寒、痢疾、肠炎等。茶的止痢效果在医学界早已应用于临床，主要是儿茶素类化合物(EGC 和 EGCG)对病原菌的抑制作用。

(2) 皮肤：生疮、溃烂流脓，外伤破了皮，用浓茶冲洗患处，有消炎杀菌作用。

(3) 口腔发炎、溃烂、口臭、咽喉肿痛，用茶叶来治疗，也有一定疗效。

5. 减肥、降脂、预防三高作用

(1) 低能量：茶饮料为低糖低能量饮料，饮用一杯茶(3 g/150 mL)的能量低于 5 卡。

(2) 调节脂肪代谢：茶中的咖啡碱、肌醇、叶酸、泛酸和芳香类物质等多种化合物，能调节脂肪代谢，特别是乌龙茶对蛋白质和脂肪有很好的分解作用。

(3) 降低血脂，预防高血压：饮茶具有降血脂的作用，特别是具有降低低密度脂蛋白的功效。茶多酚和维生素 C 能降低胆固醇和血脂，所以饮茶能减肥降脂。

(4) 抑制动脉硬化：茶叶中的茶多酚和维生素 C 都有活血化瘀防止动脉硬化的作用。所以经常饮茶的人当中，高血压和冠心病的发病率较低。

6. 防龋齿作用

茶中含有氟，氟离子与牙齿的钙质有很大的亲和力，能变成一种较难溶于酸的氟磷灰石，就像给牙齿加上一个保护层，提高了牙齿防酸抗龋能力。茶叶是富集氟素的植物，老叶中高达 250—1600 mg/kg，且水溶性较强，氟是坚齿元素。此外，茶多酚类化合物还能杀死在齿缝中存在的乳酸菌及其他龋齿细菌，起到防龋齿的目的。

7. 抗癌、防突变作用

关于茶叶的抗癌、防突变作用，从 20 世纪 70 年代起各国科学家就开展了大量的研究。初步明确的机理如下。

（1）抑制最终致癌物的形成。

众所周知，亚硝酸胺是一种强致癌物，它是由亚硝酸盐和二级胺在酸性介质条件下形成的，而亚硝酸盐和二级胺来自蔬菜和其他食品，在人体胃中酸性条件下易合成亚硝酸胺。实验表明，各种茶叶均有不同程度抑制和阻断亚硝酸胺合成的效果，其中以绿茶和乌龙茶尤甚。

（2）调整原致癌物质的代谢过程。

人体内的酶体系统既能将人体内的有毒物质进行氧化代谢起着解毒作用，又可使许多原致癌物或致突物活化，形成致癌物或突变物。茶叶中的多酚类化合物和儿茶素类物质能够抑制某些能活化致癌物的酶系统，起到防癌的作用。

（3）清除自由基。

自由基又称游离基，是具有单个不成对的电子化学团，它可以凭借其亲电子本性与一些大分子化合物结合，从而成为潜在的致癌因素。因此，对自由基的清除是防癌、抗突变的重要机能。自由基的清除可通过酶（如超氧化物歧化酶 SOD、过氧化氢酶）和抗氧化剂（黄酮类化合物、维生素 C、维生素 E 等）来完成。茶叶中富含多酚类和多种维生素，尤其是多酚类化合物具有很活泼的羟基氢，所提供的氢与自由基反应生成惰性产物或变成较稳定的自由基；儿茶素类化合物尤其是 EGCG 具有直接参与清除自由基的功能。

根据日本在 2002 年发表的资料，一个对 8522 人（其中 419 名是癌症患者）跟踪调查 10 年的结果表明，女性每天饮茶 10 杯的，癌症的发生时间平均可以延迟 7.3 年，男性的可平均延迟 3.2 年。

8. 减缓衰老，益寿延年作用

俗语称“米寿（八十八岁）白寿（九十九岁）茶寿（一百零八岁）”可见饮茶可长寿。衰老是一种自然规律，因此，我们不可能违背这个规律。但是，当人们采用良好的生活习惯和保健措施并适当地运动，就可以有效地延缓衰老，降低衰老相关疾病的发病率，提高生活质量。

英国 Harman 于 1956 年率先提出自由基与机体衰老有关。人体中脂质过氧化过程已证明是人体衰老的机制之一。

为防止自由基在体内所产生的连锁破坏作用，正常情况下人体内有一套清除自由基的酵素系统，使体内的自由基能维持一个动态平衡。但随着年龄的增长(超过 35 岁)，各种清除自由基酵素便逐渐衰退造成体内自由基过多，而引发各种疾病并加速老化。不论绿茶、乌龙茶或红茶，所含的儿茶素类和其氧化物都已证实有很强的抗氧化作用，可中和身体内各部分所产生的自由基，延缓老化、防止油脂氧化。茶叶中的儿茶素类化合物具有明显的抗氧化活性，且活性强度超过维生素 C 和维生素 E。不同茶儿茶素类化合物的抗氧化性强度依次为 EGCG>EGC>ECG>EC。

各类茶的抗氧化能力：不发酵茶>部分发酵茶>全发酵茶>后发酵茶。其中，发酵是指茶叶中可氧化物质氧化的过程。

茶叶的抗衰老成分包括茶多酚、茶色素、茶多糖、茶氨酸、各种维生素、芳香类物质等。

知识链接

陆羽与《茶经》

陆羽是唐朝中期的一位著名学者，也是我国和世界茶学的最初创建者。他名疾，字鸿渐，又字季疵，复州竟陵(今湖北省天门)人。在《新唐书》、《文苑英华》、《唐才子传》和《全唐文》中，都有他的传记和介绍。

据称他是一个弃婴，不知所生，他的姓名一说是他长大后自己用《易经》占卜出来的。他卜得的是“蹇”之“渐”卦，其卦辞有“鸿渐于陆，其羽可用为仪”等语，于是他就取陆为姓，以羽为名，用鸿渐作字。他是和尚从河边拾回在庙中养大的，但他自小就喜爱读书，不愿意学佛，所以后来就偷偷离开寺庙，跑到一个戏班子里学戏和做起“优人”来。天宝(742—756)年间，陆羽在一次演出中为太守李齐物所赏识。他长得不好看，口吃善辩，为人正直。上元初(760 年)，他移居苕溪(浙江湖州)，自号桑苎翁，闭门著书。他出名以后，朝廷曾任命他为太子文学，后来又改仕太常寺太祝，他都没有去。贞元(785—804)末卒。

陆羽博学多闻，是一位知识非常渊博的学者。受到当时“不名一行，不滞一方”的思想影响，在学业上，他犹如清昼、崔子向在《寄处士陆羽联句》中所说：“荆吴备登历，风土随编录”；“野中求逸礼，江上访遗编”，不仅从书籍中同时也从自然和社会中不断探求与积累知识，所以其涉猎非常广泛，著述也表现出多样性。这里不妨以上元辛丑(761 年)以前的文稿为例。据陆羽在其《自传》中所说，其诗词主要有《四悲诗》和《天之未明赋》两篇代表作。书稿有《君臣契》3 卷、《源解》30 卷、《江表四姓谱》8 卷、《南北人物志》10 卷、《吴兴历官记》3 卷、《湖州刺史记》1 卷、《茶经》3 卷、《占梦》3 卷，等等。其实，这只是陆羽著作的一小部分，还有《陆羽崔国辅诗集》，陆羽、颜真卿和张志和等人的《渔父词集》，陆羽后期的《洪州玉芝观诗集》等诗作 3 部。此外，还有《杼山记》、《吴兴记》、《吴兴图经》、《虎丘山记》、《慧山寺游记》、《灵隐天竺二寺记》、《武林山记》等地志；茶书有《顾渚山记》、《茶记》、《泉品》以及《毁茶论》等；其他著作有《五高僧传》、《教坊录》及与颜真卿等编纂的《韵海镜源》、与吴兴汇编的《陆羽集》等近二十种著作。

陆羽在茶学上的成就，主要是《茶经》一书。《茶经》全书共七千多字，分三卷十节，卷上：一茶之源，谈茶的性状、名称和品质；二茶之具，讲采制茶叶的用具；三茶之造，谈茶的种类和采制方法。卷中：四茶之器，介绍烹饮茶叶的器具。卷下：五茶之煮，论述烹茶的方法和水的品质；六茶之饮，谈饮茶的风俗；七茶之事，汇录有关茶的记载、故事 和效用；八茶之出，列举全国重要茶叶产地和所出茶叶的地区；九茶之略，是讲哪些茶具、茶器可以省略；十茶之图，即教人用绢帛抄《茶经》张挂。对于《茶经》，我国论著很多，但我们认为陈彬藩先生在《论茶经》中的三个标题："茶叶百科全书"、"茶叶文化宝库"、"世界茶叶的经典"，比较贴切地说明了《茶经》一书的历史意义和现实意义。

项目小结

知识要点

1. 茶文化是中国文化史上的重要瑰宝，也是我国送给世界人民的重要礼物。

2. 中国是茶的故乡，是中国人民最早发现和利用了茶，由此产生了深厚的茶文化和饮茶习俗。

技能要点

1. 饮茶对人体健康有益，但需要了解一定的禁忌，才能使其最大限度地成为人们的保健品。

2. 历朝历代的文人们给我们留下了丰厚的茶文化诗词瑰宝，熟读诗词，并理解它们的含义。

项目实训

知识考核

一、选择题

1. (　　)在宋代的名称叫茗粥。

A. 散茶　　B. 团茶　　C. 末茶　　D. 擂茶

2. 用黄豆、芝麻、姜、盐、茶合成，直接用开水沏泡的是宋代(　　)。

A. 豆子茶　　B. 薄荷茶　　C. 葱头茶　　D. 黄豆茶

3. 社会鼎盛是唐代(　　)的主要原因。

A. 饮茶盛行　　B. 斗茶盛行　　C. 习武盛行　　D. 对弈盛行

4. (　　)茶叶的种类有粗、散、末、饼茶。

A. 汉代　　B. 元代　　C. 宋代　　D. 唐代

5. 宋代(　　)的产地是当时的福建建安。

A. 龙团茶　　B. 栗粒茶　　C. 北苑贡茶　　D. 蜡面茶

6. 宋代(　　)的主要内容是看汤色、汤花。

A. 泡茶　　B. 鉴茶　　C. 分茶　　D. 斗茶

7. 宋徽宗赵佶写有一部茶书，名为(　　)。

A.《大观茶论》　　B.《品茗要录》　　C.《茶经》　　D.《茶谱》

8. 点茶法是(　　)的主要饮茶方法。

A. 汉代　　B. 唐代　　C. 宋代　　D. 元代

9. 茶树性喜温暖、(　　)，通常气温在18—25 ℃较适宜生长。

A. 干燥的环境　　B. 湿润的环境　　C. 避光的环境　　D. 阴冷的环境

10. 世界上第一部茶书的书名是(　　)。

A.《品茶要录》　　B.《茶具图赞》　　C.《榷茶》　　D.《茶经》

二、判断题

1. (　　)最早记载茶为药用的书籍是《大观茶论》。

2. (　　)唐代煎用饼茶需经过蒸、煮、滤。

3. (　　)茶树扦插繁殖后代，能充分保持母株高产和抗性的特性。

4. (　　)宋代豆子茶的主要成分是玉米、小麦、葱、醋、茶。

5. (　　)六大茶类齐全于明代。

项目二 茶叶知识

中国是茶文化的发源地，那么大家对于茶叶知识了解多少呢？本项目通过对茶树的了解、茶叶的制作、茶叶的分类和鉴别来加以认识。

◇学习目标

知识目标

了解茶树的类型及生长环境；掌握各类茶叶制作的关键工序；掌握茶叶的分类；掌握鉴别茶叶的方法。

能力目标

各类茶叶制作的关键工序；正确辨别茶的类别及特点；用正常的视觉、嗅觉、味觉、触觉的辨别能力，对茶叶的外形、汤色、香气、滋味与叶底等品质因子进行审评，从而达到鉴别茶叶品质的目的。

素质目标

通过茶叶知识的学习要求掌握识茶的相关理论及实操技能，培养学生的服务意识及良好的职业素养。

◇学习重点

各类茶叶制作的关键工序。

◇学习难点

鉴别茶叶的方法。

情景导入

神 农 尝 草

相传神农氏是最早发现和利用茶的人,《神农本草经》一书称:"神农尝百草,一日遇七十二毒,得茶而解之。"传说中神农氏为了给百姓治病,不惜亲身验证草木的药性,历尽艰险,遍尝百草,一日遇七十二毒,舌头麻木、头昏脑涨,正值生命垂危之际,一阵凉风吹过,带来清香缕缕,有几片鲜嫩的树叶冉冉落下,神农信手拾起,放入口中嚼而食之,顿觉神清气爽,浑身舒畅,诸毒豁然而解,就这样,神农发现了茶。

茶树原产于我国云南、贵州、四川一带的密林之中,这一地带气候温暖潮湿,是茶树生长的理想之所。但当地球进入第三纪末至第四纪初时,全球气候骤冷,出现了冰川时期,大部分亚热带作物被冻死。我国的西南一带受冰川时期的影响较小,部分茶树得以存活下来。如今在云南、贵州、四川一带已发现的为数众多的野生大茶树,可以加以佐证。

任务一 茶之种植

一 茶树的特征

茶树是多年生常绿木本植物,它由茎、叶、花、果实、种子和根等几个部分组成。分乔木型、中乔木(小乔木)型、灌木型。

1. 茶树的茎

茶树的茎,指的是茶树的地面生长部分,包括主干、分枝和当年生长形成的新枝。因为其分枝形态不同,可分为半乔木型(小乔木型)、乔木型和灌木型茶树 3 种。

(1) 半乔木型茶树(小乔木型)。

半乔木型茶树的主干明显,主干和分枝容易区分,但分枝距离地面较近,是我国主要栽培的树种。

(2) 乔木型茶树。

乔木型茶树的主干高大,主干、侧枝、分枝明显,多为野生古茶树。主要生长在云南、贵州、四川等地,一般树高 10 米以上,主干直径粗大。

(3) 灌木型茶树。

灌木型茶树的主干矮小，主干和分枝不明显，分枝较稠密，是我国主要栽培的树种。

2. 茶树的芽

茶树的芽分为营养芽（又称叶芽）和花芽两种，营养芽发育后形成枝叶。营养芽因生长部位不同，又分为定芽和不定芽。定芽生长于茶树的枝顶（又称为顶芽）及叶腋处（又称为腋叶），顶芽比腋芽粗大。不定芽生长于树枝的节间或根茎处，当枝干遭受伤害时，不定芽能萌发成长为新枝。花芽即发育成花。茶芽因萌发季节不同又可分为春芽、夏芽和冬芽。春芽在春季形成，夏季发育生长；夏芽在夏季形成，秋季生长发育；冬芽在冬季形成，次年春季生长发育。

3. 茶树的叶

茶树的叶是常绿的，茶树的同一时期既有老叶又有新叶，新生的嫩叶是制作茶叶的原料，芽及嫩叶的背面有茸毛。

茶叶为网状脉，有明显的主脉，主脉上又分出侧脉，侧脉数多为7—10对，主脉明显，叶背、叶脉凸起，侧脉延伸至离边缘三分之一处向上弯曲与上方侧脉相连，构成封闭形网状系统。茶叶的边缘有明显的锯齿，锯齿数一般为16—32对。

4. 茶树的花

茶树的花为两性花，属于异花授粉的植物，它的花是虫媒花。花芽于每年的6月中旬形成，10—11月为盛花期，花对为白色，只有少数为淡红色。

5. 茶树的种子

茶树的形成从花芽到种子成熟，需一年半左右的时间，一般在10月中旬左右种子成熟，此时茶树的花果共存。

6. 茶树的根

茶树的根由主根、侧根、细根和根毛组成，为深根植物。茶树的主根一般长度在70—80厘米，一般幼年生茶树的根幅与树冠相对称，壮年茶树的根幅比树冠大，老年茶树的根幅比树冠要小。

二 茶树适宜的生长条件

茶树喜欢温暖、潮湿、荫蔽的生长环境，需要适当的温度、水分、光照和土壤条件。影响茶树生长的自然环境条件主要是气候和土壤，在选择茶地发展新茶园和日常栽培管理上必须重视。

1. 茶树对土壤的要求

茶树是喜酸性土壤的作物，它只有在酸性土壤中才能生长，要求土壤pH值在4—6.5，以 4.5—5.5 较适合茶树生长。茶树不喜欢钙质，土壤中如含有石灰质（活性钙含量超过 0.2%），就影响到茶树生长，甚至逐渐死亡。通常看到种在坟堆上的茶树低矮黄瘦，生长不良，主要就是灰廊引起的。灰廊以大量石灰掺和沙砂、黏土生成，使茶根不能深扎，灰廊还不断释放碱性石灰质，造成周围土壤钙质过多，影响茶树生长。

土层深厚对茶树生长有利，一般要求超过 80 厘米。底土不能有黏盘层或硬盘层，不然容易积水。土壤的通透性要好，以便蓄水积肥，地下水位过高，孔隙堵塞，根系产生缺氧呼吸，就会造成烂根，因此地土层深厚对茶树生长有利，下水位必须控制在 80 厘米以下。

2. 茶树对温度的要求

温度对于茶树生长发育的快慢、采摘期的迟早和长短、鲜叶的产量以及成茶的品质，都有密切关系。茶树生长较适宜的温度在 15—30 ℃，10 ℃左右开始发芽。在 35 ℃以上的高温及土壤水分不足的条件下，茶树生长就会受到抑制，幼嫩芽叶会灼伤。在 10 ℃以下，茶树生长缓慢或停止；到零下 13 ℃左右，茶树地上部分会冻枯甚至死亡。低温加燥风，茶树最易受冻。

3. 茶树对水分的要求

茶树幼嫩芽叶的含水量为 74%—77%，嫩茎的含水量在 80%以上，水是茶树进行光合作用必不可少的原料之一，当叶片失水 10%时，光合作用就会受到抑制。茶树虽喜潮湿，但也不能长期积水。茶树最适宜的年降水量在 1500 毫米左右。根据浙江省常年降雨量 1044—1600 毫米来看，是能满足茶树生长需要的。但由于各月降水量的分配不均，夏秋季常出现“伏旱”和“秋旱”，如不采取有效措施，会严重影响夏秋茶的产量。茶树要求土壤相对持水量在 60%—90%，以 70%—80%为宜。空气湿度以 80%—90%为宜。土壤水分适当，空气湿度较高，不仅新梢叶片大，而且持嫩性强，叶质柔软，角质层薄，茶叶品质优良。

4. 茶树对光照的要求

茶树耐荫，但也需要一定的光照，在比较荫蔽、多漫射光的条件下，新梢内含物丰富，嫩度好，品质高。因为漫射光中含紫外线较多，能促进儿茶素和含氮化合物的形成，对品质有利。直射光中过强的红外线只能促使茶叶纤维素的形成，叶片容易老化，致使茶叶品质下降。人们常说“高山云雾出好茶”，其道理就在于高山云雾多，漫射光多，光质和强度起了变化，有利于茶树的光合作用，促进了茶叶质量的提高。

三 茶区划分

在我国茶叶生产区域内，气温、雨量、生态、日照、土壤等条件差异极大。根据茶叶生产的发展、土壤气候条件、茶树品种和茶类等特点，我国茶叶产地分为四个大区，即华南茶区、西南茶区、江北茶区和江南茶区。

1. 西南茶区

西南茶区位于中国西南部，包括云南、贵州、四川三省以及西藏东南部，是中国最古老的茶区。茶树品种资源丰富，生产红茶、绿茶、沱茶、紧压茶和普洱茶等，是中国发展大叶种红碎茶的主要基地之一。

云贵高原为茶树原产地中心。地形复杂，有些同纬度地区海拔高低悬殊，气候差别很大，大部分地区均属亚热带季风气候，冬不寒冷，夏不炎热。土壤状况也较为适合茶树生长，四川、贵州和西藏东南部以黄壤为主，有少量棕壤；云南主要为赤红壤和山地红壤。土壤有机质含量一般比其他茶区丰富。

2. 华南茶区

华南茶区位于中国南部，包括广东、广西、福建、台湾、海南等省（区），为中国较适宜茶树生长的地区。有乔木、小乔木、灌木等各种类型的茶树品种，茶资源极为丰富，生产红茶、乌龙茶、花茶、白茶和六堡茶等，所产大叶种红碎茶，茶汤浓度较大。

除闽北、粤北和桂北等少数地区外，年平均气温为 19—22 ℃，最低月（一月）平均气温为 7—14 ℃，茶年生长期 10 个月以上，年降水量是中国茶区之最，一般为 1200—2000 毫米，其中台湾雨量特别充沛，年降水量常超过 2000 毫米。茶区土壤以砖红壤为主，部分地区也有红壤和黄壤分布，土层深厚，有机质含量丰富。

3. 江南茶区

江南茶区位于中国长江中、下游南部，包括浙江、湖南、江西等省和皖南、苏南、鄂南等地，为中国茶叶主要产区，年产量大约占全国总产量的 2/3。生产的主要茶类有绿茶、红茶、黑茶、花茶以及品质各异的特种名茶，诸如西湖龙井、黄山毛峰、洞庭碧螺春、君山银针、庐山云雾等。

茶园主要分布在丘陵地带，少数在海拔较高的山区。这些地区气候四季分明，年平均气温为 15—18 ℃，冬季气温一般在－8 ℃。年降水量 1400—1600 毫米，春夏季雨水最多，占全年降水量的 60%—80%，秋季干旱。茶区土壤主要为红壤，部分为黄壤或棕壤，少数为冲积壤。

4. 江北茶区

江北茶区位于长江中、下游北岸，包括河南、陕西、甘肃、山东等省和皖北、苏北、鄂北等地。江北茶区主要生产绿茶。

茶区年平均气温为 15—16 ℃，冬季绝对最低气温一般为－10 ℃左右。年降水量较少，为 700—1000 毫米，且分布不匀，常使茶树受旱。茶区土壤多属黄棕壤或棕壤，是中国南北土壤的过渡类型。但少数山区，有良好的微域气候，故茶的质量亦不亚于其他茶区，如六安瓜片、信阳毛尖等。

任务二 茶之制作

茶是采摘茶树的嫩芽或新叶当原料，经过一连串的制作过程而制成的。制茶过程为：采青→萎凋→发酵→杀青→揉捻→干燥→（初制茶）→精制 → 加工→包装→（成品）。

一 常见基本制茶方法介绍

1. 采青

茶只能采摘嫩叶，老叶无法用，这些细嫩的部分，采下来后称为茶青。多采一片叶为一芯一叶；多采两片叶为一芯两叶。

芽茶类：以嫩芽做原料，茶性比较细致。

叶茶类：以叶做原料，茶性比较粗犷。

2. 萎凋

茶青采下来后，首先要放在空气中，让它消失一部分的水分，这个过程称为萎凋。

在室外进行的为室外萎凋；在室内进行的为室内萎凋。

萎凋的过程为，水分的消失必须透过叶脉有秩序地从叶子边缘或气孔蒸发出来。每部分的细胞都必须消失一部分的水分，只有这样，才能产生发酵作用。

失水：叶子晒干晒死，造成味薄。

积水：不搅拌，造成苦涩。

萎凋就是静置与浪青交替进行。

静置：就是放置不动，让水分补给到边缘的地方，当然也让已经可以发酵的部分慢慢发酵。

浪青：就是搅拌，先是促使水分平均消失，然后借叶子的互相摩擦，促进氧化。

3. 发酵

茶叶与空气起氧化作用，这个过程称为发酵。

发酵使茶发生如下变化。

（1）香变：不怎么发酵的，喝起来有股菜香；让它轻轻发酵就会转化成花香；发酵变重后会转化成果香；如果让它尽情地发酵就会变成糖香。香变是发芽、开花、结果的变化。

（2）色变：香气的变化与颜色的转变是同步进行的。菜香的阶段是绿色；花香的阶段是金黄色;果香的阶段是橘黄色;糖香的阶段是朱红色。

(3) 味变:发酵越小,越接近植物本身的味道;发酵越多,离自然越远,加工的味道越重。

4. 杀青

杀青是用高温杀死叶细胞,停止发酵的过程。

此外,炒青是指下锅炒,也可是滚筒式,炒出来的茶比较香。市场上的大部分茶都是炒出来的。蒸青是用蒸汽把茶青蒸熟,蒸的颜色比较翠绿,而且容易保留植物原来的细胞纤维。

5. 揉捻

揉捻是指杀青过后,要将茶叶像揉面一样揉捻。

揉捻的作用在于:①揉破叶细胞,以利于冲泡;②成形;③塑造不同的特性。

揉捻包括手揉捻、机揉捻、布揉捻。揉捻的次数越多,茶性就会变得越低沉。

揉捻还可分为轻揉捻、中揉捻和重揉捻。轻揉捻制成的茶成条形状,中揉捻制成的茶成半球状,重揉捻制成的茶成全球状。

6. 干燥

揉捻完茶就算初步完成,这时要把水分蒸发掉,这个过程称为干燥。

干燥分为火炉上烘干、手摇式干燥机、自走式干燥机。

7. 初制茶

干燥过的茶就可以拿来冲泡饮用,可是这种茶外形不好看,品质也还不稳定,一般称为初制茶。

8. 精制

销售之前,最好再经过一番精制,它包括以下几步。

(1) 筛分:将茶筛分成粗细不同等位。

(2) 剪切:需要较细的条形时,可用切碎机将它切碎。

(3) 拔梗:将部分散离的茶质分离出来。

(4) 覆火:干燥不够时,再干燥一次,也称补火。

(5) 风选:将精制过的茶用风来吹,碎末和细片就会分离出来。

完成这些程序,再经过加工、包装等,便可进入市场。

二 基本茶类制茶方法介绍

1. 红茶的制作过程

红茶的基本制造过程是：①萎凋；②揉捻；③发酵；④干燥。

红茶对鲜叶的要求：除小种红茶要求鲜叶有一定成熟度外，工夫红茶和红碎茶都要有较高的嫩度，一般是以一芽二、三叶为标准。采摘的季节也有影响，一般夏茶采制红茶较好，这是因为夏茶多酚类化合物含量较高，适制红茶。

(1) 萎凋。

萎凋的目的就是使鲜叶失去一部分水分，叶片变软，青草气消失，并散发出香气。鲜叶采摘后，要均匀地摊放在萎凋槽上或萎凋机中萎凋。萎凋槽一般长 10 米、宽 1.5 米，盛叶框边高 20 厘米。摊放叶的厚度一般在 18—20 厘米，下面鼓风机气流温度在 35 ℃左右，萎凋时间为 4—5 小时。常温下自然萎凋时间以 8—10 小时为宜。萎凋适度的茶叶萎缩变软，手捏叶片有柔软感，无摩擦响声，紧握叶子成团，松手时叶子松散缓慢，叶色转为暗绿，表面光泽消失，鲜叶的青草气减退，透出萎凋叶特有的清香。

(2) 揉捻。

揉捻的目的一是使叶细胞通过揉捻后破坏，茶汁外溢，加速多酚类化合物的酶促氧化，为形成红茶特有的内质奠定基础；二是使叶片揉卷成紧直条索，缩小体积，塑造美观的外形；三是茶汁溢聚于叶条表面，冲泡时易溶于水，使外形光泽，增加茶汤浓度。

红茶的揉捻机一般都比较大，多使用 50 厘米以上甚至 90 厘米的揉捻桶。其揉捻的适合度，以细胞破坏率 90%以上，条索紧卷，茶汁充分外溢，黏附于叶表面，用手紧握，茶汁溢而不成滴流为宜。

(3) 发酵。

发酵是工夫红茶形成品质的关键过程。所谓红茶发酵，是在酶促作用下，以多酚类化合物氧化为主体的一系列化学变化的过程。

发酵室气温一般在 24—25 ℃，相对湿度 95%，摊叶厚度一般在 8—12 厘米为宜。发酵适度的茶叶青草气消失，出现一种新鲜的、清新的花果香，叶色变红，春茶呈黄红色、夏茶呈红黄色，嫩叶色泽红匀，老叶因变化困难常红里泛青。

(4) 干燥。

发酵好的茶叶必须立即送入烘干机烘干，以制止茶叶继续发酵。烘干一般分为两次，第一次称毛火，温度 110—120 ℃，使茶叶含水量在 20%—25%，第二次称足火，温度 85—95 ℃，茶叶成品含水量为 6%。

2. 绿茶的制作过程

我国茶叶生产，以绿茶最早。自唐代我国便采用蒸汽杀青的方法制造团茶，到了宋代又进而改为蒸青散茶。到了明代，我国又发明了炒青制法，此后便逐渐淘汰了蒸青。我国目前所采用的绿茶加工过程是：①杀青；②揉捻；③干燥。

（1）杀青。

杀青是形成绿茶品质的关键性技术措施。其主要目的：一是彻底破坏鲜叶中酶的活性，制止多酚类化合物的酶促氧化，以获得绿茶应有的色、香、味；二是散发青草气，发展茶香；三是蒸发一部分水分，使之变得柔软，增强韧性，便于揉捻成形。鲜叶采来后，要放在地上摊凉2—3小时，然后进行杀青。杀青的原则一是“高温杀青，先高后低”，使杀青锅或滚筒的温度达到180 ℃左右或者更高，以迅速破坏酶的活性，然后适当降低温度，使芽尖和叶缘不致被炒焦，影响绿茶品质，达到杀匀杀透，老而不焦，嫩而不生的目的。杀青的原则二是要掌握“老叶轻杀，嫩叶老杀”。所谓老杀，就是失水适当多些；所谓嫩杀，就是失水适当少些。因为嫩叶中酶的催化作用较强，含水量较高，所以要老杀，如果嫩杀，则酶的活化未被彻底破坏，以产生红梗红叶；杀青叶含水量过高，在揉捻时液汁易流失，加压时易成糊状，芽叶易断碎。低级粗老叶则相反，应杀得嫩，粗老叶含水量少，纤维素含量较高，叶质粗硬，如杀青叶含水量少，揉捻时难以成形，加压时也易断碎。杀青叶适度的标志是：叶色由鲜绿转为暗绿，无红梗红叶，手捏叶软，略微粘手，嫩茎梗折不断，紧捏叶子成团，稍有弹性，青草气消失，茶香显露。

（2）揉捻。

揉捻的目的是缩小体积，为炒干成形打好基础，同时适当破坏叶组织，既要茶汁容易泡出，又要耐冲泡。

揉捻一般分热揉和冷揉，所谓热揉，就是杀青叶不经堆放趁热揉捻；所谓冷揉，就是杀青叶出锅后，经过一段时间的摊放，使叶温下降到一定程度时揉捻。较老叶纤维素含量高，揉捻时不易成条，宜采用热揉；高级嫩叶揉捻容易成条，为保持良好的色泽和香气，宜采用冷揉。

目前除制作龙井、碧螺春等手工名茶外，绝大部分茶叶都采取揉捻机来进行揉捻。即把杀青好的鲜叶装入揉桶，盖上揉捻机盖，加一定的压力进行揉捻。加压的原则是“轻、重、轻”。即先要轻压，然后逐步加重，再慢慢减轻，最后部加压再揉5分钟左右。揉捻叶细胞破坏率一般为45%—55%，茶汁黏附于叶面，手摸有润滑粘手的感觉。

（3）干燥。

干燥的方法有很多，有的用烘干机或烘笼烘干，有的用锅炒干，有的用滚筒炒干，但不论何种方法，目的都是：①叶子在杀青的基础上继续使内含物发生变化，提高内在品质；②在揉捻的基础上整理条索，改进外形；③排出过多水分，防止霉变，便于贮藏。最后经干燥后的茶叶，都必须达到安全的保管条件，即含水量要求在5%—6%，以手揉叶能成碎末。

3. 乌龙茶的制作过程

乌龙茶的制造工艺，要经过：采青、晒青、晾青、摇青、炒青、包揉成形、揉捻、打散、焙火、烤焙等工序才制成成品。

制作优质精品乌龙茶必须具备“天、地、人”三个要素。天，指适宜的气候环境，在天朗气清，昼夜温差较大，刮东南风时制作者最佳；地，指纯种乌龙茶茶树，适应茶树生长的良好土壤、地理位置和茶雷锋海拔高程，并得到精心培育，1—5年生茶树制品尤佳；人，指精湛的采制技术。如在做青阶段，要灵活地掌握“看天做青”和“看青做青”。

乌龙茶制作严谨，技艺精巧。一年分四季采制，高山茶分春秋两季。谷雨至立夏（4月中下旬至5月上旬）为春茶；夏至至小暑（6月中下旬至7月上旬）为夏茶；立秋至处暑（8月上旬至8月下旬）为暑茶；秋分至寒露（9月下旬至10月上旬）为秋茶。制茶品质以春茶为最好。秋茶次之，其香气特高，俗称秋香，但汤味较薄。夏、暑茶品质较次。鲜叶采摘标准必须在嫩梢形成驻芽后，顶叶刚开展呈小开面或中开面时，采下二、三叶。采时要做到“五不”，即不折断叶片，不折叠叶张，不碰碎叶尖，不带单片，不带鱼叶和老梗。生长地带不同的茶树鲜叶要分开，特别是早青、午青、晚青要严格分开制造，以午青品质为最优。

（1）采青（采摘）。

晴天的正午10:00至下午15:00时采摘的鲜叶质量最好，采集时不能在下雨天及阴天采摘，否则将很难形成甘醇之味及香气，而且茶叶的鲜嫩度要适中，一般选三叶一芽，枝梗宜短、细小。这样枝梗的含水量才会少，制作出来才会形成高档品质。

采青很辛苦，采青的最佳时间也正是太阳正烈的时候，且全靠手工一叶叶采摘，因此需要很多人手。

采摘标准：乌龙茶采摘讲究一芽两叶或一芽三叶开采，不能太长也不能太短。太长了枝梗粗壮不利于粗制，太短了叶片太嫩做不成茶。

（2）晒青。

茶青采下来后要放在阴凉通风的地方避免阳光暴晒，当茶青积累到一定量（一般够做十来斤毛茶）就运回家里置于空调房内。等到夕阳西下时，再将其摊凉在地上晒青。晒青形式有很多种，有的是摊在水筛上架在架子进行；有的是直接摊铺在地上；有的是在地上铺上竹筛进行。主要还是根据当时的气温。晒青的目的是先利用地热、柔和的夕阳和晚风使箐叶蒸发部分水分，为摇青作准备。此时的关键是叶片上的泥土味、杂味等要去尽又不能晒死。

（3）晾青。

茶青经过晒青后，将茶青置于竹筛上，放入空调房静置，茶青经过晒青时，会蒸发部分水分，青叶成塌软样，在空调房静置时，叶梗、叶脉的水分这时会往叶面补充，这时，叶面又会挺直起来。

（4）摇青。

当茶青晾青后，根据青叶的水分变化情况，就可以决定是否摇青了。将竹筛中的茶青倒入竹制摇青机中准备摇青，在摇青的过程中，通过“闻青叶香气，看青叶颜色变化”来决定摇青的次数和轻重。一般要重复2到3次的摇青，每次摇青间隔个把小时。具体要看茶青的质量和当天天气。这一环节在反复摇青和静置中决定了茶叶的质量，是制茶中最关键的部分。

静置：将摇青过的青叶移入青间，放在水筛架上静置。这时在摇青时青叶散发的水分通过静置，又会从叶梗、叶脉往叶面补充散发，到完成最后一次摇青已是夜深人静，这时要将茶青静置到第二天使其发酵。

（5）杀青（炒青）。

到了第二天茶农就要不时通过对茶青的看、闻、摸、试，来决定是否要炒青。这一环节将最终决定乌龙茶的质量，也决定毛茶价格。有经验的茶农都能把握时机制作出优质乌龙茶。由于杀青后叶子上会产生一定的红边，此时还要将红边去除，否则会影响茶叶质量。

（6）包揉成形。

把杀青后的茶叶包在特制的布里（俗称茶巾），利用“速包机”把整个茶叶紧包成球状。从这个环节开始其目的就是制作外形和颜色。

（7）揉捻。

将打包好的茶包放在“揉捻机”中进行揉捻使茶叶成形。茶球在紧包的状态下在揉捻机中滚动，里面的叶子受到挤压会慢慢形成颗粒状，从叶状到颗粒状的神奇之作全在这里，当然是要经过很多遍操作。

（8）打散。

把打包好的茶球打散，以便重复进行包揉和揉捻。

（9）焙火。

将茶揉捻到有一定湿润度并有一定色泽后就要将其焙火，把茶团解块后摊铺在竹筛上然后放在铁架上，置于炉中焙烤。包揉、揉捻与焙火是多次重复进行的，这些过程重复多了将使茶叶颗粒暗淡无光、色泽不活，重复次数少了又会使颗粒蓬松颜色发白。应适当进行。

（10）烤焙。

当茶叶最终成形就要进行烤焙将茶叶中的水分烘干。这将影响到茶叶的存储时间，保证在茶叶的存储和转运中不变味。一般要进行一个小时。至此乌龙茶的粗制完成。这只是乌龙茶的粗加工，要使茶叶能够上市还要经过精加工。

4. 白茶的制作工艺

白茶主要品种有白牡丹、白毫银针、贡眉、寿眉，不同的白茶品种加工工艺各不相同。

采用单芽为原料按白茶加工工艺加工而成的，称为银针白毫；采用福鼎大白茶、福鼎大毫茶、政和大白、福安大白茶等茶树品种的一芽一二叶，按白茶加工工艺加工而成的称为白牡丹或新白茶；采用菜茶的一芽一二叶，加工而成的为贡眉；采用抽针后的鲜叶制成的白茶称寿眉。

但是从制作工艺步骤来说，却有着细微的差别，白毫银针的制作工序为：茶芽、萎凋、烘焙、筛拣、复火、装箱。白牡丹、贡眉的制作工序为：鲜叶、萎凋、烘焙（或阴干）、拣剔（或筛拣）、复火、装箱。其中的关键在于萎凋，萎凋分为室内自然萎凋、复式萎凋和加温萎凋。根据气候灵活掌握，以春秋晴天或夏季不闷热的晴朗天气，采取室内萎凋或复式萎凋为佳。

白茶的制作流程主要包括以下四步。

（1）采摘。

白茶根据气温采摘玉白色一芽一叶初展鲜叶，做到早采、嫩采、勤采、净采。芽叶成朵，大小均匀，留柄要短，轻采轻放。竹篓盛装、竹筐储运。

（2）萎凋。

采摘鲜叶用竹匾及时摊放，厚度均匀，不可翻动。摊青后，根据气候条件和鲜叶等级，灵活选用室内自然萎凋、复式萎凋或加温萎凋。当茶叶达七、八成干时，室内自然萎凋和复式萎凋都需进行并筛。

（3）烘干。

初烘：烘干机温度 100—120 ℃，时间为 10 分钟，摊凉 15 分钟。复烘：温度 80—90 ℃，低温长烘 70 ℃左右。

（4）保存。

茶叶干茶含水量控制在 5%以内，放入冰库，温度 1—5 ℃。冰库取出的茶叶三小时后打开，进行包装。

白茶主产地在福建省，独特的气候条件适合茶树的生长，后来的采摘以及制作工艺更加考究，传统采摘方法有“十不采”的约束，所以每个细节都决定了茶叶的质量。

5. 黄茶的制作工艺

黄茶是我国特产，属于六大茶之一，因黄汤黄叶而得名，其制法采用独特的“闷黄”制作工艺，利用高温杀青破坏酶的活性，其后多酚物质的氧化作用则是由于湿热作用引起，并产生一些有色物质。

（1）杀青。

黄茶通过杀青，以破坏酶的活性，蒸发一部分水分，散发青草气，对香味的形成有重要作用。

（2）闷黄。

闷黄是黄茶类制造工艺的特点，是形成黄色黄汤的关键工序。从杀青到黄茶干燥结束,都可以为茶叶的黄变创造适当的湿热工艺条件,但作为一个制茶工序,有的茶在杀青后闷黄,有的则在毛火后闷黄,有的闷炒交替进行。针对不同茶叶品质,方法不一,但目的相同,都是为了形成良好的黄色黄汤品质特征。

(3) 干燥。

黄茶的干燥一般分几次进行,温度也比其他茶类偏低。

(4) 揉捻。

黄茶初制的塑形工序,通过揉捻形成其紧结弯曲的外形,并对内质改善也有所影响。

6. 黑茶的制作方法

(1) 杀青。

由于黑茶原料比较粗老,为了避免水分不足杀不匀透,一般除雨水叶、露水叶和幼嫩芽叶外,都要按 10∶1 的比例洒水(即 10 千克鲜叶 1 千克清水)。洒水要均匀,以便于杀青能杀匀杀透。

手工杀青:选用大口径锅(口径 80—90 厘米),炒锅斜嵌入灶中呈 30 度左右的倾斜面,灶高 70—100 厘米。备好草把和油桐树枝丫制成的三叉状炒茶叉,三叉各长 16—24 厘米,柄长约 50 厘米。一般采用高温快炒,锅温 280—320 ℃,每锅投叶量为 4—5 千克。鲜叶下锅后,立即以双手匀翻快炒,至烫手时改用炒茶叉抖抄,称为“亮叉”。当出现水蒸气时,则以右手持叉,左手握草把,将炒叶转滚闷炒,称为“渥叉”。亮叉与渥叉交替进行,历时 2 分钟左右。待茶叶软绵且带黏性,色转暗绿,无光泽,青草气消除,香气显出,茶梗不易折断,且均匀一致,即为杀青适度。

机械杀青:当锅温达到杀青要求,即投入鲜叶 8—10 千克,依鲜叶的老嫩,水分含量的多少,调节锅温进行闷炒或抖炒,待杀青适度即可出机。

(2) 初揉。

黑茶原料粗老,揉捻要掌握轻压、短时、慢揉的原则。初揉中揉捻机转速以 40 转/分左右,揉捻时间 15 分钟左右为好。待嫩叶成条,粗老叶成皱叠时即可。

(3) 渥堆。

渥堆是形成黑茶色香味的关键性工序。渥堆应有适宜的条件,渥堆要在背窗、洁净的地面,避免阳光直射,室温在 25 ℃以上,相对湿度保持在 85%左右。初揉后的茶坯,不经解块立即堆积起来,堆高约 1 米左右,上面加盖湿布、蓑衣等物,以保温保湿。渥堆过程中要进行一次翻堆,以利渥均匀。堆积 24 小时左右时,茶坯表面出现水珠,叶色由暗绿变为黄褐,带有酒糟气或酸辣气味,手伸入茶堆感觉发热,茶团黏性变小,一打即散,即为渥堆适度。

(4) 复揉。

将渥堆适度的茶坯解决后,上机复揉,压力较初揉稍小,时间一般为 6 至 8 分钟。下机解块，及时干燥。

(5) 烘焙。

烘焙是黑茶初制中最后一道工序。通过烘焙形成黑茶特有的品质即油黑色和松烟香味。干燥方法采取松柴旺火烘焙，不忌烟味，分层累加湿坯和长时间的一次干燥，与其他茶类不同。

黑茶干燥在七星灶上进行。在灶口处的地面燃烧松柴，松柴采取横架方式，并保持火力均匀，借风力使火温均匀地透入七星孔内，火温要均匀地扩散到灶面焙帘上。当焙帘上的温度达到 70 ℃时，开始撒上第一层茶坯，厚度为 2—3 厘米，待第一层茶坯烘至六七成干时，再撒第二层，撒叶厚度稍薄，这样一层一层地加到 5—7 层，总的厚度不超过焙框的高度。待最上面的茶坯达七八成干时，即退火翻焙。翻焙用特制铁叉，将已干的底层翻到上面来，将尚未干的上层翻至下面去。继续升火烘焙，待上中下各层茶叶干燥到适度，即行下焙。

干燥判断标准：茶梗易折断，手捏叶可成粉末，干茶色泽油黑，松烟香气扑鼻时，即为适度。

任务三　茶之分类

中国茶类的划分目前尚无统一的方法，有的根据制造方法不同和品质上的差异，将茶叶分为绿茶、红茶、乌龙茶（即青茶）、白茶、黄茶和黑茶六大类；有的根据我国出口茶的类别将茶叶分为绿茶、红茶、乌龙茶、白茶、花茶、紧压茶和速溶茶七大类；有的根据我国茶叶加工分为初、精制两个阶段的实际情况，将茶叶分为毛茶和成品茶两大部分，其中，毛茶分为绿茶、红茶、乌龙茶、白茶和黑茶五大类，将黄茶归入绿茶一类，成品茶包括精制加工的绿茶、红茶、乌龙茶、白茶、再加工而成的花茶、紧压茶和速溶茶七类。将上述几种分类方法综合起来，中国茶叶则可分为基本茶类和再加工茶类两大部分，本节将简要举例介绍。

一　绿茶

绿茶（见图 2-1）是不经过发酵的茶，即将鲜叶经过摊晾后直接下到一二百摄氏度的热锅里炒制，以保持其绿色的特点。由于其特性决定了它较多地保留了鲜叶内的天然物质。其中茶多酚、咖啡碱保留了鲜叶的 85%以上，叶绿素保留 50%左右，维生素损失也较少，从而形成了绿茶“清汤绿叶，滋味收敛性强”的特点。对防衰老、防癌、抗癌、杀菌、消炎等均有特殊效果，为发酵类茶等所不及。

名贵品种有：西湖龙井、碧螺春茶、黄山毛峰茶、庐山云雾、六安瓜片、蒙顶茶、太平猴魁茶、顾渚紫笋茶、信阳毛尖茶、平水珠茶、西山茶、雁荡毛峰茶、华顶云雾茶、涌溪火青茶、敬亭绿雪茶、峨眉峨蕊茶、都匀毛尖茶、恩施玉露茶、婺源茗眉茶、雨花茶、莫干黄芽茶、五山盖

图 2-1 绿茶

米茶、普陀佛茶等。

绿茶是我国产量最多的一类茶叶，其花色品种之多居世界首位。绿茶具有香高、味醇、形美、耐冲泡等特点。清汤绿叶是绿茶品质的共同特点。其制作工艺都经过杀青—揉捻—干燥的过程。由于加工时干燥的方法不同，绿茶又可分为炒青绿茶、烘青绿茶、晒青绿茶和蒸青绿茶。

1. 炒青绿茶

由于在干燥过程中受到机械或手工操作不同，成茶形成了长条形、圆珠形、扇平形、针形、螺形等不同的形状，故又分为长炒青、圆炒青、扁炒青等。

(1) 长炒青。精制后称眉茶，成品的花色有珍眉、贡熙、雨茶、针眉、秀眉等，各具不同的品质特征。

(2) 圆炒青。外形颗粒圆紧，因产地和采制方法不同，又分为平炒青、泉岗辉白和涌溪火青等。

(3) 扁炒青。因产地和制法不同，主要分为龙井、旗枪、大方三种。

2. 烘青绿茶

烘青绿茶是用烘笼进行烘干的。烘青毛茶经再加工精制后大部分作熏制花茶的茶坯，香气一般不及炒青高，少数烘青名茶品质特优。以其外形亦可分为条形茶、尖形茶、片形茶、针形茶等。

3. 晒青绿茶

晒青绿茶是用日光进行晒干的。主要分布在湖南、湖北、广东、广西、四川，云南、贵州等省有少量生产。晒青绿茶以云南大叶种的品质最好，称为滇青，其他如川青、黔青、桂青、鄂青等品质各有千秋，但不及滇青。

4. 蒸青绿茶

以蒸汽杀青是我国古代的杀青方法。唐朝时传至日本，相沿至今；而我国则自明代起即改为锅炒杀青。蒸青是利用蒸汽量来破坏鲜叶中酶的活性，形成干茶色泽深绿，茶汤浅绿和茶底青绿的“三绿”的品质特征，但香气较闷带青气，涩味也较重，不及锅炒杀青绿茶那样鲜爽。由于对外贸易的需要，我国从 20 世纪 80 年代中期以来，也生产少量蒸青绿茶。主要品种有恩施玉露，产于湖北恩施；中国煎茶，产于浙江、福建和安徽三省。表 2-1 所示为绿茶一览表。

表 2-1　绿茶一览表

名　称	产　区	特　征
绿茶	各产茶省	叶色、汤色黄绿
炒青	各产茶省	绿茶中的一种，有锅炒香气
烘青	各产茶省	绿茶中的一种，条形稍松
眉茶	浙江、江西、安徽等省	弯条形炒青绿茶
珍眉	浙江、江西、安徽等省	眉茶精制产品，条形绿茶
特珍	浙江、江西、安徽等省	珍眉中品质特优者
秀眉	浙江、江西、安徽等省	眉茶精制产品，条形略大
凤眉	浙江、江西、安徽等省	秀眉中条形较粗大者
贡熙	浙江、江西、安徽等省	眉茶、珠茶精制产品，略圆形
雨茶	浙江、江西、安徽等省	眉茶精制产品，条形细碎
绿茶末	浙江、江西、安徽等省	眉茶精制产品，粗粉末状
绿茶片	浙江、江西、安徽等省	眉茶精制产品，碎片状
珠茶	浙江	外形浑圆似珠
颗粒绿茶	浙江	绿茶制造中揉切成颗粒状
龙井茶	浙江	扁平状，光滑翠绿
旗枪	浙江	扁平状，不如龙井光整
大方	安徽、浙江	扁平状，不如龙井光整
黄山毛峰	安徽	茶条匀齐、显毫，叶底嫩黄
洞庭碧螺春	江苏	条索细紧，卷曲显毫
蒙顶茶	四川	芽叶细嫩，有多种名茶
顾渚紫笋	浙江长兴	细嫩芽尖明显，犹如嫩笋

续表

名　　称	产　　区	特　　征
桂平西山茶	广西桂平	条索细紧卷曲，色泽翠绿
南京雨花茶	江苏南京	茶条圆、细、紧、直如松针，色绿
太平猴魁	安徽太平等	扁平挺直两头尖，叶色苍绿
庐山云雾	江西庐山	条索细紧，色绿
六安瓜片	安徽六安	茶叶单片平展似瓜子片，色宝绿
惠明茶	浙江景宁	茶条卷曲、细紧，色翠绿
径山茶	浙江余杭	条索纤细、苗秀、显芽峰，色翠绿
涌溪火青	安徽泾县	外形颗粒腰圆紧结，色墨绿
休宁松萝	安徽休宁	茶条卷曲，色绿润
敬亭绿雪	安徽宣城	形似雀舌、挺直，色翠绿
婺源茗眉	江西婺源	弯曲似眉，翠绿多毫
安化松针	湖南安化	紧直如针，色翠绿
高桥银峰	湖南长沙	细紧微卷曲，满披茸毛
午子仙毫	陕西西乡	形似小兰花，多毫，色翠绿
信阳毛尖	河南信阳	细圆紧直，多白毫，味浓
仙人掌茶	湖北当阳	扁平似掌，色翠绿，多毫
恩施玉露	湖北恩施	紧圆光滑直如针，色绿
泉岗辉白	浙江嵊州	外形浑圆有白霜
天尊贡芽	浙江桐庐	形似寿眉披银毫
峡州碧峰	湖北宜昌	外形紧秀显毫，色翠绿
日铸雪芽	浙江绍兴	细紧似鹰爪，多白毫
婺州举岩	浙江金华	紧直略扁，色绿
宝洪茶	云南宜良	扁平匀整，有花香
南安石亭绿	福建南安	细紧，色绿，有花香
天山绿茶	福建	细紧有毫，色翠绿
都匀毛尖	贵州都匀	条索纤细，有毫
碣滩茶	湖南	细紧圆曲，色绿润
秦巴雾毫	陕西镇巴	扁平光滑匀整，色绿

续表

名　称	产　区	特　征
紫阳毛尖	陕西紫阳	圆直细紧，色绿，有毫
汉水银梭	陕西南郑	扁平似梭，翠绿披毫
遂川狗牯脑	江西遂川	细嫩，色绿，多毫
上饶白眉	江西上饶	外形紧直，披白毫
仰天绿雪	河南信阳	紧直略扁，翠绿显毫
永川秀芽	四川永川	紧直细秀，色翠绿
鸠坑毛尖	浙江淳安	紧直匀齐，色绿多毫
安吉白片	浙江安吉	扁平挺直，多毫
双龙银针	浙江金华	紧直多毫似银针
开化龙顶	浙江开化	紧直苗秀，多毫
江山绿牡丹	浙江江山	条直似花瓣，多白毫，色绿
南糯白毫	云南勐海	紧结壮实有锋苗，多白毫
遵义毛峰	贵州湄潭	紧细圆直，多毫
古老茶	广东高鹤	紧结圆直如针，色银灰显毫
南山白毛茶	广西横县	紧细略曲，满披白毫
桂林毛尖	广西桂林	紧细色绿，多毫
覃塘毛尖	广西贵港	纤细挺秀，色翠绿
无锡毫茶	江苏无锡	肥壮卷曲，多毫
金坛雀舌	江苏金坛	扁平挺直似雀舌，多绿润
前峰雪莲	江苏溧阳	紧细卷曲，披银毫
南山寿眉	江苏溧阳	紧圆略扁似眉，披白毫
瑞草魁	安徽郎溪	挺直略扁，色翠绿
九华毛峰	安徽青阳	条索紧曲、匀齐，显毫
舒城兰花	安徽舒城	芽叶成朵，色绿
天柱剑毫	安徽潜山	扁平挺直似剑，色翠，显毫
岳麓毛尖	湖南长沙	细紧匀齐，色绿，显毫
桂东玲珑茶	湖南桂东	紧细弯曲，色翠绿，多毫
古丈毛尖	湖南古丈	细紧挺秀，色绿，显毫

续表

名　　称	产　　区	特　　征
狮口银牙	湖南古丈	紧结圆直，披白毫
湘波绿	湖南长沙	细紧卷曲，色绿，显毫
河西园茶	湖南长沙	细紧，有烟香味
五盖山米茶	湖南郴州	芽尖茶，多毫
郴州碧云	湖南郴州	紧细多毫，色翠绿
黄竹白毫	湖南永兴	紧曲肥壮，色绿，显毫
建德苞茶	浙江建德	芽叶成朵似兰，色绿，多毫
江华毛尖	湖南江华	茶条多毫尖，色绿润
天目青顶	浙江临安	紧结多毫，色绿
双井绿	江西修水	圆紧略曲，形如凤爪，色绿
雁荡毛峰	浙江乐清	秀长紧结，色翠绿，显毫
东白春芽	浙江东阳	紧曲呈兰花形，色绿
太白顶芽	浙江东阳	紧直略扁，色绿
普陀佛茶	浙江普陀	紧曲，多毫
井冈翠绿	江西井冈山	细紧，翠绿，多毫
小布岩茶	江西宁都	细紧如眉，显毫
麻姑茶	江西南城	紧细多毫，色翠绿
瑞州黄檗茶	江西高安	挺秀，多毫
龙舞茶	江西吉安	紧结弯曲，翠绿，多毫
新江羽绒茶	江西遂川	纤细洁白，白毫特多
周打铁茶	江西丰城	紧结卷曲，绿润
九龙茶	江西安源	紧结壮实，多毫
山谷翠绿	江西修水	紧圆略曲，色绿润
雪峰毛尖	湖南桃江	紧直显毫，色翠绿
韶峰	湖南湘潭	圆紧肥壮，显毫
华项云雾	浙江天台	细紧壮实，显毫
车云山毛尖	湖北随州	紧细圆直，显毫
双桥毛茶	湖北大悟	细紧显毫，色翠绿

续表

名　称	产　区	特　征
龟山岩绿	湖北麻城	细长,色绿,显白毫
金水翠峰	湖北武昌	紧细挺秀,色绿
文君绿茶	四川邛崃	细紧,显毫
峨眉毛峰	四川雅安	细紧,色绿,多毫
蒙顶甘露	四川雅安	紧卷多毫,色绿润
青城雪芽	四川都江堰	形直,肥壮,多白毫
宝顶绿茶	四川东印山	条索紧结,显毫,色绿润
兰溪毛峰	浙江兰溪	肥壮成条,多白毫
峨蕊	四川峨眉山	纤秀如眉,多白毫
千岛玉叶	浙江淳安	扁平挺直,色绿翠
清溪玉芽	浙江淳安	扁平,色绿
通天岩茶	江西石城	条索紧结,色绿,显毫
窝坑茶	江西南康	纤细曲如螺,色绿
水仙茸勾茶	湖北五峰	细秀曲如勾,多白毫
云林茶	江西金溪	细紧,色翠绿
攒林茶	江西永修	细紧,色绿
隆中茶	湖北襄阳	紧结重实,色绿润
官庄毛尖	湖南沅陵	细紧,色翠绿
牛抵茶	湖南石门	肥壮紧结略扁,似牛角
南岳云雾茶	湖南南岳	细紧,色翠,显毫
余姚瀑布茶	浙江余姚	紧细略扁,色绿润
遂昌银猴	浙江遂昌	芽叶肥壮,弓弯似猴,多毫
盘安云峰	浙江盘安	紧直苗秀,色翠绿
仙居碧绿	浙江仙居	紧直,色翠绿
松阳银猴	浙江松阳	卷曲壮实,多白毫
云海白毫	云南勐海	紧直,圆浑,挺秀,多毫
化佛茶	云南牟定	紧结,多白毫
大关翠华茶	云南大关	扁平光滑,色黄绿

续表

名　　称	产　　区	特　　征
苍山绿雪	云南大理	紧细，色绿润
墨江云针	云南墨江	紧直如针，墨绿，显毫
绿春玛玉茶	云南绿春	紧结壮实，显毫
七境堂绿茶	福建罗源	匀整壮实有爆点，色绿润
龙岩斜背茶	福建龙岩	色灰绿，汤黄绿
莲心茶	福建福鼎	细紧纤秀，色绿，似莲心
贵定云雾茶	贵州贵定	紧细弯曲，披白毫
湄江翠片	贵州湄江	扁平光滑似葵花籽，色翠绿
象棋云雾	广西昭平	紧细，色绿润
凌云白毫	广西凌云	壮实，披白毫
梅龙茶	江苏江宁	紧结卷曲，色绿，显毫
金山翠芽	江苏镇江	扁平挺削，色翠，显毫
天池茗毫	江苏苏州	紧细弯曲，多毫
翠螺	江苏江宁	紧卷如螺，色翠绿，显毫
菊花茶	安徽霍山	茶条用彩色丝线扎成菊花形
花果山云雾茶	江苏连云港	紧结，圆浑，挺秀似眉，显毫
婺源墨菊	江西婺源	茶条扎成菊花形
黄山绿牡丹	安徽歙县	茶条扎成牡丹花形
蒸青煎茶	浙江杭州	挺直略扁，叶绿汤绿
晒青	西南、中南各省	条索一般粗松，色黄绿

二 红茶

红茶（见图 2-2）与绿茶恰恰相反，是一种全发酵茶（发酵程度大于 80%）。红茶的名字得自其汤红色，为我国第二大茶类。红茶可以帮助肠胃消化，促进食欲，可利尿、消除水肿，并强健心脏功能。

中国红茶品种主要有：日照红茶、祁红、昭平红、霍红、滇红、越红、泉城红、苏红、川红、英红、东江楚云仙红茶等，尤以祁门红茶最为著名。

图 2-2　红茶

红茶属全发酵茶，是以适宜的茶树新牙叶为原料，经萎凋、揉捻（切）、发酵、干燥等一系列工艺过程精制而成的茶。萎凋是红茶初制的重要工艺，红茶在初制时称为“乌茶”。红茶因其干茶冲泡后的茶汤和叶底色呈红色而得名。

红茶与绿茶的区别，主要在于加工方法不同。红茶加工时不经杀青，而且萎凋，使鲜叶失去一部分水分，再揉捻（揉搓成条或切成颗粒），然后发酵，使所含的茶多酚氧化，变成红色的化合物。这种化合物一部分溶于水，一部分不溶于水，而积累在叶片中，从而形成红汤、红叶。

按照其加工的方法与出品的茶形，一般又可分为三大类：小种红茶、工夫红茶、红碎茶和红茶茶珍。

小种红茶是最古老的红茶，同时也是其他红茶的鼻祖，其他红茶都是从小种红茶演变而来的。它分为正山小种和外山小种，均原产于武夷山地区。

马边工夫为红茶新贵，由四川马边金星茶厂创制。选用海拔 1200—1500 米的四川小叶种为原料，结合各地工夫红茶工艺精制而成。

红碎茶按其外形又可细分为叶茶、碎茶、片茶、末茶，产地分布较广，遍于云南、广东、海南、广西，主要供出口。

表 2-2 所示为红茶一览表。

表 2-2　红茶一览表

名　　称	产　　地	特　　征
红茶	各产茶省	外形乌黑，红汤红叶
工夫红茶	各产茶省	细条形，红汤红叶
祁门工夫	安徽祁门	细紧纤秀，乌润
滇红工夫	云南	条索肥壮，乌润，多金黄毫
宁红工夫	江西修水	细紧，色乌润
龙须茶	江西修水	茶条捆扎成束，五彩丝线环绕

续表

名称	产地	特征
宜红工夫	湖北宜昌	细紧,色乌润
川红工夫	四川宜宾	细紧有毫锋,色乌润
闽红工夫	福建	细紧,色乌润
政和工夫	福建政和	紧结,肥壮,多毫
坦洋工夫	福建福安等	细长,显毫,色乌润
白琳工夫	福建福鼎	细紧,色乌润
湖红工夫	湖南	细紧,色乌润
越红工夫	浙江绍兴	细紧,色乌润
小种红茶	福建崇安	细紧,乌润,有松烟香味
红碎茶	各产茶省	有叶、碎、片、末茶之分
红碎茶叶茶	各产茶省	有 FOP、OP 等花色
红碎茶碎	各产茶省	有 FBOP、BOP、BP 等花色
红碎茶片茶	各产茶省	有 BOPE、PF、OF、F 等花色
红碎茶末茶	各产茶省	有 D1、D2 等花色
CTC 红碎茶	各产茶省	用 CTC 机加工的小颗粒红茶(CTC:Crush,Tear,Curl)

注:红茶各等级的标示多以各具代表意义的单一英文大写字母如 P:Pekoe,O:Orange,B:Broken,F:Flowery,G:Golden,T:Tippy 等形成不同等级意义。

例如,OP:Orange Pekoe,通常指的是叶片较长而完整的茶叶。

FOP:Flowery Orange Pekoe,含有较多芽叶的红茶。

BOP:Broken Orange Pekoe,较细碎的 OP。滋味较浓重,一般适合用来泡奶茶。

FBOP:Flowery Broken Orange Pekoe,混合了嫩芽的碎茶。

三 黑茶

黑茶(见图 2-3)一般原料较粗老,加之制造过程中往往堆积发酵时间较长,因而叶色油黑或黑褐,故称黑茶。六大茶类之一,属后发酵茶。

黑茶按地域分布,主要分类为湖南黑茶(茯茶)、四川藏茶(边茶)、云南黑茶(普洱茶)、广西六堡茶、湖北老黑茶、陕西黑茶(茯茶)、安徽古黟黑茶。

黑茶品种可分为紧压茶与散装茶及花卷三大类,紧压茶为砖茶,主要有茯砖、花砖、黑砖、青砖,俗称“四砖”,散装茶主要有天尖、贡尖、生尖,统称为“三尖”,花卷茶有十两、百两、千两等。

天尖是用一级黑毛茶压制而成的,外形色泽乌润,内质香气清香,滋味浓厚,汤色橙黄,叶底黄褐。

图 2-3 黑茶

贡尖是用二级黑毛茶压制而成的，外形色泽黑带褐，香气纯正，滋味醇和，汤色稍橙黄，叶底黄褐带暗。

生尖是用三级黑毛茶压制而成的，外形色泽黑褐，香气平淡，稍带焦香，滋味尚浓微涩，汤色暗褐，叶底黑褐粗老。

表 2-3 所示为黑茶一览表。

表 2-3 黑茶一览表

名称	产区	特征
黑茶	若干产茶省	后发酵茶，味浓醇
湖南黑茶	湖南安化	香味醇厚，带松烟香
老青茶	湖北	粗老，味粗涩
南路边茶	四川	粗老枝叶
西路边茶	四川	粗老枝叶，梗多
六堡茶	广西苍梧	条长，色黑褐，有陈香
普洱茶	云南	肥壮，色褐乌，味浓醇

四 乌龙茶

乌龙茶（见图 2-4），也就是青茶，是一类介于红茶与绿茶之间的半发酵茶。即制作时适当发酵，使叶片稍有红变，它既有绿茶的鲜浓，又有红茶的甜醇。因其叶片中间为绿色，叶缘呈红色，故有“绿叶红镶边”之称。透明的琥珀色茶汁是其特色。乌龙茶在六大类茶中工艺最复杂费时，泡法也最讲究，所以喝乌龙茶也被人称为喝工夫茶。

乌龙茶是经过采摘、萎凋、摇青、炒青、揉捻、烘焙等工序后制出的品质优异的茶类。主要产于福建的闽北、闽南以及广东、台湾。四川、湖南等省也有少量生产。乌龙茶除了内销广东、福建等省外，还主要向日本、东南亚和我国港澳地区销售。主要生产地区是福建省安溪县等地。

主要品种有：安溪铁观音、武夷岩茶、大红袍、武夷肉桂、闽北水仙、凤凰水仙、铁罗汉、

图 2-4 乌龙茶

八角亭龙须茶、黄金桂、永春佛手、安溪色种、东方美人、罗汉沉香、冻顶乌龙茶等。表 2-4 所示为乌龙茶一览表。

表 2-4 乌龙茶一览表

名 称	产 区	特 征
乌龙茶	福建、广东	半发酵茶，色青褐，有花香
武夷岩茶	福建	色青褐，茶汤橙黄有岩韵
大红袍	福建崇安	武夷名丛之一，花香突出
铁罗汉	福建崇安	武夷名丛之一，香高
白鸡冠	福建崇安	武夷名丛之一，香高味浓
水金龟	福建崇安	武夷名丛之一，香高
武夷肉桂	福建崇安	紧结卷曲，色褐绿，香高
闽北水仙	福建	紧结沉重，暗沙绿，香味浓
白毛猴	福建政和	肥壮卷曲，多毫
八角亭龙须茶	福建崇安	茶条理成束，丝线捆扎
铁观音	福建安溪	花香突出，味浓醇
黄金桂	福建安溪	香高味浓，汤色金黄
永春佛手	福建永春	香高味浓
安溪色种	福建安溪	香高味浓
凤凰水仙	广东潮州	香高味浓
凤凰单枞	广东潮州	香气突高，味浓
饶平乌龙	广东	香高味浓
石古坪乌龙	广东	香高味浓

续表

名　　称	产　　区	特　　征
西岩乌龙	广东	香高味浓
凤凰浪菜	广东	香高味浓
奇兰	广东	香高味浓
台湾乌龙	台湾	香高，色深，味浓
冻顶乌龙	台湾	品质特优，香气突出
台湾包种	台湾	深绿色，兰花清香

五 黄茶

黄茶（见图 2-5）属轻发酵茶类，加工工艺近似绿茶，只是在干燥过程的前或后，增加一道“闷黄”的工艺，促使其多酚叶绿素等物质部分氧化。其加工方法近似于绿茶，其制作过程为：鲜叶杀青—揉捻—闷黄—干燥。黄茶的杀青、揉捻、干燥等工序均与绿茶制法相似，其最重要的工序在于闷黄，这是形成黄茶特点的关键，主要做法是将杀青和揉捻后的茶叶用纸包好，或堆积后以湿布盖之，时间以几十分钟或几个小时不等，促使茶坯在水热作用下进行非酶性的自动氧化，形成黄色。

图 2-5　黄茶

黄茶是我国特产。其按鲜叶老嫩又分为黄小茶和黄大茶。如蒙顶黄芽、君山银针、沩山毛尖、平阳黄汤等均属黄小茶；而安徽金寨、霍山以及湖北英山所产的一些黄茶则为黄大茶。黄茶的品质特点是“黄叶黄汤”。湖南岳阳为中国黄茶之乡。黄茶功效有提神醒脑，消除疲劳，消食化滞等。对脾胃最有好处，消化不良、食欲不振、懒动肥胖者都可饮之。

黄茶中的名茶有：君山银针、蒙顶黄芽、北港毛尖、鹿苑毛尖、霍山黄芽、沩江白毛尖、温州黄汤、皖西黄大茶、广东大叶青、海马宫茶等。表 2-5 所示为黄茶一览表。

表 2-5 黄茶一览表

名称	产区	特征
黄茶	各产茶省	黄汤、黄叶
君山银针	湖南岳阳	芽茶，挺直如针，多毫
蒙顶黄芽	四川名山	芽叶完整，香高味醇
霍山黄芽	安徽霍山	形扁似雀舌，多毫
北港毛尖	湖南岳阳	肥壮，毫尖显露，多毫
鹿苑毛尖	湖北远安	条索环状，显白毫
沩江白毛尖	湖南宁乡	紧结，黄亮，有松烟香
温州黄汤	浙江温州	细紧，色黄绿，多毫
皖西黄大茶	安徽	肥壮成条，有焦香
广东大叶青	广东	紧结重实，味浓
海马宫茶	贵州大方	细紧显毫，香高味甘

六 白茶

白茶（见图 2-6），属微发酵茶，是汉族茶农创制的传统名茶，为中国六大茶类之一。指一经采摘后，不经杀青或揉捻，只经过晒或文火干燥后加工的茶。具有外形芽毫完整，满身披毫，毫香清鲜，汤色黄绿清澈，滋味清淡回甘的品质特点，是中国茶类中的特殊珍品。因其成品茶多为芽头，满披白毫，如银似雪而得名。主要产区在福建福鼎、政和、松溪、建阳以及云南景谷等地。

图 2-6 白茶

基本工艺包括萎凋、烘焙（或阴干）、拣剔、复火等工序。云南白茶工艺主要为晒青，晒青茶的优势在于口感保持茶叶原有的清香味。萎凋是形成白茶品质的关键工序。白茶的制作工艺是最自然的，把采下的新鲜茶叶薄薄地摊放在竹席上置于微弱的阳光下，或置于通风透光效果好的室内，让其自然萎凋。晾晒至七八成干时，再用文火慢慢烘干即可。

白茶因茶树品种、原料（鲜叶）采摘的标准不同，以及鲜叶原料的不同，可分为白毫银针、白牡丹、贡眉、寿眉及新工艺白茶五种。

采用单芽为原料，按白茶加工工艺加工而成的，称为银针白毫；白茶一般多采摘自福鼎大白茶、泉城红、泉城绿、福鼎大毫茶，泉城红、泉城绿、政和大白茶及福安大白茶等茶树品种的一芽一二叶，按白茶加工工艺加工制作而成的为白牡丹或新白茶；采用菜茶的一芽一二叶加工而成的白茶称为贡眉；采用抽针后的鲜叶制成的白茶称寿眉。表 2-6 所示为白茶一览表。

表 2-6　白茶一览表

名　称	产　地	特　征
白茶	福建	外形色白，多毫
银针白毫	福建	芽茶，形似针，色白，多毫
白牡丹	福建	芽叶连枝似牡丹，色白
贡眉（寿眉）	福建	叶片完整，色白

任务四　茶之鉴别

一　茶叶鉴别的程序

茶叶品质的好坏、等级的划分、价值的高低，主要根据茶叶外形、香气、滋味、汤色、叶底等项目，通过感官审评来决定。感官审评分为干茶审评和开汤审评，俗称干看和湿看，即干评和湿评。一般来说，感官审评品质的结果应以湿评内质为主要根据，但因产销要求不同，也有以干评外形为主，作为审评结果。而且同类茶的外形内质不平衡不一致是常有的现象，如有的内质好、外形不好，或者外形好，色香味未必全好，所以，就感官审评而言，评茶程序主要分为干看和湿看。即按外形、香气、汤色、滋味、叶底的顺序进行，现将一般评茶操作程序分述如下。

1. 把盘

把盘（见图 2-7），是审评干茶外形的首要操作步骤。审评外形一般是将适量茶叶（毛茶 250—500 克，精茶 200—250 克）放入样茶盘中，双手持样盘的边沿，运用手势做前后左右的回旋转动，使样茶盘里的茶叶均匀地按轻重、大小、长短、粗细等有序地分布，并通过“筛”与“收”的动作，使茶叶分出上、中、下三个层次。

2. 开汤

开汤（见图 2-8），俗称泡茶或沏茶，为内质审评的重要步骤。开汤前应先将审评杯碗洗

图 2-7 把盘

图 2-8 开汤

净擦干，按号码次序排列在湿评台上。一般为红、绿、黄、白散茶，称取样茶 3 克投入审评杯内，杯盖应放入审评碗内，然后以沸滚适度的开水以慢、快、慢的速度冲入杯中，泡水量应齐杯口。从冲泡第一杯时即应计时，并从低级茶泡起，随泡随加杯盖，盖孔朝向杯柄，5 分钟时按冲泡次序将杯内茶汤滤入审评碗内，倒茶汤时，杯身应卧搁在碗口上，杯中残余茶汁应完全滤尽。且注意不要把茶渣倒入审评碗内。开汤后应先快看汤色，再嗅香气，再尝滋味，最后评叶底。

3．看汤色

茶叶开汤后，茶叶内含成分溶解在沸水中的溶液所呈现的色彩，称为汤色，又称水色。汤色靠视觉审评。审评汤色要及时，因茶汤中的成分和空气接触后很容易发生变化，所以应把评汤色放在嗅香气之前。在审评茶汤时，汤色随汤温下降逐渐变深；若在相同的温度和时间内，绿茶色变大于红茶，大叶种大于小叶种，嫩茶大于老茶，新茶大于陈茶，在审评时应引起足够的注意。如果各碗茶汤水平不一，应加以调整。如茶汤混入茶渣残叶，应以网丝匙捞出，用茶匙在碗里打一圆圈，使沉淀物旋集于碗中央，然后开始审评，按汤色性质及深浅、明暗、清浊等评比优次。在评定汤色时往往以具有该类茶具有的汤色为主，绿茶以绿为主，红茶以红为主，同时具有一定的色度和亮度为好。图 2-9 所示为看汤色。

图 2-9　看汤色

4. 嗅香气

香气是依靠嗅觉而辨别。鉴评茶叶香气是通过泡茶使其内含芳香物质得以挥发，挥发性物质的气流刺激鼻腔内嗅觉神经，出现不同类型不同程度的茶香。嗅觉感受器官是很敏感的，直接感受嗅觉的是嗅觉小胞中的嗅细胞。嗅细胞的表面为水样的分泌液所湿润，俗称鼻黏膜黏液，嗅细胞表面为负电性，当挥发性物质分子吸附到嗅细胞表面后就使表面的部分电荷发生改变而产生电流，使嗅神经的末梢接受刺激而兴奋，传递到大脑的嗅区而产生了香的嗅感。

嗅香气（见图 2-10）应一手拿住已倒出茶汤的审评杯，另一手半揭开杯盖，靠近杯沿用鼻轻嗅或深嗅，将整个鼻部深入杯内接近叶底以增加嗅感。为了正确判别香气的类型、高低和长短，嗅时应重复一两次，但每次嗅的时间不宜过久，因嗅觉易疲劳，嗅香过久，嗅觉失去灵敏感，一般是 3 秒左右。另外，杯数较多时，嗅香时间拖长，冷热程度不一，就难以评比。每次嗅评时都将杯内叶底抖动翻个身，在未评定香气前，杯盖不得打开。凡一次审评若干杯茶叶香气时，为了区别各杯茶的香气，嗅评后分出香气的高低，把审评杯进行前后移动，一般将香气好的往前推，次的往后摆，此项操作称为香气排队，审评香气不宜红茶、绿茶

图 2-10　嗅香气

同时进行。审评香气时还应避免外界因素的干扰，如抽烟、擦香脂、香皂洗手等都会影响鉴别香气的准确性。

审评茶叶香气最适合的叶底温度是55 ℃左右。超过65 ℃时感到烫鼻，低于30 ℃时茶香低沉。通常，嗅香气应以热嗅、温嗅、冷嗅相结合的方式进行。热嗅重点是辨别香气正常与否及香气类型和高低，但因茶汤刚倒出来，杯中蒸汽分子运动很强烈，嗅觉神经受到烫的刺激，敏感性受到一定的影响。因此，辨别香气的优次，还是以温嗅为宜，准确性较大。冷嗅主要是了解茶叶香气的持久程度，或者在评比当中有两种茶的香气在温嗅时不相上下，可根据冷嗅的余香程度来加以区别。通常香气以纯正、浓郁持久的为好。

5. 尝滋味

滋味是由味觉器官来区别的。茶是一种风味饮料，不同茶类或同一茶类因产地不同都各有独特的风味或味感特征，良好的味感是构成茶叶质量的重要因素之一。茶叶不同味感是因茶叶的呈味物质的数量与组成比例不同而造成的。味感有甜、酸、苦、辣、鲜、涩、咸、碱及金属味等。味觉感受器是满布舌面上的味蕾，味蕾接触到茶汤后，立即将受刺激产生的兴奋波经过传入神经传导到中枢神经，经大脑综合分析后，于是有不同的味觉。舌头各部分的味蕾对不同味感的感受能力不同。如舌尖最易为甜味所兴奋，舌的两侧前部最易感觉咸味，而两侧后部为酸味所兴奋，舌心对鲜味、涩味较敏感，近舌根部位则易为苦味所兴奋。图2-11所示为尝滋味。

图2-11 尝滋味

审评滋味应在热闻后立即进行，茶汤温度要适宜，一般以50 ℃左右较合评味要求，如茶汤太烫时评味，味觉受强烈刺激而麻木，影响正常评味，如茶汤温度低了，味觉受两方面因素影响，一是味觉遇温度较低的茶汤灵敏度差，二是茶汤中与滋味有关的物质在热汤中溶解使汤味协调，随着汤温下降，原溶解在热汤中的物质逐步被析出，汤味由协调变为不协调。尝滋味时用瓷质汤匙从审评碗中取一浅匙吮入口内，由于舌的不同部位对滋味的感觉不同，茶汤入口在舌面上循环滚动，才能正确且较全面地辨别滋味。尝味后的茶汤一般不宜咽下，尝第二碗时，匙中残留茶液应倒尽或在白开水汤中涮净，不致互相影响。审评滋味主要按浓淡、强弱、鲜滞及纯异等评定优次。不同茶类由于品质不一，不好统一评定。为了准确评味，在审评前最好不吃有强烈刺激味觉的食物，如辣椒、葱蒜、糖果等，且不宜吸烟，以保持味觉和嗅觉的灵敏。

6. 评叶底

茶叶经冲泡以后，留于杯底的茶渣称为叶底。评叶底主要靠视觉和触觉来判别，根据叶底的老嫩、匀杂、整碎、色泽和展开与否等方面来评定优次，同时还应注意有无其他掺杂。

评叶底（见图 2-12）是将杯中冲泡过的茶叶倒入叶底盘或放入审评盖的反面，也有的放入白色搪瓷漂盘里，倒时要注意把黏在杯壁、杯底和杯盖的茶叶倒干净，用叶底盘或杯盖的先将叶张拌匀、铺开、摊平，观察其嫩度、匀度和色泽的优次。如感到不够明显时，可在盘里加茶汤摊平，再将茶汤缓缓倒出，将叶底平铺看或翻转看，或将叶底盘反扑倒在桌面上观察。用漂盘看则加清水漂叶，使叶底漂在水中观察分析。评叶底时，要充分发挥眼睛和手指的作用，手指感受叶底的软硬、厚薄等。再看芽头和嫩叶含量、叶张卷摊、光糙、色泽及均匀度等来区别好坏。

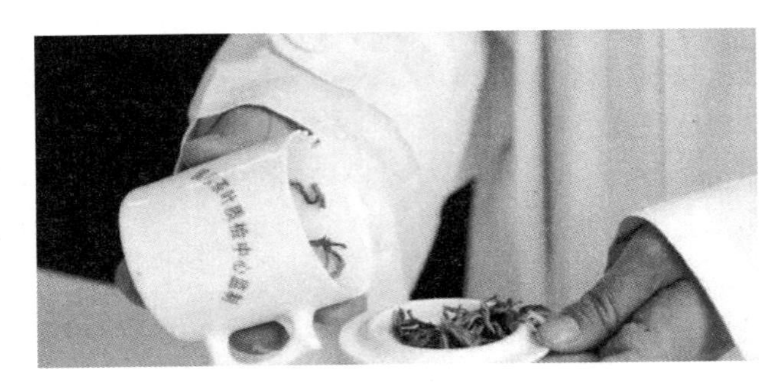

图 2-12 评叶底

茶叶品质审评一般通过上述几个项目的综合观察，才能明确评定品质优次和等级价格的高低。实践证明，每一项目的审评不能单独反映整个品质，茶叶各个品质项目又不是单独形成和孤立存在的，相互之间有密切的相关性。因此，综合审评结果时，在审评项目之间，应进行仔细的比较，然后再下结论。对于不相上下或有疑难的茶样，有时应冲泡双杯审评，取得更准确的评比结果。

识茶之趣

名茶鉴别方法

1. 西湖龙井

西湖龙井产于杭州西湖区，茶叶外形扁平挺直，手感光滑，叶细嫩、条形整齐、宽度一致，色泽翠绿或绿黄色，一芽一叶或二叶，芽长于叶，一般长 3 厘米以下，芽叶均匀成朵，不带夹蒂、碎片，叶形相对瘦小，易折易碎，含水量在 6%以下。泡于汤中，嫩芽成朵，一旗一枪，交错相映，清香甘醇，香溢久远。西湖龙井采制讲究早、嫩、勤。炒制要三道手工工序，每 500 克一级西湖龙井约需 3.6 万个明前茶叶嫩芽才能制成。

假冒“西湖龙井”的“浙江龙井”颜色发黄，叶片较宽，长相壮实，香气能猛地闻到。另一些假冒龙井带青草味，夹蒂较多，手感粗涩。

2. 碧螺春

碧螺春产于江苏吴县(1995 年撤销)太湖滨的洞庭山碧螺峰，银芽显露，一芽一叶，茶叶总长度 1.5 厘米，条索纤细，卷曲成螺，茸毛披覆，芽为白毫卷曲形，叶为卷曲青绿色，叶底幼嫩，均匀明亮，汤色清澈鲜绿，味道隽永清香，500 克碧螺春要 6 万个嫩芽才能制成，故被誉为“工艺茶”。

假货为一芽二叶，芽叶长度不齐，呈黄色。

3. 信阳毛尖

信阳毛尖产于河南信阳车云山，外形条索紧细、圆、光、直，色清黑，一般一芽一叶或一芽二叶。饮后回甘，颊齿生津，有糖炒栗子味。

假货叶片卷曲，叶片发黄。

4. 君山银针

君山银针产于湖南岳阳君山。由未展开的肥嫩芽头制成。芽头肥壮挺直、匀齐，满披茸毛，色泽金黄光亮，香气清鲜，茶色浅黄，味甜爽，冲泡时芽尖冲向水面，悬空竖立，然后徐徐下沉杯底，形如群笋出土，又像银刀直立。

假货常有青草味，冲泡后银针不能竖立。

5. 六安瓜片

六安瓜片产于安徽六安和金寨两县的齐云山。其外形平展，每一片不带芽和茎梗，叶绿色光润，微向上重叠，形似瓜子，冲泡时香气甘美，汤色碧绿，滋味回甜。叶底厚实明亮。

假货味道较苦，颜色发黄。

6. 黄山毛峰

黄山毛峰产于安徽黄山。茶树芽叶肥厚多茸毛，成茶外形细嫩稍卷曲，多毫有峰，芽肥壮、匀齐，色泽嫩绿油润，冲泡时香气清鲜，雾气绕顶，汤色清澈，杏黄明亮，滋味醇厚，鲜香持久、回甘，叶底叶芽成朵，厚实鲜艳。

假货呈土黄色，味苦，叶底不成朵。

7. 祁门红茶

祁门红茶产于安徽祁门县。茶颜色为棕红色，味道浓厚、强烈、醇和、鲜爽。

假货一般带人工色素，味苦涩、淡薄，条叶形状不齐。

8. 都匀毛尖

都匀毛尖产于贵州都匀市布依族苗族自治地区。采摘于清明前茶树嫩芽精制而成，茶叶嫩绿匀齐，细小短薄，一芽一叶初展，形似雀舌，长 2—25 厘米，外形条索紧细、卷曲，毫毛显露，叶底嫩绿，冲泡后清香持久，醇和回甘。

假货叶底不匀，味苦。

9. 铁观音

铁观音产于福建安溪县。叶体沉重如铁，形美如观音，多呈螺旋形，色泽砂绿、光润，绿蒂，具有天然兰花香。冲泡后汤色清澈金黄，味醇厚甜美，入口微苦，立即转甜，耐冲泡，叶底开展，青绿红边，肥厚明亮，每颗茶都带茶枝。

假货叶形长而薄，条索较粗，无青翠红边，叶泡三遍后便无香味。

10. 武夷岩茶

武夷岩茶产于福建崇安县武夷山。外形条索肥壮、紧结、匀整，带扭曲条形，俗称“蜻蜓头”，叶背起蛙皮状砂粒，俗称“蛤蟆背”。冲泡时滋味醇厚回苦，润滑爽口，汤色橙黄，清澈艳丽，叶底匀亮，边缘朱红或起红点，中央叶肉黄绿色，叶脉浅黄色，耐泡达 6—8 次以上。

假货外形色泽枯暗，冲泡味淡，欠韵味。

二 茶叶鉴别的项目

我国是茶叶之乡，茶叶的类别也众多，每个类别里还有许许多多的细分种类。随着社会的发展，喝茶在人们的生活中成了必不可少的一部分。那么如何判断一种茶叶品质的好坏呢？简单来说，就是从茶叶的色、香、味、形上入手。因为这四类已经涵盖了茶叶所有的品质。

1. 色

色包括茶叶的外观颜色以及茶汤的汤色。

（1）茶叶颜色。

茶叶外观色泽与原料嫩度、加工技术有密切关系，如红茶乌黑油润、绿茶翠绿、乌龙茶青褐色、黑茶黑油色等。但是无论何种茶，新茶和好茶一般色泽新鲜一致，光泽明亮，老茶及品质差的茶则色泽不一，深浅不同，暗而无光。

（2）茶汤颜色。

品质好的茶，汤色明亮、纯净透明，无混杂物，香气足；品质差的茶则汤色昏暗、混浊，香味差。就绿茶、红茶来说，绿茶汤色要清碧浓鲜，红茶要红艳而明亮。

2．香

用嗅觉来审评香气是否纯正和持久。质量好的茶叶，一般都有一种花香或果香，且香味纯正，沁人心脾。若茶叶香味淡薄或根本无香味的，或是有异味的，则不是好茶叶。可用鼻反复多闻几次，以辨别香气的高低，强弱和持久度，以及是否有烟、焦、霉味或其他异味。如茉莉花茶，有种浓郁的茉莉花香，如无这种香气或有其他气味，则说明该茉莉花茶质量较差。有异味或霉味，说明茶叶制造处理环境不良或者包装贮藏不当。

3．味

味是指茶汤的滋味。茶汤的滋味在茶汤温度降至 50 ℃左右时最好，品尝时，含少量茶汤，用舌头细细品味，从而辨别出滋味的浓淡、强弱、鲜爽、醇和或苦涩等。品质好的茶香气足，品质次的茶则香味差。就绿茶、红茶来说，质量好的绿茶口感略带苦涩，饮后又感鲜甜，且回味越久越浓；若苦涩味重，鲜甜味少的则为次茶。红茶口感甜爽为好，苦涩为次。

4．形

形即茶叶的外观。各种名茶都有它的外形特征，千姿百态。不同的品种有不同的鉴别方法：有的品种要看它的茸毛多少，多者为优，少者为劣；有的品种要看它的条索松紧，紧者为好，松者为差。

形可以从茶叶的嫩度、条索、整碎、净度来鉴别。

（1）嫩度。

一般嫩度好的茶叶，符合外形要求（光、扁、平、直）。但是这种方法并不适合于所有的茶，芽叶嫩度以多茸毛作为判断依据，只适合于毛峰、毛尖、银针等“茸毛类”茶。

（2）条索。

条索是各类茶所具有的外形规格。一般长条形茶，看松紧、弯直、壮瘦、圆扁、轻重；圆形茶看颗粒的松紧、匀正、轻重、空实；扁形茶看平整光滑程度。一般来说，条索紧、身骨重、圆（扁形茶除外）而挺直，说明原料嫩，做工好，品质优；如果外形松、扁（扁形茶除外）、碎，并有烟、焦味，说明原料老，做工差，品质劣。

（3）整碎。

整碎就是茶叶外形的断碎程度，以匀整为好，断碎为次。

（4）净度。

主要看茶叶中是否混有茶片、茶梗、茶末、茶籽和制作过程中混入的竹屑、木片、石灰、泥沙等夹杂物的多少。净度好的茶，不含任何夹杂物。

总之，质量好的茶叶外形应均匀一致，所含碎茶和杂质少。

知识链接

中国十大名茶鉴赏

西湖龙井(见图 2-13)主要是指产于中国杭州西湖风景区龙井一带的一种炒青绿茶，以“色、香、味、形”而闻名，是中国较著名的绿茶之一，流传着“不是画而胜于赏画，不是诗而胜于吟诗”的美誉。2012 年 12 月，由龙井秋茶制作而成的西湖龙井红茶正式推出市场，每年可制作 5 万多千克。多少年来，杭州不仅以美丽的西湖闻名于世界，也以西湖龙井茶誉满全球。相传，乾隆皇帝巡视杭州时，曾在龙井茶区的天竺作诗一首，诗名为《观采茶作歌》。西湖龙井茶一向以“狮(峰)、龙(井)、云(栖)、虎(跑)、梅(家坞)”排列品第，以西湖龙井茶为最。龙井茶外形挺直削尖、光滑匀齐，色泽绿中显黄。冲泡后，香气清高持久，香馥若兰；汤色杏绿，清澈明亮，叶底嫩绿，匀齐成朵，芽芽直立。品饮茶汤，沁人心脾，齿间流芳，回味无穷。

洞庭碧螺春(见图 2-14)产于江苏省苏州市吴中区(原吴县，1995 年撤销)太湖的洞庭东、西山，属于绿茶。中国十大名茶之一。

图 2-13　西湖龙井

图 2-14　洞庭碧螺春

洞庭山有洞庭东山和洞庭西山，位于辽阔、碧水荡漾、烟波浩渺的太湖之滨，气候温和，冬暖夏凉，空气清新，云雾弥漫，环境适合茶树生长，加之采摘精细，做工考究，形成了别具特色的品质特点。碧螺春茶条索纤细，卷曲成螺，满披茸毛，色泽碧绿。冲泡后，味鲜生津，清香芬芳，汤绿水澈，叶底细而匀嫩。尤其是高级碧螺春，可以先冲水后放茶，茶叶依然徐徐下沉，展叶放香，这是茶叶芽头壮实的表现，也是其他茶所不能比拟的。

碧螺春茶从春分开采，至谷雨结束，采摘的茶叶为一芽一叶，对采摘下来的芽叶还要进行拣剔，去除鱼叶、老叶和过长的茎梗。一般是清晨采摘，中午前后拣剔质量不好的茶片，下午至晚上炒茶。目前大多仍采用手工方法炒制，其工艺过程是：杀青—炒揉—搓团焙干。三个工序在同一锅内一气呵成。炒制特点是炒揉并举，关键在提毫，即搓团焙干工序。

洞庭碧螺春茶风格独具，驰名中外，为北京人民大会堂指定用茶，常用来招待外宾或作高级礼品，它不仅畅销于国内市场，还外销至日本、美国、德国、新加坡等。

黄山毛峰（见图 2-15）是中国著名的历史名茶，由于其色、香、味、形俱佳，品质风味独特，1955 年被中国茶叶公司评为“全国十大名茶”，1982 年又获中国商业部“名茶”称号，1983 年获中国外经贸部“荣誉证书”，1986 年被中国外交部定为“礼品茶”。

图 2-15　黄山毛峰

黄山毛峰产于中国安徽秀丽的黄山之中，成茶外形细嫩扁曲，多毫有锋，色泽油润光滑，冲泡杯中雾气绕顶，滋味醇甜，鲜香持久。

黄山毛峰是 1875 年由徽州商人谢正安在歙县富溪村研制成功。谢正安原本家境富裕，后因战乱躲进富溪村的充山源，为重振家业，自己带领家人照料茶园，采摘鲜叶，精心制作了一批形状如雀舌的茶叶，并运往上海销售。他以茶形命名，“白毫披身，芽尖似峰”，就名为黄山毛峰。

庐山云雾（见图 2-16）产于江西省九江市境内的庐山，古称“闻林茶”，宋朝时奉为“贡茶”，因庐山的茶树主要生长在海拔 800 米以上的含鄱口、五老峰、汗阳峰、小天池、仙人洞等地，常年云雾缭绕，一年中有雾的日子可达 195 天之多。从明代起始称“庐山云雾茶”，至今已有 300 多年历史。

六安瓜片（见图 2-17）产于安徽省六安地区的齐山等地，其中以六安及下属金寨县和霍山县两县所产的较佳。这种著名的绿茶片茶品种是中国十大名茶之一。它最先源于金寨县的齐山村，现在也以齐山村蝙蝠洞区域所产的品质最佳，故又名“齐山瓜片”。尽管六安茶叶种植时间久远，但是六安瓜片的产生是近百年的事情。民间的流传虚实难辨，但是有三点可以确定：第一，六安瓜片问世于 1905 年左右；第二，瓜片产地为金寨县齐头山附近；第三，采制技术是在大茶的基础上，吸取兰花茶、毛尖制作技术，逐渐创制的。

图 2-16　庐山云雾

图 2-17　六安瓜片

六安瓜片外形似瓜子，色泽翠绿，香气清高，味鲜甘美，耐冲泡。片茶指全由叶片制成的不带嫩芽和嫩茎的茶叶品种。沏茶时雾气蒸腾，清香四溢，亦有“齐山云雾瓜片”之称。

君山银针(见图 2-18)是出产于中国湖南洞庭湖中君山岛的一种名茶,只采集刚抽出尚未张开的茶树嫩芽制作,由于嫩芽细卷如针,故名君山银针。君山银针是一种黄茶,也是中国十大名茶之一。因为产地范围很小,细芽分量很轻,因此产量很少,非常名贵。清代,君山茶分为尖茶、茸茶两种。尖茶如茶剑,白毛茸然,纳为贡茶,素称“贡尖”。

沏泡后黄汤黄茶,芽尖很轻,经沏泡张开后,在杯中根根直立不倒,如同“刀山剑砼”,并上下运动。芽片很嫩,喝完茶后残茶可以吃。

信阳毛尖(见图 2-19),产于河南省信阳市的西南山区,如车云山、连云山、集云山、天云山、云雾山、白龙潭、黑龙潭、何家寨等。信阳毛尖茶属于绿茶,中国十大名茶之一。信阳毛尖茶是传统名茶之一,也是河南省著名的特产。因其条索细秀、圆直有峰尖、白满披而得名“毛尖”,又因产地在信阳故名“信阳毛尖”。以“细、圆、光、直、多白毫、香高、味浓、色绿”的风格著称。在 1915 年巴拿马万国博览会上荣获金奖,1959 年被誉为中国十大名茶之一。1982 年、1986 年与 1990 年被商业部评为全国名茶,1985 年荣获国家质量奖银质奖,1990 年荣获国家质量奖金质奖,1999 年在昆明世界园艺博览会上荣获金奖。

图 2-18 君山银针

图 2-19 信阳毛尖

信阳毛尖品质优异,炒制工艺独特。全国茶学专业大、中专统编教材《制茶学》等及众多的茶学专著如《中国农业百科全书·茶业卷》、《中国茶经》、《中国茶叶辞典》、《中国名优茶选集》、《茶业大全》、《中国名茶志》、《中国茶叶大辞典》等均收录入册。

图 2-20 武夷岩茶

武夷岩茶(见图 2-20)产于福建省北部的武夷山地区,是中国乌龙茶中之极品,中国十大名茶之一。

武夷山多悬崖绝壁,茶农利用岩凹、石隙、石缝,沿边砌筑石岸种茶,有“盆栽式”茶园之称。因为有“岩岩有茶,非岩不茶”之说,岩茶因而得名。武夷岩茶主要分为两个产区:名岩产区和丹岩产区。

岩茶中以大红袍、白鸡冠、铁罗汉、水金龟等著名,其他品种还有瓜子金、金钥匙、半天腰等品种。武夷岩茶自南北朝时期已开始有名气,至唐朝时孙樵更美称武夷岩茶为“晚甘侯”,亦是现时得知武夷岩茶最早茶名。

铁观音(见图 2-21)是乌龙茶的一种,原产于福建安溪县。铁观音属于介于绿茶和红茶之间的半发酵茶,且被认为是中国十大名茶之一。

铁观音原是茶树品种名,由于它适制乌龙茶,其乌龙茶成品遂亦名为铁观音。所谓铁观音茶即以铁观音品种茶树制成的乌龙茶,亦有一种说法称“铁观音”名称乃乾隆皇帝所赐。在台湾,铁观音茶则是指一种以铁观音茶特定制法制成的乌龙茶,所以台湾铁观音茶的原料,可以是铁观音品种茶树的芽叶,也可以不是铁观音品种茶树的芽叶。

祁门红茶(见图 2-22),是一种具有酒香和果味的红茶,出产于中国中部的安徽祁门县,简称祁红。祁门红茶是中国十大名茶之中唯一的红茶,与印度的大吉岭红茶、斯里兰卡的乌伐红茶一同被誉为世界三大高香名茶。

图 2-21 铁观音

图 2-22 祁门红茶

祁门红茶首次出现是在清朝光绪年间。在这之前,在安徽省只制作绿茶,有“安绿”之称。光绪元年(1875 年),黟县人余干臣从福建罢官回籍开设茶庄,学会了制作红茶的秘诀,即在制作初期加入一道特殊的发酵工序,使茶叶的叶底和茶汤呈现红色,因此得名“红茶”。结果制作出来的红茶大受欢迎,超出了他的预期,并很快就在英国流行起来,成为混合茶英式早餐茶最主要的成分,也成为伯爵茶的基茶,并认为是高贵身份的象征。1915 年在巴拿马举办的万国博览会上,祁门红茶获得了金质奖章。

祁门红茶有水果的香味,有松木的味道(像正山小种)和花香,但又不像大吉岭红茶的香味那么浓烈,因此也被称为“祁门香”。由于气候与土壤的原因,制作祁门红茶的最佳茶草取自祁门南乡溶口至西乡历口一带。

项目小结

知识要点

1. 掌握茶树的基本习性及生长环境要求。

2. 熟悉不同茶类的制作方法。

技能要点

1. 掌握茶的基本分类。

2. 掌握茶的基本鉴别方法。

项目实训

知识考核

思考题

1. 茶树生长的环境要求有哪些?

2. 六种基本茶类制作的关键工序分别是什么?

3. 怎样鉴别一款茶的优劣?

能力考核

茶叶鉴定。

(1) 分小组准备评测的杯子,并将不同茶类按照不同方法进行冲泡(见表 2-7)。

表 2-7 不同茶类的冲泡

茶类	称样重量	杯碗容量	冲泡时间
绿毛茶、红毛茶	4 g	200 mL	5 分钟
绿茶、红茶、白茶、黄茶、花茶(拣去花干)	3 g	150 mL	5 分钟
乌龙茶	5 g	100 mL	2、3、5 分钟
云南普洱茶(紧压茶)	5 g	250 mL	5 分钟
云南紧茶、沱茶	4 g	200 mL	7 分钟
茯砖茶	5 g	250 mL	8 分钟
黑砖、花砖、康砖、金尖、青砖、米砖	5 g	2500 mL	10 分钟
速溶茶	0.75 g	冷、热各 250 mL	3 分钟

(2) 尝味道。

茶汤温度应在 45—55 ℃适宜。

首先评纯异,再评鲜钝、浓淡、强弱、醇和或苦涩等。

纯异:纯指符合该茶品质特征的滋味;异指茶味中夹杂其他的气味,如烟焦、酸馊、陈霉、水闷、药气味、木气味、油气味等。

鲜钝:鲜指鲜爽,如吃新鲜水果的感觉,新鲜,爽口,上口感觉快;钝指茶汤入口无新鲜感,回味迟钝。

浓淡:浓指内含成分丰富,茶汤可溶性成分多,收敛性强;淡则相反,内含物少,淡而乏味，像喝白开水。

强弱：强指茶汤吮入口中刺激性强；弱则相反，茶汤入口平淡，无刺激性。

醇和：醇指茶味不浓不淡，无刺激性，回味略甜；和指茶味平淡，正常无异味。

苦涩：苦指茶汤入口苦，回味也苦；涩指茶汤入口似食生柿子，有麻嘴、厚唇、紧舌之感。

(3) 写出茶汤的鉴别报告。

项目三 茶具知识

茶具种类丰富，质地各异，冲泡不同的茶，要选择不同的茶具。本项目主要介绍了茶具的种类、茶具的配置和不同茶具的作用。

◇学习目标

◢ 知识目标

了解茶具的分类，理解不同茶具的特点；理解茶具配置的原则；掌握不同茶具的用途。

◢ 能力目标

能区分茶具的类别；能根据不同茶具合理地选择茶叶并正确冲泡；能正确使用各类茶具。

◢ 素质目标

培养学生认知茶具、辨识茶具、配置茶具和使用茶具的能力；提升学生的茶审美素养。

◇学习重点

茶具的种类和茶具的作用。

◇学习难点

茶具的配置。

情景导入

为什么用了最好的茶壶客人却不满意?

小王是职场新人,刚入白沙源茶艺馆工作不久。一天,某公司销售部经理张总约了一位重要的客户刘先生到茶艺馆洽谈生意,小王负责接待。小王热情地将两位贵宾引领至张总事先预订好的包间,待客人落座后,小王将茶单拿过来双手递给了张总,考虑到刘先生是浙江人,而且正好是新茶上市,在征求刘先生的意见后,张总点了两杯西湖龙井尝鲜。小王在给客人端上来点心后,就安心地给客人泡茶去了,考虑到客人点的茶是比较名贵的明前西湖龙井,小王心想名茶要配名壶,于是就拿出了茶馆里最好的紫砂壶,并配置了好看的小茶杯,将茶壶再次清洗后,小王投入茶叶,用 80 ℃的水冲泡好后用茶盘送至客人茶室。张总看了小王送进来的茶后,满脸不悦且略显尴尬,又不好当着客户的面直接发火,只好让小王叫经理过来,小王一脸疑惑地去找经理了……

思考:为什么张总看到小王泡好的西湖龙井茶后是这样的反应?如果你是小王,遇到这种情况该怎么办?

任务一　茶具的种类

古语说:“器乃茶之父,水乃茶之母”,可见泡一壶好茶时茶具的重要性。茶具,古代称之为茶器或茗器,泛指制茶、饮茶过程中使用的各种工具,包括采茶用具、制茶用具、泡茶用具等;现代茶具(见图 3-1)则主要指茶壶、茶杯等泡茶过程中使用的专业茶具。

图 3-1　现代茶具

一 茶具的种类

自古以来，勤劳智慧的中国茶人创造了丰富多彩的茶具。

根据不同的分类依据，可以将茶具分为不同的类别。

按茶艺冲泡的要求可分为主茶具和辅助茶具。主茶具主要是指用来泡茶、饮茶的器具，主要包括盖碗、公道杯、闻香杯、品茗杯、茶壶、茶船、杯托、盖置、茶叶罐等，不同茶具的功能各异，但都以实用、便利为第一要求。辅助茶具是指泡茶、饮茶时所需的各种器具，以方便操作，增加美感。辅助茶具主要有茶道组、桌布、煮水器、茶巾、茶巾盘、奉茶盘、茶荷、茶扫、茶食盘等。

按茶具的质地可分为陶土茶具、瓷器茶具、漆器茶具、玻璃茶具、竹木茶具、搪瓷茶具、金属茶具和其他茶具等几大类。

1. 陶土茶具

陶土茶具是新石器时代的重要发明，最具代表性的主要是江苏宜兴制作的紫砂茶具。用紫砂茶具泡茶，既不夺茶真香，又无熟汤气，能较长时间保持茶叶的色、香、味。

（1）紫砂茶具的制作。

图 3-2 紫砂茶具

紫砂茶具（见图 3-2）是采用当地独有的紫泥、红泥、团山泥抟制焙烧而成的，成陶火温较高，烧结密致，胎质细腻，不易渗漏，茶具有气孔，吸附茶汁，蕴蓄茶味，且传热不快，不致烫手；若热天盛茶，不易酸馊，即使冷热剧变，也不会破裂，必要时可直接放在炉灶上煨炖。

（2）紫砂茶具的外形特征。

紫砂茶具的造型复杂多变，色调淳朴典雅，根据江苏省宜兴陶瓷工业公司 1978 年编著的《紫砂淘气造型》的归纳分类，主要有以下几种。

① 几何形体紫砂壶造型，俗称“光货”，主要有圆器（见图 3-3）和方器（见图 3-4）两种。

② 自然形体紫砂壶造型，俗称“花货”，取材自植物、动物的自然形态。

③ 筋纹器紫砂壶造型（见图 3-5），是将花木形态规则化，使其结构精确严格，代表性的产品有传统紫砂合菊壶、乐盘壶等。

④ 水平壶造型，水平壶容量很小，是广东、福建一带喝“工夫茶”的器具，紫砂水平壶传统的样式有线圆水平、扁雅水平、汤婆水平、线瓢水平、什锦水平等。

茶器造型，一般不用端把（传统样式的壶），而在与壶嘴成 90°角处装一柄，也有连柄都

图 3-3 圆器紫砂壶

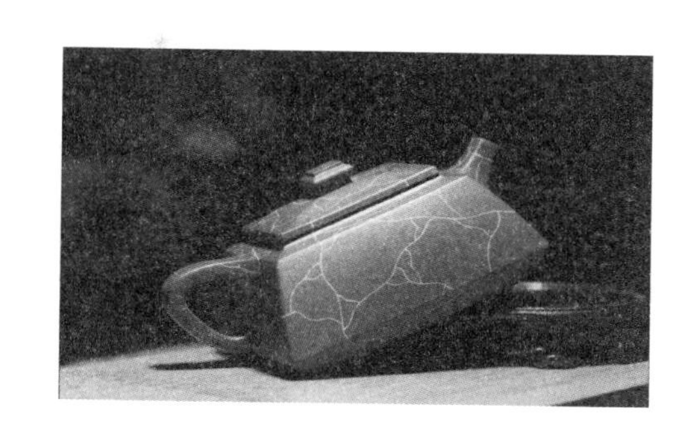

图 3-4 方器紫砂壶

不装的。茶器较大，嵌盖较多，一般用“流”代替嘴。

图 3-5 筋纹器紫砂壶

（3）紫砂茶具的特点。

① 泡茶不失原味，色香味皆蕴，能使茶叶越发醇郁芳沁。

② 紫砂器使用的时间越长，器身就越光亮，茶水本身在冲泡过程中可以养壶。

③ 紫砂器的冷热急变性好，遇急冷急热不会爆裂。

④ 传热慢，而且保温，若使用提携无烫手之感。

⑤ 坯体能吸收茶的香气，用常沏过茶的紫砂壶偶尔不放茶叶，其水也有茶香味。

⑥ 紫砂壶的泥色与经常冲泡的茶叶有关，壶色富于变化，耐人寻味。

⑦ 宜兴紫砂有很好的可塑性，入窑烧造不易变形，且使紫砂器的花货、筋纹的造型能自成体系。

⑧ 透气性能好，用紫砂壶泡茶不易变味。

2. 瓷器茶具

图 3-6 青瓷茶具

我国瓷器茶具的生产在陶器之后，可分为青瓷茶具、白瓷茶具和黑瓷茶具几个类别。

（1）青瓷茶具。

青瓷茶具（见图 3-6）出现最早。青瓷茶具的大量出现始于晋代，主产地在浙江，也以浙江生产的质量最好。早在东汉时期，就已经开始出现色泽纯正、透明发光的青瓷。有名的浙江龙泉“哥窑”所产的青瓷茶具，胎薄质坚，釉层饱满，色泽静穆，雅丽大方，被后代茶人誉为

“瓷器之花”。“弟窑”生产的瓷器，造型优美，胎骨厚实，釉色清脆，光润纯洁，其中粉青茶具酷似玉，梅子青茶具犹如翡翠，都是难得的瑰宝。

(2) 白瓷茶具。

白瓷茶具(见图 3-7)具有胚质致密透明，上釉、成陶火度高，无吸水性，声清而韵长等特点。白瓷茶具因色泽洁白，能反映茶汤色泽，传热、保温性能适中，色彩缤纷、造型各异，是茶具中的珍品。早在唐朝，河北刑窑生产的白瓷器具已“天下无贵贱通用之”，四川大邑生产的白瓷茶碗颇受唐时文人的喜爱，元代，江西景德镇白瓷茶具已远销国外。当今，白瓷茶具因其适合冲泡各类茶叶，加之其造型精巧、装饰典雅，成为具有艺术价值，使用最为广泛的一类茶具。

图 3-7 白瓷茶具

图 3-8 黑瓷茶具

(3) 黑瓷茶具。

黑瓷茶具(见图 3-8)始于晚唐，兴盛于宋，延续于元，衰微于明、清，这是因为自宋代开始，饮茶方法已由唐时的煎茶法逐渐改变为点茶法，而宋代流行的斗茶，也为黑瓷茶具的兴起创造了条件。

黑瓷茶具流行于宋代。在宋代，茶色贵白，所以宜用黑瓷茶具陪衬，黑瓷以建安窑(今福建建阳市)所产最为著名，黑瓷茶具胎质较厚，釉色漆黑，造型古朴、风格独特。著名的宋建窑兔毫纹盏，釉底色黑亮纹如兔毫，黑底与白毫相映成趣，加上造型古雅，成为人们爱不释手的饮茶佳具。

3. 漆器茶具

漆器茶具(见图 3-9)始于清代，主要产于福建福州一带，具有色彩艳丽、多姿多彩的特点。其质清且坚，散热缓慢，虽具有实用价值，但人们多将其作为工艺品陈设于客厅、书房。漆器具有“宝砂闪光”、“金丝玛瑙”、“釉变金丝”、“仿古瓷”等品种，品种繁多、色彩斑斓、令人赞叹。

图 3-9 漆器茶具

图 3-10 玻璃茶具

4. 玻璃茶具

玻璃茶具(见图 3-10)素以质地透明、光泽夺目、外形可塑性大、形状各异、品茶饮酒兼备而受人青睐。用玻璃茶具泡茶,其优点是可见茶叶在冲泡过程中徐徐舒展曼舞的姿态以及茶汤颜色;其缺点是较烫手,易破碎。如果用玻璃茶具冲泡君山银针、西湖龙井、碧螺春等名茶,能充分发挥玻璃茶具透明的优越性,令品茶之人赏心悦目,心旷神怡。

玻璃茶具最适宜冲泡龙井、碧螺春等名优绿茶。

5. 竹木茶具

竹木茶具(见图 3-11)朴素无华,具有不导热、不烫手、保温等优点,并且竹木还有天然纹理。主要有福建武夷山等地的乌龙茶木盒,川竹木制作的茶盘、茶池、茶道具、茶叶罐等茶具,制作精细,别具一格,朴素自然,具有实用价值。

图 3-11 竹木茶具

图 3-12 搪瓷茶具

6. 搪瓷茶具

搪瓷茶具(见图 3-12)以坚固耐用、图案清晰、轻便耐腐蚀而著称。起源于古代埃及,后传入欧洲。搪瓷工艺传入中国,大约是在元代。但搪瓷茶具传热快,易烫手,放到茶几上,会烫坏桌面,加之"身价"较低,所以使用时受到一定限制,一般不做待客之用。

7. 金属茶具

金属茶具(见图 3-13)是指由金、银、铜、铁、锡等金属材料制作而成的器具,主要用于宫廷茶宴。早在公元前 18 世纪至公元前 221 年秦始皇统一中国之前,青铜器就得到了广泛的应用,古人用青铜制作盘盛水,制作爵、樽盛酒,这些青铜器皿也可以用来盛茶。自秦汉以来,茶叶作为饮料渐成风尚,茶具也逐渐从与其他饮具共用中分离出来。大约到南北朝时,我国出现了包括饮茶器皿在内的金银器具。1987 年 5 月,在陕西扶风县法门寺地宫中发掘出一套晚唐时期的银质鎏金茶具,精美绝伦,堪称国宝。但从宋代开始,古人对金属茶具褒贬不一。元代以后特别是从明代开始,随着茶类的创新、饮茶方式的改变以及陶瓷茶具的兴起,金属茶具逐渐消失,尤其是用锡、铁等金属制作的茶具,用它们煮水泡茶,被认为会使“茶味走样”,以致很少有人使用。而且中国茶道的基本精神是“精行俭德”,在茶艺中不提倡使用金属茶具。

图 3-13 金属茶具

8. 其他茶具

除了上述七类常见的茶具外,在我国台湾地区还有木纹石、黑胆石、龟甲石、尼山石、端石、菊花石等石质茶具,也有用玉石、玛瑙、水晶以及各种珍稀原材料制成的茶具,但这些茶具一般用于观赏和收藏,很少用于实际泡茶中。

二 茶具的配置

我国的茶具,种类繁多。泡不同的茶,需要不同的茶具,茶与茶具的关系甚为密切,好茶必须用好茶具泡饮,才能相得益彰,如鱼得水。茶具的优劣,对茶汤质量和品饮者的心情,都会产生直接的影响。究竟如何选择茶具,要根据当地的饮茶习俗和饮茶者对茶具的审美情趣以及品饮的茶类和当时的环境而定。

搭配茶具时,要将茶具的功能、质地、色泽统一协调,搭配出完美的茶具,具体要注意以下四点。

1. 因茶制宜

重香气的茶,适宜用硬度较大、密度高的茶具冲泡。这类茶具吸水率低,茶香不易被吸收,茶汤显得特别清冽。绿茶类和轻发酵包种茶类是比较重香气的茶,如西湖龙井、碧螺春、香片、文山包种及其他嫩芽茶叶等,都适合选用硬度较高的茶具,如瓷壶、玻璃杯等。图 3-14 所示为瓷壶冲泡的茶。

乌龙茶类是比较重滋味的茶叶,如铁观音、水仙单枞等,其他如外形紧结、枝叶粗老的茶以及普洱茶等，都应选择陶壶、紫砂壶来冲泡。低密度陶器的气孔率高，吸水量大，用其将茶泡好后，持其盖即可闻到茶的香气，这种茶香尤显醇厚。图3-15所示为陶壶冲泡的茶。

图3-14 瓷壶冲泡的茶

图3-15 陶壶冲泡的茶

重观赏形态的茶，宜选用透明的茶具，才能使观赏者欣赏到茶的魅力形态。比如冲泡名优绿茶，用透明的玻璃杯，才能欣赏到茶舞，冲泡人工结扎的艺茶也是如此。图3-16所示为玻璃杯冲泡的茶。

图3-16 玻璃杯冲泡的茶

图3-17 内壁带白釉的茶具冲泡的茶

重观色的茶，宜选用壶、杯内壁带白釉的茶具或透明的茶具。选用此类茶具才能欣赏到茶汤艳丽的色泽。如需要欣赏红茶红艳的汤色，或者普洱茶、乌龙茶等的汤色时，都可如此。图3-17所示为内壁带白釉的茶具冲泡的茶。

中国民间，向有"老茶壶泡，嫩茶杯冲"之说。老茶用壶冲泡，一是可以保持热量，有利于茶汁的浸出；二是较粗老茶叶，由于缺乏欣赏价值，用杯泡茶，暴露无遗，用来敬客不太雅观，又有失礼之嫌。而细嫩茶叶选用杯泡，一目了然，会使人产生一种美感，达到物质享受和精神欣赏双丰收，正所谓"壶添品茗情趣，茶增壶艺价值"。

随着红茶、绿茶、乌龙茶、黄茶、白茶、黑茶等茶类的形成，人们对茶具的种类和色泽，质地和样式，以及茶具的轻重、厚薄、大小等提出了新的要求。一般来说，为保香可选用有盖的杯、壶或碗泡茶；饮乌龙茶，重在闻香啜味，宜用紫砂茶具冲泡；饮用红碎茶或工夫茶，可用紫砂壶或瓷壶冲泡，然后倒入白瓷杯中饮用；冲泡西湖龙井、洞庭碧螺春、君山银针、庐山云雾等细嫩名优茶，可用玻璃杯直接冲泡，也可用白瓷杯冲泡。

2. 因地制宜

中国幅员辽阔,各地饮茶习俗不同,对茶具的要求和选配也不一样。东北、华北一带喜用较大的瓷壶泡茶,然后斟入瓷盅饮用。在长江三角洲一带的上海、杭州、宁波和华北、京津等地,人们爱好品细嫩名优茶,既要闻其香,啜其味,还要观其色,赏其形,因此,特别喜欢用玻璃杯或白瓷杯泡茶。在江、浙一带的许多地区,饮茶时注重茶叶的香气和滋味,因此喜欢选用紫砂茶具泡茶,或用有盖瓷杯沏茶。在广东潮汕、福建等地饮乌龙茶,习惯用一套特小的瓷质或陶质茶壶、茶盅泡饮,选用"烹茶四宝":潮汕风炉、玉书煨、孟臣罐、若琛瓯泡茶,以鉴赏茶的韵味。西南一带常用上有茶盖、下有茶托的盖碗饮茶,俗称"盖碗茶"。西北甘肃等地,爱饮用"罐罐茶",是用陶质小罐先在火上预热,然后放进茶叶,冲入开水后,再烧开饮用茶汁。藏族、蒙古族等少数民族,多以铜、铝等金属茶壶熬煮茶叶,煮出茶汁后再加入酥油、鲜奶,称"酥油茶"或"奶茶"。图 3-18 所示为藏族酥油茶。

图 3-18 藏族酥油茶

3. 因艺制宜

不同的茶艺表现形式,客观上对茶具的组合有不同的要求。例如,宫廷茶艺要求茶具华贵,文士茶艺要求茶具雅致,民俗茶艺要求茶具朴实,宗教茶艺要求茶具端庄,而企业营销型茶艺则要求使用的茶具最直观地显示所冲泡茶叶的商品特征。总之,茶具的搭配组合是为茶艺表演服务的。

4. 关注茶具美学的运用

选择茶具时,要注意各茶具外形、质地、色样、图案等方面的协调对比,要注意对称美与不均齐美的结合应用。在摆台布席时,要注意茶具之间的照应以及茶具与室内其他物品的协调美。

泡茶之雅

表 3-1 所示为各茶类的茶具配置。

表 3-1 各茶类的茶具配置

茶　类	茶具的配置
名优绿茶	无盖透明玻璃杯、白瓷、青瓷、青花瓷无盖杯等
中档大宗绿茶	瓷杯、瓷碗加盖冲泡

续表

茶　类	茶具的配置
低档粗茶和茶末	茶壶冲泡
红茶	内挂白釉的紫砂、白瓷、红釉瓷、暖色瓷的壶杯具、盖杯或咖啡壶具
乌龙茶	紫砂壶杯具或白瓷壶杯具、盖碗、盖杯、黑褐系列的陶器壶杯具
黄茶	奶白或黄釉瓷及黄、橙为主色的壶杯具、盖碗、盖杯
白茶	白瓷壶杯及内壁瓷或黄泥或反差极大且内壁有色的黑瓷，以衬托白豪
普洱茶	紫砂壶杯具或白瓷壶杯具、盖碗、盖杯、民间土陶工艺制作杯具
花茶	青瓷、青花瓷等盖碗、盖杯等，也可用壶泡，便于闻香，保持香气

任务二　茶具的用途

我国的茶具，种类繁多，造型优美，除实用价值外，也有颇高的艺术价值，因而驰名中外，为历代茶爱好者青睐。本节重点介绍茶壶等常见茶具的作用。

一　茶壶

茶壶在唐代以前就有了，唐代人把茶壶称“注子”，其意是指从壶嘴里往外倾水；现代说到茶壶，泛指宜兴紫砂壶。茶壶主要就是指用来泡茶的壶。

二　茶杯

茶杯的种类、大小一一俱全，应有尽有，喝不同的茶用不同的茶杯，近年来更流行边喝茶边闻茶香的闻香杯和用来品饮的品茗杯（见图 3-19）。根据茶壶的形状、色泽，选择适当的茶杯，搭配起来也颇具美感，为便于欣赏茶汤颜色，及容易清洗，杯子内壁最好上釉，而且白色或浅色最佳，对杯子的要求，最好能做到握、拿舒服，就口舒适，入口顺畅。

三　茶漏

茶漏（见图 3-20）就是在倒入茶叶时，将其放在壶口上，以引导茶叶入壶，防止茶叶掉落在壶外的器皿。

图 3-19 闻香杯、品茗杯

图 3-20 茶漏

四 盖碗

图 3-21 盖碗

盖碗是一种上有盖、下有托，中有碗的茶具，又称盖杯、“三才碗”、“三才杯”，分为茶碗、碗盖、托碟三部分（见图 3-21），用盖碗品茶，茶碗、碗盖、托碟三者不应分开使用，否则既不礼貌也不美观；品饮时，揭开碗盖，先嗅其盖香，再闻茶香，饮用时，手拿碗盖撩拨漂浮在茶汤中的茶叶，再饮用。将 3 克茶放在碗内，然后加入 100 ℃的水冲泡，然后加盖 5—6 分钟后即可饮用，这种泡茶方法，一般只要喝上一泡就已经足够了，最多再加冲一次。

五 茶盘

用来盛放茶杯或其他茶具的盘子，以盛接泡茶过程中流出或倒掉的茶水，同时，也可以用作摆放茶杯的盘子，茶盘有塑料制品、不锈钢制品，形状有圆形、长方形等多种。

六 茶则

茶则（见图 3-22）是盛茶入壶的用具，一般为竹制。茶则之则，是量取的意思，也就是茶的量取工具。

七 茶挟

茶挟又称“茶筷”，茶挟功用与茶匙相同，可将茶渣从壶中夹出，也常有人拿它来挟着茶杯洗杯，既防烫又卫生。

图 3-22 茶则

八 茶巾

茶巾又称为"茶布",茶巾的主要功用是干壶,在酌茶之前将茶壶或茶海底部剩下的杂水擦干,也可以擦拭滴落桌面的茶水。

九 茶针

茶针主要是用来疏通茶壶的内网(蜂巢),以保持水流畅通。

十 煮水器

泡茶的煮水器在古代用风炉,目前较常见者为酒精灯及电壶,此外,还有瓦斯炉、电子开水机及自动电炉。

十一 茶叶罐

储存茶叶的罐子,必须无杂味、能密封且不透光,其材料有马口铁、不锈钢、锡合金及陶瓷等。

十二 茶船

茶船(见图 3-23)是用来放置茶壶的容器,茶壶里投入茶叶,然后冲入煮沸的开水,将茶水倒入茶船后,再由茶壶上方淋沸水以温壶。淋浇的沸水也可以用来洗茶杯,又称茶池或壶承,其主要是用来盛热水烫杯、盛接壶中溢出的茶水、保温。

图 3-23　茶船

图 3-24　茶海(公道杯)

十三 茶海

茶海(见图 3-24)又称茶盅或公道杯。茶壶内的茶汤浸泡到适当浓度后,茶汤倒入茶海,然后再分倒于各小茶杯内,以求茶汤浓度的均匀。也可以在茶海上覆一滤网,以滤去茶渣、茶末,如果没有专用的茶海时,也可以用茶壶充当,主要是用来盛放泡好的茶汤,然后再分倒在各个茶杯,使每杯茶汤浓度相当,沉淀茶渣。

十四 茶匙

茶匙又称"茶扒",因其形状像汤匙,所以叫茶匙,其主要是用来挖取泡过的茶壶内茶叶,茶叶冲泡过后,往往会紧紧塞满茶壶,加上一般茶壶的口都不大,用手挖出茶叶既不方便也不卫生,所以都使用茶匙。

十五 茶荷

图 3-25　茶荷

茶荷(见图 3-25)是盛放待泡干茶的用具,形状多为有引口的半球形,用以观赏干茶的外形。茶荷通常由竹、木、陶等制成,既有实用价值,又可当艺术品。在用茶荷盛放茶叶时,茶艺师的手不能碰到茶荷的缺口部位,以保持茶叶洁净卫生。用手拿赏茶荷时,拇指和其余四指捏住茶荷两侧,放在虎口处,另一只手托住茶荷和底部。

知识链接

紫砂壶的开壶和养壶

1. 紫砂壶的开壶

一把新出窑的紫砂壶是没有光泽，暗淡无光的，也不能直接用来泡茶，因而新紫砂壶使用前要进行一系列的处置，行家叫作"紫砂壶开壶"。为紫砂壶开壶，是酷爱紫砂壶的人们赋予的一种礼仪，紫砂壶开壶就是开端用壶，主要是为了去除壶内的杂质和火气，用开过的壶也比较卫生。紫砂壶开壶的办法有多种，一般过程如下。

(1) 先用清水洗擦新壶外表的尘灰和壶内里的陶屑，切记不可用任何洗涤剂和消毒剂。

(2) 把壶放到盛有温水的平底锅中，然后用小火或中火把温水煮开，待 5 分钟后放入茶叶，最好是准备用这把壶喝什么茶，就选用那种茶叶，茶叶的质量没有要求，茶叶量为 50—150 克，放入茶叶后等候 10 分钟然后熄火。假如壶在温水煮开过程中发现水面有油花或闻到异味，说明此壶可能被打过蜡、油或壶的泥料中掺了假，这样的壶还是不用为好。

(3) 待熄火冷却 5 分钟后可再次用小火或中火将此茶水煮沸，茶水沸腾 15 分钟后即可关火，用余热焖壶 10 分钟。

(4) 然后再用小火或中火重新煮沸茶水，待煮沸 15 分钟后，将壶和茶水一同冷却 3—5 个小时，再取出壶用清水冲洗，用洁净布擦干壶身，新壶自然晾干后即能够正常使用了。

这样开壶的益处是可使新壶泥土味去尽，这样做也能够去掉壶的"炉火"，同时也使新壶得到比较彻底的滋养，打通壶身气孔，能够防止用到有问题的壶。经过开壶的新壶会更好养壶，可避免由于运用不当而呈现"惊破"的现象。另外，新开壶后的茶壶，前 6 天泡茶滋味不是很好属正常现象。

2. 紫砂壶的养壶

紫砂壶在使用的过程中，不断地冷热交替，壶内的石英分子在发生着变化，加之人的手不断摩挲，使壶变得柔和细润。所以，壶要经常使用、保养，经常有耐心地整理、擦拭，持之以恒，自然能使茶壶如古玉生辉，这就是养壶，养壶是茶人怡情悦性、自我修养的方法。

养壶的具体方法如下。

(1) 泡茶之前宜先用热水冲淋茶壶内外，可兼具去霉、消毒与暖壶三种功效。

(2) 趁热擦拭壶身。泡茶时，因水温极高，茶壶本身的毛细孔会略微张开，水汽会呈现在茶壶表面，此时可用一条干净的细棉巾分别在第一泡、第二泡……浸泡时间内，分几次把整个壶身擦拭，即可利用热水的温度，使壶身变得更加亮润。

(3) 泡茶时勿将茶壶浸入水中，这可能会在壶身留下不均匀的色泽。

(4) 泡完茶后，务必及时把茶渣和茶汤都倒掉，用热水冲淋壶内外，然后倒掉水分，保持壶内干爽，绝对不可积存湿气，如此养出的陶壶，才能发出自然的光泽。

(5) 把茶壶冲淋干净后，应打开壶盖，将其放在通风易干处，等完全阴干后再妥善收存。

(6) 存放茶壶时，应避免放在油烟、灰尘过多的地方，以免影响壶面的润泽感。

(7) 避免用化学洗涤剂清洗紫砂壶。

(8) 让茶壶休息，一把壶用了2—3个月后要洗洁净自然阴干放在通风的中央处(防止阳光直晒)20—30天，这样做的益处是能够让壶在再使用时更好地吸收茶味，而且也使壶的包浆更加美观。

3. 有关去除紫砂壶茶垢的几个小妙招

(1) 茶杯、茶壶用久了，就会有大量茶垢，用海绵蘸盐摩擦，便可去掉。

(2) 把土豆皮和紫砂壶一同放在无油的锅里加水煮，水开5分钟后关火，盖上盖子焖一会儿，5到10分钟后，倒出土豆皮，再用清水刷洗紫砂壶，就可以很轻松地去除茶垢了。

(3) 用橘子皮内侧，加点盐擦拭有茶渍的杯子，轻松两下就能擦拭干净。

项目小结

知识要点

1. 茶具的分类及其特点。

2. 茶具和茶叶的配置要求。

3. 不同茶具的用途。

技能要点

1. 学会辨别和使用不同类别的茶具。

2. 学会使用各类茶具。

项目实训

知识考核

一、判断题

1. (　　)青瓷茶具的大量出现是在汉代，主产地是浙江。

2. (　　)玻璃茶具最适宜冲泡西湖龙井、碧螺春等名优绿茶。

3. (　　)西北一带常用上有茶盖、下有茶托的盖碗饮茶，俗称“盖碗茶”。

4.（　　）现代说到茶壶，泛指宜兴紫砂壶。茶壶主要就是指用来泡茶的壶。

5.（　　）选择茶具时，要注意各茶具外形、质地、色样、图案等方面的协调对比，要注意对称美与不均齐美的结合应用。

二、思考题

1. 必备的泡茶用具有哪些？

2. 为什么说“重香气的茶，适宜用硬度大、密度高的茶具冲泡”？

能力考核

实训目标：通过对茶具的学习，了解茶具的分类，熟悉常见茶具的名称及功能，掌握各茶类适宜选配的茶具。

实训重点：茶具的名称及功能。

实训难点：各类茶具的配置。

实训方法和手段：教师讲解演示；学生练习；教师指导、纠正、点评；检查学生学习效果。

课后要求学生撰写实训总结。

项目四 茶艺礼仪

茶是灵魂之饮，以茶载道，以茶行道，以茶修道是茶人的追求，进行茶事活动时必须遵守相关的礼仪规范。本项目主要介绍了茶艺礼仪的要求和茶艺接待服务程序。

◇学习目标

◢ 知识目标

了解茶艺行茶礼仪的仪表仪态、礼节礼貌的要求；掌握茶艺服务中的行茶礼仪；掌握茶艺服务中的常规接待技巧。

◢ 能力目标

能在行茶时呈现合乎规范的礼仪要求；能根据不同的客人做好茶艺接待服务的准备工作；能按规范服务流程做好接待工作。

◢ 素质目标

培养学生在茶艺接待服务中做到知礼懂礼、敬礼用礼，做到神、情、技动人；提升学生的茶艺服务技巧和能力。

◇学习重点

茶艺服务的行茶礼仪。

◇学习难点

茶艺接待服务流程。

情景导入

世界上不同国家的饮茶习俗

在漫长的历史发展过程中，茶叶已成为世界性的饮料，不仅具有解渴、保健等普遍性的功能，还有联络思想感情、陶冶性格情操等文化内涵。世界各国还将饮茶作为人们交际的纽带，并成为检验社会公德意识，洞察各国风俗、习惯和传统的窗口。由于国家和民族之间的文化传统、宗教信仰、思想意识、爱好情趣、禁忌避讳等不同，因此饮茶的习俗和礼仪也不完全一致。

1. 韩国

韩国的栽茶、制茶、饮茶技术是从中国传入的，在中国的影响下开始认识到茶的药效和保健功能。饮茶习俗与中国有相似之处。开始是饮绿茶，后来饮用煎茶。非业务往来的客人多在家中接待，均用传统饮料茶和传统膳食招待。韩国的“茶礼”与日本“茶道”可谓如出一辙，韩国“茶礼”精神是“敬、和、俭、真”。“敬”是尊重别人，以礼相待；“和”是要求人们心地善良，和睦相处；“俭”是俭朴廉政，俭德精神；“真”是真诚相待，为人正派。

2. 日本

日本的饮茶历史较久，一般国民喜爱玉露茶和煎茶，农村多饮粗老的番茶，很少加糖和牛奶，近 20 年来兴起一股饮乌龙茶和黑茶热，认定是减肥、美容、健身的最佳饮料。日本男女结婚设宴待客，新娘一定要给客人敬茶，它的含义是：女孩出嫁男方，有如茶花一样纯洁，茶水一样清白，没有丝毫的混浊。然而男女离婚是不喝茶的，以示一刀两断，决不藕断丝连。日本民间以茶招待客人极为考究，称为“茶道”。“茶道”的根本精神是“和、敬、清、寂”。崇向“茶道”之美，茶质、水质、环境优良是饮茶者善性的首要条件。日本人认为喝茶，一人自饮有脱俗之感，二人同饮备感亲切，三四人共饮兴趣盎然，六人以上聚饮则不免过于庸俗。

3. 印度

印度居民多信奉印度教。印度是产茶大国，产量居世界第一，主产红茶，为争夺市场，近 20 多年来也生产一定数量的绿茶。所产茶叶，其中 60%—70%供国内销售，可以说大部分茶属自产自销，每人年饮茶平均达 0.63 千克。印度无论在城镇或农村均普遍饮茶，为一种传统饮料，目前的消费量仍然不减当年。印度人讲究见面礼节，一般亲朋好友见面均行合掌礼，双手合掌置于前身，入室后主人要用红茶、奶茶或咖啡招待。敬茶忌用左手，也不用双手，而是用右手，喝茶时将茶水斟入另备的盘中，用舌头舔饮。

4. 俄罗斯

俄罗斯人喜爱在茶水里加入其他配料，如砂糖、奶类、果汁、果酱等。饮茶种类多样化，诸如红茶、绿茶、红绿紧压茶、花茶、速溶茶，其中红茶消费量最大，约占茶叶总量的78%。俄罗斯人款待要好的客人要敬“三道”茶。第一道茶配有冷盘、热汤茶；第二道茶是热茶，配有主菜类；第三道茶有水果、甜食。饮用绿茶不加糖，只加奶油或牛奶。喝红茶把草莓和蔷薇掺入茶汤内，如今喝红茶都加入砂糖、牛奶、柠檬或酒。

（资料来源：http://blog.sina.com.cn/s/blog_685dd4a90100jhkw.html，有删减。）

任务一　茶艺之礼仪要求

礼仪是人们在社会交往活动过程中形成的应共同遵守的行为规范和准则，是一个人内在修养和素质的外在表现。在茶艺服务的行茶礼仪中，对行茶者的仪表仪态、礼节礼貌都有特殊的规定。

中国是文明古国、礼仪之邦，自古就有客来敬茶的习俗。人们在长期的茶事活动中，逐渐形成了对人、茶品、茶器等表示尊重、敬意、友善的行为规范与惯用形式，这就是茶艺服务中的基本礼仪礼节。

一 仪表仪态

1. 仪表

（1）得体的着装。

着装服饰是仪表、仪容美的一个重要体现。服饰能反映人的地位、文化水平、审美意识、修养程度和生活态度等。

茶的本性是恬淡平和的，因此，茶艺师的着装以整洁大方为好，不宜太鲜艳。

泡茶的服装要与环境、茶具相匹配，品茶需要一个安静的环境以及一个平和的心态。如果泡茶者的服装太显眼，就会破坏和谐、优雅的品茶氛围，使人产生浮躁不安的感觉。服装样式以中式为宜，为方便操作，袖口不宜过宽。总之，要求做到仪表整洁、整体端庄，体现内在的文化素养。女性忌浓妆艳抹、大胆暴露，男性忌乖张怪诞。图4-1所示为茶艺师的着装美。

图4-1　茶艺师着装美

（2）整齐的发型。

作为茶艺师，发型的要求和其他岗位有一些区别。发型原则上要适合自己的脸型和气质,要按泡茶的要求进行梳妆。首先,头发应梳洗干净整齐,头发以自然色为好,发型要美观、大方。其次,应避免头部向前倾斜时头发散落到前面,挡住视线影响操作。此外,还要避免头发掉落到茶具或操作台上,让客人感觉不卫生。

(3) 优美的手型。

作为茶艺工作人员,首先要有一双纤细、柔软的手,平时注意适时对手进行保养,随时保持干净、清洁。在泡茶的过程中,客人目光始终会停留在茶艺师的手上,因此茶艺师的手极为重要。双手不要带太贵重的首饰,否则会有喧宾夺主的感觉。手指甲不要涂指甲油,指甲要及时修剪整齐,保持干净,不留长指甲。需要特别注意的是,手上不能有残留的化妆品或护手霜的气味,以免影响茶的香气。图 4-2 所示为茶艺师优美的手型。

图 4-2 茶艺师优美的手型

(4) 姣好的面部。

茶艺师平时要注意面部的护理和保养,保持清新健康的肤色。在为客人泡茶时,面部表情要平和放松,面带微笑。茶艺表演是淡雅的事物,男性茶艺师在泡茶前要将面部修饰干净,不留胡须,以整洁的姿态面对客人;女性茶艺师在为客人泡茶时,可化淡妆,但不要浓妆艳抹,也不要喷洒味道浓烈的香水,以免破坏茶香,影响客人品茶时的感觉。

2. 仪态举止

仪态举止是人的行为动作和表情的总和,茶艺师的个性很容易从泡茶的过程中表露出来。在日常生活中的站、坐、走的姿态,举手投足,一颦一笑都可概括为仪态举止。优雅的仪态举止不仅能体现人们良好的修养和高雅的气质,还能给交往对象留下美好的印象。于是在做茶时首先要注意将各项动作组合的韵律感表现出来,另外还要将泡茶的动作融入与客人的交流中。

在茶艺活动中,各种动作均要求有美好的举止,要求多采用含蓄、温文、谦逊、诚挚的动作,评判一位茶艺表演者的水平,主要看其动作的协调性。茶艺师的举止应庄重得体、落落大方,在茶艺活动中,要走有走相、站有站相、坐有坐相,坐着端庄、站着挺拔、走路潇洒,保持良好的仪容仪表。图 4-3 所示为茶艺师良好的仪容仪表。

图 4-3 茶艺师良好的仪容仪表

(1) 站姿。

茶艺师的站姿在整个茶艺表演中显得十分

重要，优美而典雅的站姿，是体现茶艺服务人员自身素养的一个重要方面，是体现服务人员仪表美的起点和基础。

站姿应该双脚并拢，身体挺直，下颌微收，眼平视，双肩放松。女茶艺服务人员站立时，双脚呈“V”字形，两脚尖开度为50°左右，膝和脚后跟要靠拢，双手相握放于腹前，注意右手握住左手手指，左手指尖不可外露。男茶艺服务人员双脚叉开的宽度窄于双肩，双手可交叉放在腹前或背于身后。

(2) 坐姿。

由于茶艺服务人员在工作中经常要为客人沏泡各种茶，有时需要坐着进行，因此工作人员良好的坐姿也显得尤为重要。坐姿分为正式坐姿、侧点坐姿、跪式坐姿和盘腿坐姿几种。

① 正式坐姿。

坐姿最能体现一个人的气质。茶艺服务人员入座时，略轻而缓，但不失朝气，走到座位前面转身，右脚后退半步，左脚跟上，然后轻稳地坐下，最好坐椅子的1/3或一半处，穿长裙子的要用手把裙子向前拢一下。坐下后上身正直，头正目平，嘴巴微闭，脸带微笑，小腿与地面基本垂直，两脚自然平落地面。两膝间的距离，男茶艺服务人员以松开一拳为宜；女茶艺服务人员双脚并拢，与身体垂直放置，或者左脚在前，右脚在后交叉成直线。

② 侧点坐姿。

侧点坐姿分左侧点式和右侧点式，采取这种坐姿，也是很好的动作造型。

根据茶椅和茶桌的造型不同，坐姿也会发生变化，比如茶桌的立面有面板或茶桌有悬挂的装饰障碍物，无法采取正式坐姿时，可选用左侧点式和右侧点式坐姿。

左侧点式坐姿要求双膝并拢，两小腿向左侧伸出，右脚跟靠于左脚内侧中间部位，左脚脚掌内侧着地，右脚跟提起，脚掌着地。右侧点式坐姿相反。如果腿部丰满或穿长裤的茶艺服务人员，要使小腿部分看起来略显修长，坐时要将膝盖和脚间的距离尽量拉远，这样线条看起来会更优美。

③ 跪式坐姿。

茶艺服务人员在行茶过程中，有时需要跪着进行，因此，掌握正确、良好的跪式坐姿是十分必要的。

跪式坐姿的基本方法和要求是：在站立姿势的基础上，右腿后退半步，双膝下弯，右膝先着地，右脚掌心向上，随之左膝落地，左掌脚心向上，双膝跪下，双脚脚掌也可重叠放置，也可双脚的大拇指重叠。身体重心调整，臀部坐落在双脚跟上。坐下时将衣裙放在地上，这样显得整洁端庄。上身保持挺直，头顶有上拔之感。手臂腋下留有一个品茗杯大小的余地，两臂似抱圆木，双手自然交叉相握放于大腿后部，或放于大腿上，或重叠放在膝盖头上。两眼平视，表情自然，面带微笑。

④ 盘腿坐姿。

该坐姿一般适合于穿长衫的男性或表演宗教茶道时。落座时用双手将衣服撩起(佛教中称“提半把”)徐徐坐下,衣服后层下端铺平,右脚置于左脚下。用两手将前面下摆稍稍提起,不可漏膝,再将左脚掌置于右腿下。

无论采用何种坐姿,泡茶时,都需要挺胸、收腹、头正肩平,身体、肩部不能因为操作动作的改变而左右倾斜。双手不操作时,平放在茶台边上,面部表情轻松愉悦,自始至终面带微笑。

(3) 走姿。

走姿的基本方法和要求是:上身正直、收腹、挺胸、目光平视,面带微笑;肩部放松,手臂自然前后摆动,手指自然弯曲。行走时身体重心稍向前倾,腹部和臀部要向上提,由大腿带动小腿向前迎进;行走线迹为直线。

步速和步幅也是行走姿态的重要要求,茶艺馆服务员在行走时要保持一定的步速,不要过急,否则会给客人不安、急躁的感觉。步幅是每一步前后脚之间距离 30 厘米,一般不要求步幅过大,否则会给客人带来不舒服的感觉。

女性为显得温文尔雅,可以将双手虎口相交叉,右手搭在左手上,提放于胸前,以站姿作为准备。行走时移动双腿,跨步脚印为一直线,上身不可扭动摇摆,保持平稳,双肩放松,头上顶,下颌微收,两眼平视。

男性以站姿为准备,行走时双臂随腿的移动在身体两侧自由摆动,其余同女性姿势。转弯时,向右转则右脚先行,反之亦然。出脚不对时可原地多走一步,待调整好后再直角转弯。如果到达客人面前为侧身状态,需转身,正面与客人相对,跨前两步进行各种茶道动作;当要回身走时,应面对客人先退后两步,再侧身转弯,以示对客人的尊敬。

在进行茶艺表演时,走姿应随着主题内容而变化,或矫健轻盈,或精神饱满,或端庄典雅,或缓慢从容。要将自己的思想、情感融入行走的不同方式中,使观众感到茶艺服务人员的肢体语言与茶艺表演的主题、情节、音乐、服饰等是吻合的。

二 礼节礼貌

礼节是指人们在交际过程和日常生活中,表示相互尊重、友好、祝愿、慰问以及给予必要的协助与照料的惯用形式,它实际上是礼貌的具体表现方式。没有礼节,就无所谓礼貌;有了礼貌,就必然伴有具体的礼节。礼节主要包括待人的方式、招呼和致意的形式、公共场合的举止和风度等。

在茶艺服务中,注重礼节,互致礼貌,表示友好与尊重,不仅能体现个人良好的执业道德修养,同时还能带给客人愉悦的心理感受。茶艺服务中的常用礼节主要有伸掌礼、叩指礼、寓意礼、握手礼、礼貌敬语等。

1. 在语言上的体现

语言是沟通和交流的工具。掌握并熟练运用礼貌敬语，是提供优质服务的保障，是从事任何一种职业都要具备的基本能力。

（1）称呼礼节。

称呼礼节是指茶艺服务人员在日常工作中与宾客交谈或沟通信息时应恰当使用的称呼。

最为普通的称呼是“先生”、“小姐”。在茶艺服务工作中，切忌使用“喂”来招呼宾客，即使宾客离得较远，也不能这样高声叫喊，而应主动上前恭敬地称呼宾客。

由于各国社会制度不同，民族语言各异，风俗习惯相差很大，因而茶艺服务人员在称呼上需要多加学习研究，善于正确使用，以免造成不必要的误会，这也是做好茶艺服务工作的一个不可忽视的方面。

（2）问候礼节。

问候礼节是指茶艺服务人员在日常工作中根据时间、场合和对象的不同，用不同的礼貌语言向宾客表示亲切的问候和关心。

茶艺服务人员根据工作情况的需要，在与宾客相见时应主动问候，如：“您好，欢迎光临”，在一天中的不同时段遇到宾客时要说“早上好”、“下午好”、“晚上好”，这样会使对方倍感自然和亲切。

标准式问候用语有“您好”、“你好”、“大家好”、“各位好”等。

时效式问候语有“早上好”、“早安”、“中午好”、“下午好”、“午安”、“晚上好”、“晚安”等。

（3）应答礼节。

应答礼节是指茶艺服务人员在回答宾客问话时的礼节。茶艺服务人员在应答宾客的询问时，要站立说话，不能坐着回答；要全神贯注地聆听，不能心不在焉；在交谈过程中要始终保持良好的精神面貌；说话时要面带笑容、热情亲切，必要时还要借助表情和手势来沟通和加深理解。

茶艺服务人员在回答宾客提出的问题要真正明白后再作适当回答，不可不懂装懂、答非所问，也不能表现出不耐烦，以免造成不必要的误会。对于一时回答不了或回答不清楚的问题，可先向宾客致歉，待查询后再作答。凡是答应宾客随后再作答复的事情，一定要守信，否则就是一种失礼行为。

茶艺服务人员在回答宾客问题时，要做到语气婉转、口齿清晰、语调柔和、声音大小适中。同时，还要注意在与宾客对话时自动停下手中的其他工作，以示尊重。茶艺服务人员在与多位宾客交谈时，不能只顾一位客人而冷落了其他客人，要一一作答。对宾客提出的合理要求，茶艺服务人员要尽快做出使宾客满意的答复。对宾客提出的过分或无理要求要婉言拒绝，并表现出热情、有教养、有风度。当宾客称赞茶艺服务人员的良好服务时，应报以微笑并谦逊地感谢宾客的夸奖。

在应答时尽量使用肯定式应答用语，如“是的”、“好的”、“很高兴为您服务”、“乐意为您效劳”、“我会尽力按照您的要求去做”、“一定照办”等。

2. 在行为上的体现

(1) 迎送礼节。

迎送礼节是指茶艺服务人员在迎送宾客时的礼节。这种礼节不仅体现了茶艺服务人员对来宾的欢迎和重视，而且也反映了茶艺接待工作的规范和周到。宾客到来时，茶艺服务人员要笑脸相迎，热情招呼宾客落座；当客人离去时，也要热情相送。

常见的欢迎用语有“欢迎光临”、“欢迎您的到来”、“见到您很高兴”等。

常见的送别用语有“再见”、“您慢走”、“欢迎您下次光临”、“一路平安”等。

(2) 操作礼节。

操作礼节是指茶艺服务人员在日常业务工作中的礼节。

茶艺服务人员在服务中要注意“三轻”，即说话轻、走路轻、操作轻。在工作场所要保持安静，不要大声喧嚷，更不要聚众闲聊、唱歌、打牌或争吵。如遇到宾客有事召唤，也不能高声回答；若距离较远，可点头示意自己马上就会前来服务。在走廊或过道上遇到迎面而来的宾客，茶艺服务人员要礼让在先，主动站立一旁，为宾客让道。与宾客往同一方向行走时，不能抢行；在引领宾客时，茶艺服务人员要位于宾客左前方三步处，随客人的步伐同时行进。

为宾客递送茶单、茶食、账单等物品时，要使用托盘。在为宾客泡茶的过程中如出现不慎打坏茶杯等器具时，要及时表示歉意并马上清扫、更换。在为宾客泡茶时，不能做出抓头、剔牙、挖耳、擦鼻涕、打喷嚏等不雅行为。

茶艺服务人员在任何情况和场合下都要有自控情绪和行为的能力，相互之间应真诚团结、密切合作，这样才能在操作中做到不失礼。

与客人谈话时，要多使用敬语，禁止使用“四语”，即蔑视语、烦躁语、否定语和顶撞语，如“唉……”、“不行”、“没有”，也不能漫不经心、恶语相向或高声叫喊等；服务有不足之处或客人有意见时，要使用歉语，如“打扰了……”、“对不起”、“让您久等了”、“请您原谅”等。

三 行茶中的礼仪

1. 鞠躬礼

鞠躬，意思是弯身行礼，是表示对他人敬重的礼节，也是中国的传统礼节。鞠躬礼分为站式、坐式和跪式三种。站立式鞠躬和坐式鞠躬比较常用。

站立式鞠躬的动作要领是：两手相握放于腹前，上半身平直弯腰，弯腰时吐气，直身时吸气。弯腰到位后略作停顿，再慢慢直起上身。俯下和起身的速度一致，动作自然、轻松、柔软。

坐式鞠躬的动作要领是：在坐姿的基础上，双手相握放于大腿后部，或者双手相握放于茶桌边缘，鞠躬方法和站立式鞠躬相同。

跪式鞠躬的动作要领是：在跪坐姿势的基础上，双手相握放于大腿上，鞠躬要领与站立式鞠躬相同。

根据行礼对象的不同，鞠躬礼分成真礼（用于主客之间）、行礼（用于客人之间）和草礼（用于说话前后）。

在站立式鞠躬中，真礼要求行 90°；行礼行 45°；草礼弯腰程度小于 45°。

在坐式鞠躬中，真礼要求头身前倾约 45°；行礼头身前倾不小于 45°；草礼头身略前倾即可。

在参加茶会时会用到跪式鞠躬礼。真礼以跪坐姿势为预备，双手放于膝上，上半身向前倾，同时双手向前从膝上渐渐滑下，全手掌着地，两手指尖斜对呈“八”字形，身体倾至胸部与膝盖只留一拳空隙，稍作停顿慢慢直起上身，弯腰时吐气，直身时吸气。行礼与真礼相似，头身前倾角度小于真礼，两手仅前半掌着地。行草礼时，头身前倾角度更小，仅指尖着地即可。

2. 伸掌礼

伸掌礼是品茗过程中使用频率最高的礼节，表示“请”和“谢谢”，茶艺师在介绍茶具、茶叶质量、赏茶和请客人传递茶具或其他物品时使用，客人亦可使用。当两人面对面时，均伸右掌行礼对答。两人并坐时，右侧一方伸右掌行礼，左侧方伸左掌行礼。伸掌姿势为：五指并拢，手掌伸直，将手伸出，掌心向右斜上方，手指指向要指示的物品或方向。手腕要含蓄有力，不要显得轻浮。行伸掌礼的同时应欠伸点头微笑。

3. 叩指礼

扣指礼是以手指轻轻叩击茶桌来行礼，此礼是从古时中国的叩头礼演化而来的，叩指即表示叩头。早先的叩指礼是比较讲究的，必须屈腕握空拳，叩指关节。下级和晚辈需双手指作跪拜状叩击桌子二、三下；晚辈和下级为长辈和上级斟茶时，长辈和上级只需单指叩击桌面二、三下表示谢谢；平辈之间敬茶或斟茶时，可单指叩击表示感谢。随着时间的推移，扣指礼逐渐演化为将手弯曲，用几个指头轻叩桌面，以示谢忱。

4. 寓意礼

寓意礼是寓意美好祝福的礼仪动作，常见的有以下几种。

(1) 凤凰三点头。用手提壶把，高冲低斟反复三次，寓意向来宾鞠躬三次，表示欢迎。高冲低斟是指右手提壶靠近茶杯口注水，再提腕使开水壶提升，此时水流如“酿泉泻出于两峰之间”，接着仍压腕将开水壶靠近茶杯口注水。

(2) 双手内旋。在进行回转注水、斟茶、温杯、烫壶等动作时用双手向内回旋。若用右手则必须按逆时针方向，若用左手则必须按顺时针方向，类似于招呼手势，寓意“来、来、来”，表示欢迎。

(3) 放置茶壶时壶嘴不能正对着他人，否则表示请人赶快离开。斟茶时只斟七分满，寓意“七分表敬意，三分留情意”。俗话说，“酒满敬客，茶满欺客”，茶太满也不便于客人握杯啜饮。

5. 握手礼

握手强调“五到”，即身到、笑到、收到、眼到、问候到。握手时，伸手的先后顺序为：贵宾先、长者先、主人先、女士先。

握手时，在据握手对象约 1 米处，上身微笑向前倾斜，面带微笑，伸出右手，四指并拢，拇指张开与对方相握。眼睛要平视对方的眼睛，同时寒暄问候。握手时间一般在 3—5 秒为宜，握手力度适中，上下稍许晃动三四次，随后松手恢复原状。

握手时要注意以下禁忌：拒绝他人的握手；用力过猛；交叉握手；握手时戴手套；握手时东张西望。

任务二 茶艺之接待服务

一 茶艺服务的接待准备

接待准备工作是茶艺人为宾客提供优质服务的前提。接待客人的过程是服务人员直接和宾客接触和提供服务的过程，应该说，整个接待过程的每一道流程都有一定的具体要求，服务人员必须一丝不苟地遵循每个流程中的要求。上岗前，要做好仪表、仪容的自我检查，做到仪表整洁、仪容端正；上岗后，要做到精神饱满、面带微笑、思想集中，随时准备接待每一位来宾，以确保整体服务质量。同时，还必须做好以下准备工作。

1. 环境的准备

保持茶艺馆光线柔和，空气流通，厅堂整洁，环境舒适，桌椅整齐；做到地面无垃圾，桌面无油腻、污渍、水迹；门窗无灰尘；卫生间无异味、无污垢；检查灯具及各种设备是否完好；整理挂画、盆景、陈列品等装饰物；焚一束香，播放音乐，营造优雅平静的氛围。

2. 用具的准备

备好开水、茶具、茶叶及其他用具，茶具、水壶、烟缸要清洁光亮、无破损，茶叶要准备重组并分装好；托盘、抹布要干净、卫生；准备好开单本、笔及各种票据和微信、支付宝等电子支付平台。

二 茶艺服务流程

迎宾员的主要工作是迎接客人入门，其工作质量、效果将直接影响运营效果和服务水准。

迎宾员站在门口迎接宾客，要面带笑容。当客人进入茶艺馆时，要致“您好，欢迎光临”的亲切问候，并在宾客左前方两三步处引领客人；根据宾客人数，将不同的宾客安排到适当的、客人满意的座位上；耐心解答客人有关茶品、茶点及服务、设施等方面的询问。

在客人进入后，服务员应目光注视，热情招呼。安排座位时，首先安排年老体弱者坐在出入较方便的地方。如在正式场合，在了解客人身份后，主桌的安排应将主宾安排在主人的右面，副主宾安排在主人的左边。然后递上毛巾，使用托盘将茶单由右侧双手呈给客人，并根据需要介绍茶品。在此过程中，服务人员应有技巧地进行推销。当宾客对选用什么茶类拿不定主意时，可根据客人的特质，热情礼貌地推荐，使宾客感受到周到的服务。同时，要留意宾客的小细节，如“茶叶用量的多少”等问题时，一定要尊重宾客的意见，严格按照客人的要求去做。

在为宾客行茶时，要讲究操作举止的文雅、态度的认真和茶具的清洁，不能举止随便、敷衍了事。

上茶时左手托盘，端拿平稳，右手在前护盘，脚步小而稳。走到客人座位右边时，茶盘的位置在客人的身后，右脚向前一步，右手端杯子中端，盖碗杯端杯托，从主客开始，按顺时针方向，将杯子轻轻放在客人的正前方，并报上茶名，然后请客人先闻茶香，闻香完毕，再选择一个合适的固定位置，用水壶将每杯茶冲至七分满，并说“请用茶”。

客人用茶时，当杯中水量在1/2时，就应即时续水。要保持桌面清洁，即时擦去桌面上的水迹，烟缸、果壳蓝要勤调换、勤清洗。用茶中对客人应尽量给予满足，做到有求必应，有问必答，态度和蔼，语言亲切，服务周到。

在服务中，如需要与宾客交谈，要注意适当、适量，不能忘乎所以，要耐心倾听，不与宾客争辩。宾客之间谈话时，不要侧耳细听；在宾客低声交谈时，应主动回避。宾客有事招呼时，不要紧张地跑步上前询问，也不要漫不经心。服务中要注意站立的姿势和位置，不要趴在茶台玩手机或与其他服务员聊天，这是对宾客不礼貌的行为。

当宾客提出结账时，双手用托盘递上账单，请宾客查核消费款项有无出入。收款时，无论客人消费多少，都应彬彬有礼。宾客赠送小费时，要婉言谢绝，自觉遵守纪律。

客人离开时，提醒客人检查随身物品是否带走，热情送客，并再次欢迎光临。必要时，可征询客人对服务的满意程度和意见及建议。

客人离开后，及时收拾茶具，擦清台面，清洁地面，桌椅按原位摆放整齐，整理各种服务用具，准备迎接下一批客人的到来。

三 茶艺服务交谈礼仪与技巧

茶艺服务人员在服务接待工作过程中，要向宾客提供面对面的服务，而与宾客进行交谈便成为茶艺服务的一部分。要体现茶艺馆主动、热情、耐心、周到、温馨的服务，茶艺服务人员必须注重与宾客交谈时的礼仪与技巧，具体需要注意以下几点。

（1）与宾客对话时，应站立并始终保持微笑。

（2）用友好的目光关注对方，思想集中，表情专注。

（3）认真听取宾客的陈述，随时察觉对方对服务的要求，以表示对宾客的尊重。

（4）无论宾客说出来的话是误解、投诉或无知可笑，也无论宾客说话时的语气多么严厉或不近人情，甚至粗暴，都应耐心、友善、认真地听取。

（5）即使在双方意见各不相同的情况下，也不能在表情和举止上流露出反感、藐视之意；只可婉转地表达自己的看法，而不能当面提出否定的意见。

（6）倾听过程中不要随意打断对方的谈话，也不要任意插话作辩解。

（7）倾听时要随时做出一些反应，不要呆若木鸡，可边微笑边点头倾听，同时还可以说“哦”、“我们会留意这个问题”等话作陪衬、点缀，表明自己在用心听，但这并不说明双方的意见完全一致。

除此之外，茶艺服务人员还可以用关切的询问、征求的态度、提议的问话和有针对性的回答来加深与宾客的交流，有效地提高茶艺馆的服务质量。

四 不同宾客接待服务的差异性

接待工作是茶艺馆进行正常营业的关键，要根据不同地域、民族、宗教信仰为宾客提供贴切的接待服务。同时，也要给予一些 VIP 宾客及特殊宾客恰到好处的关照。接待工作既能体现茶艺服务人员无微不至的关怀，更能突出茶艺馆高质量的服务水平。

1. 不同地域宾客的服务

（1）日本、韩国。

日本人和韩国人在待人接物以及日常生活中十分讲究礼貌，在为他们提供茶艺服务时要注重礼节。茶艺服务人员在为日本或韩国宾客泡茶时应注意泡茶的规范，因为他们不仅讲究喝茶，更注重喝茶的礼法，所以要让他们在严谨的沏泡技巧中感受到中国茶艺的风雅。

(2) 印度、尼泊尔。

印度人和尼泊尔人惯用双手合十礼致意，茶艺服务人员也可采用此礼来迎接宾客。印度人拿食物、礼品或敬茶时用右手，不用左手，也不用双手，茶艺服务人员在提供服务时要特别注意。

(3) 英国。

英国人偏爱红茶，并需加牛奶、糖、柠檬片等。茶艺服务人员在提供服务时应本着茶艺馆服务规程适当添加白砂糖，以满足宾客需求。

(4) 俄罗斯。

同英国人一样，俄罗斯人也偏爱红茶，而且喜爱“甜”，他们在品茶时吃点心是必备的，所以茶艺服务人员在服务中除了适当添加白砂糖外，还可以推荐一些甜味茶食。

(5) 摩洛哥。

摩洛哥人酷爱饮茶，加白砂糖的绿茶是摩洛哥人社交活动中一种必备的饮料。因此，茶艺服务人员在服务中添加白砂糖是必不可少的。

(6) 美国。

美国人受英国人的影响，多数人爱喝加糖和奶的红茶，也酷爱冰茶，茶艺服务人员在服务中要留意这些细节，在茶艺馆经营许可的情况下，尽可能满足宾客的需要。

(7) 土耳其。

土耳其人喜欢品饮红茶，茶艺服务人员在服务时可遵照他们的习惯，准备一些白砂糖，供宾客加入茶汤中品饮。

(8) 巴基斯坦。

巴基斯坦人以牛羊肉和乳类为主要食物，为了消食除腻，饮茶已成为他们生活的必需。巴基斯坦人饮茶风俗带有英国色彩，普遍爱好牛奶红茶，茶艺服务人员在服务中可以适当提供白砂糖。在巴基斯坦的西北地区流行饮绿茶，同样，他们也会在茶汤中加入白砂糖。

2. 不同民族宾客的服务

我国是一个多民族的国家，各民族历史文化有别，生活风俗各异，因此，茶艺服务人员要根据不同民族的饮茶风俗为不同的宾客提供服务。

(1) 汉族。

汉族大多推崇清饮，茶艺服务人员可根据宾客所点的茶品，采用不同方法为宾客沏泡。采用玻璃杯、盖碗沏泡时，宾客饮茶至杯的 1/3 水量时，需为宾客添水。为宾客添水 3 次后，需询问宾客是否换茶，此时茶味已淡。

（2）藏族。

藏族同胞喝茶有一定的礼节，喝第一杯时会留下一些，当喝过两三杯后，会把再次添满的茶汤一饮而尽，这表明宾客不想再喝了。这时，茶艺服务人员就不要再添水了。

（3）蒙古族。

在为蒙古族宾客服务时要特别注意敬茶时用双手，以示尊重。当宾客将手平伸，在杯口上盖一下，这表明宾客不再喝茶，茶艺服务人员可停止斟茶。

（4）傣族。

茶艺服务人员在为傣族宾客斟茶时，只斟浅浅的半小杯，以示对宾客的敬重。对尊贵的宾客要斟三道，这就是俗称的"三道茶"。

（5）维吾尔族。

茶艺服务人员在为维吾尔族宾客服务时，尽量当着宾客的面冲洗杯子，以示清洁。为宾客端茶时要用双手。

（6）壮族。

茶艺服务人员在为壮族宾客服务时，要注意斟茶不能过满，否则视为不礼貌；奉茶时要用双手。

3. 不同宗教宾客的服务

我国是一个多民族的国家，许多少数民族同胞几乎都信奉某种宗教，在汉族中也不乏宗教信徒。佛教、伊斯兰教、基督教等都有自己的礼仪与戒律，并且都很讲究严格遵守。为此，从事茶艺馆服务接待工作的人员，要了解宗教常识，以便更好地为信奉不同宗教的宾客提供贴切、周到的服务。

茶艺服务人员在为信奉佛教的宾客服务时，可行合十礼，以示敬意；不要主动与僧尼握手，在与他们交谈时不能随意问僧尼尊姓大名。

4. VIP 宾客的服务

（1）茶艺服务人员每天要了解是否有 VIP 宾客预订，包括时间、人数、特殊要求等都要清楚。

（2）根据 VIP 宾客的等级和茶艺馆的规定配备茶品。

（3）所用的茶品、茶食必须符合质量要求，茶具要进行精心的挑选和消毒。

（4）提前 20 分钟将所备茶品、茶食、茶具摆放好，确保茶食的新鲜、洁净、卫生。

5. 特殊宾客的服务

（1）对于年老、体弱的宾客，尽可能安排在离入口较近的位置，便于出入，并帮助他们就座，以示服务的周到。

(2) 对于有明显生理缺陷的宾客，要注意安排在适当的位置就座，能遮掩其生理缺陷，以示体贴。

(3) 如有宾客要求到一个指定位置，应尽量满足其要求。

知识链接

茶艺之美

茶文化里蕴含着美的要素，所以茶艺成了一种特殊的生活艺术。茶艺的美集中体现在它特有的美学特征上，茶艺美是一种综合的美，它融汇了音乐、服饰、舞蹈、书法、绘画等艺术门类的美，并对其加以修饰和完善，塑造于平和、恬静、超凡的中国古典的茶艺美，充分体现中华民族特有的审美追求与审美意识。当然，茶艺的美也是一种创造的美，茶艺美是通过茶艺师的表演来体现和完成的，需要茶艺师对茶进行创造与赋予美，使得原本不相融的人、茶、水、器、境、艺成为一体，为茶而演绎美。因此，要达到茶艺美，就必须做到人、茶、水、器、境、艺皆美，六美荟萃，相得益彰，才能使茶艺达到尽善尽美的完美境界。

1. 人之美

人是万物之灵，是社会的核心，所以人本主义者认为人的美是自然界美的最高形态，人的美是社会美的核心。费尔巴哈曾经这样说过："世界上没有什么比人更美丽，更伟大。"车尔尼雪夫斯基也认为："人是地球上最美的物类。"在茶艺诸要素中茶由人制、境由人创、水由人鉴、茶具器皿由人选择组合、茶艺程序由人编排演示，人是茶艺最根本的要素，同时也是景美的要素。从大的方面来讲，人的美有两层含义：一是作为自然人所表现的外在的形式美；另一方面是作为社会人所表现出的内在美。在茶艺表演的过程中，茶艺师将形式美和内在美展示，让人产生极致美的感受。人们把茶艺师最美的意境写照为："静如山岳磐石，动如行云流水，笑如山花自开，语如清泉滴翠。"

茶艺师待茶和待客的心灵美也蕴含其中，不论茶叶优劣都一样认真对待，不论客人贫富贵贱都一视同仁，不论重复多少次倒茶的动作始终虔诚如一。茶艺师的不疾不徐，茶艺师的涵养修为，都在她(他)倒给客人的每一杯茶里。从倒的每一杯茶里，把内心的美好、善良、公平、公正，如盛开的花一般，一一传达出去。

2. 茶之美

中华民族文化有一个传统，喜欢为美好的东西起一个美好的名字。古典美学创始者之一的庄子说："名者，实之宾也。"其意为：实物是主，名称是宾。对贵宾怠慢不得，所以取名很重要。我们在茶艺中赏析茶之美，不仅是欣赏茶的色、香、味、形之美，而且也要欣赏茶的名之美，如碧螺春、太平猴魁、仙人掌茶等，单就命名，就让人能感知意境美。我国是世界上茶类最丰富的国家，有绿茶、红茶、黄茶、白茶、青茶、黑茶六大类。茶的外形品质特征各异，绿如翠玉，红似骄阳，白胜瑞雪；黄茶叶黄汤亮，乌龙茶绿叶红镶边，黑茶棕红黑褐，变化神奇。茶在山中是一色，而干茶、汤色、叶底却五彩缤纷，配以各色茶盏，给人以美的遐想。以绿茶为例，由于加工工艺不同分为炒青型、烘青型、晒青型、蒸青型四种。而这四种工艺所加工的名茶按外形又可分为十大类：扁形、针形、螺形、眉形、兰花形、雀舌形、珠形、片形、曲形、菊花形，可谓千姿百态。在茶艺表演中，特别是冲泡时，杯中轻雾缥缈、澄清碧绿、芽叶朵朵、亭亭玉立，观之赏心悦目，是一种美的享受。自古茶之香、味都是文人吟咏的对象。龙井茶香清幽淡雅，铁观音香高持久，茉莉花茶鲜灵沁脾，范仲淹以“斗茶香兮薄兰芷”来赞美茶。茶有百味，茶汤的滋味与品茶人的心境有关，所谓“无味乃百味”就是如此。

3. 水之美

郑板桥写有一副茶联：“从来名士能评水，自古高僧爱斗茶。”这幅茶联十分生动地说明了“评水”是茶艺的一项基本功。早在唐代，陆羽在《茶经》中对宜茶用水做了明确的规定。他说：“其水用山水上、江水中、井水下。其沸如鱼目，微有声，为一沸。边缘如涌泉连珠，为二沸。腾波鼓浪，为三沸。已上，水老，不可食也。”好水遇见好茶是一种幸运，再遇见好的茶师，更是幸中之幸。明代茶人张源在《茶录》中写道：“茶者，水之神也；水者，茶之体也。非真水莫显其神，非精茶窥其体。”许次纾在《茶疏》中提出：“精茗蕴香，借水而发，无水不可论茶也。”张大复在《梅花草堂笔谈》中提出：“茶性必发于水。八分之茶，遇十分之水，茶亦十分矣；八分之水，试十分之茶，茶只八分耳。”以上论述均说明了在茶艺中精茶必须配美水，才能给人至高的享受。水以“清、轻、甘、冽、活”五项指标俱全才称得上宜茶美水。

4. 器之美

一个普通的直身玻璃杯，一只素雅的瓷质盖碗，一把古朴的紫砂壶，都能体现茶器之美，视觉效果好的茶具工艺美术效果令人叹为观止。《易·系辞》中记载：“形而上者谓之道，形而下者谓之器。”形而上是指无形的道理、法则、精神，形而下是指有形的物质。在茶艺中，我们既要重视形而上，即在茶艺中要以道驭艺，用无形的茶道去指导茶艺；受“美食不如美器”思想的影响，也要重视形而下，我国自古以来无论是饮还是食都极看重器之美。到了近代，茶的品种发展到六大类，上千种，现代茶器也极为丰富，主要以瓷、玻璃、紫砂为材质制成，瓷有白瓷、青瓷、红瓷，制成茶器十分美观。琳琅满目的茶具美不胜收，且蕴含丰富的文化内涵。精美的茶具不仅造型质朴自然，质地纯正，而且装饰古雅，内涵隽永，富有神韵，茶艺表演者通过这些茶器并通过茶席设计，使茶器更显美感。当然，茶具之美最重要的还在于它的实用性，因茶制宜，衬托茶之汤色，保持浓郁茶香，方便人们品饮。

5. 境之美

中国古典美学讲究“境”之美，茶作为“琴棋书画诗酒茶”的一部分，历来是风雅之事。“境”作为美学范畴，最早见于唐代诗人王昌龄的《诗格》中说：“身处于境，视境于心。莹然掌中，然后用思，了然境象，故得形似。”其后中国诗学一贯主张：“一切景语皆情语，融情于景，寓景于情，情景交融，自有境界。”人们普遍认为：“喝酒喝气氛，品茶品文化。”故品茶和作诗一样，也特别强调情景交融，特别重视境之美。品茶是诗意的生活方式，茶艺特别强调造境，要求做到环境美、意境美、人境美和心境美。四境俱美，才能达到中国茶艺至醇至美的境界。

6. 艺之美

茶艺的艺之美，主要包括茶艺程序编排的内涵美和茶艺表演的动作美、神韵美、服装道具美、配乐美等方面。表演茶艺的动作美和神韵美强调茶艺首先是一门艺术而不只是舞台艺术,其目的之一就是使茶艺的爱好者们对茶艺的艺术特点有正确的认识,这样在表演时才能准确把握个性,掌握尺度,表现出茶艺独特的美学风格。

茶艺之美,美在茶与人的交融。茶艺之美,美在品饮的过程。茶与人与器与水的交融过程,也就是茶艺师倒茶、分茶的过程。一个最简单的动作,一再重复,就是一种美。把一个最简单的动作,无数次重复,不厌其烦地把每一次重复都当作第一次做那样虔诚和认真,才是最美的。

项目小结

知识要点

1. 茶艺仪表仪态的要求。
2. 茶艺礼貌礼节的内容。
3. 茶艺接待准备工作。

技能要点

1. 茶艺接待中行为礼仪操作礼节。
2. 茶艺接待服务流程。
3. 茶艺服务中交谈礼仪和技巧。

项目实训

知识考核

思考题

1. 茶艺服务中的行茶礼仪是怎样的?
2. 茶艺接待服务的流程是怎样的?

能力考核

实训内容:茶艺接待服务。

实训目标:通过茶艺接待基础训练,掌握茶艺接待服务的基本流程,学习和掌握接待服务的基本技巧和方法。

实训过程:茶艺接待服务的基本步骤,即上岗准备—进入岗位—迎接宾客—引导领位—递送茶单—等候点茶—茶中服务—结账—送客—茶后工作。

课后要求学生撰写实训总结。

项目五 茶的冲泡

鲁迅先生曾说过，有好茶喝，会喝好茶，是一种“清福”。不过要享受这种“清福”，首先就须有功夫，其次是锻炼出的特别感觉。一杯好茶，关乎茶、水、器，还需泡茶的技巧要求，这样才会有茶应有的味道。本项目主要介绍茶叶的用量、用水的选择、茶具的搭配、泡茶的方法等茶艺基本要素知识。

◇学习目标

◢ 知识目标

了解茶叶冲泡的基础知识；熟悉泡茶选水的要求；掌握不同茶类的冲泡方法。

◢ 能力目标

掌握泡茶的要素；掌握不同种类的茶的冲泡方法。

◢ 素质目标

培养茶艺兴趣，感受品茶情趣；培养团队合作和自主探究学习的能力。

◇学习重点

六大类茶的冲泡方法。

◇学习难点

泡茶用水、用具及泡茶程序的控制。

情景导入

为什么水烧开了还不泡茶

王先生同几位朋友去茶艺馆喝茶聊天。平时他在家主要喝花茶，一把茶叶一个杯子，再加一壶开水即可。但今天朋友们都说喝绿茶对身体最有好处了，所以他也随波逐流地点了一杯碧螺春。茶艺服务员将茶具、茶叶一一摆在桌上，便开始进行冲泡服务。一会儿水烧开了，但是茶艺服务员只是将水壶关了，却没有开始冲泡。这下王先生着急了，他对服务员说："快点泡茶，一会儿水凉了泡出来的茶就不好喝了。"谁知他的话声未落，却引来一片笑声。经过茶艺服务员的解释，他才明白，原来并不是所有的茶叶都必须用开水冲泡，有的茶叶如果水温过高反而会影响茶汤的色、香、味、形，而且还没有营养了。

解析：不同茶叶的冲泡水温各不相同，尤其是一些高档绿茶，因其茶芽细嫩，如果水温过高不但会烫伤茶芽，而且会影响到茶汤特有的品质特点。作为一名茶艺工作人员，应熟练掌握不同茶叶的冲泡技巧。

任务一　茶之冲泡技巧

不同的人泡同一杯茶会有不同的滋味，茶可以因时、因地、因人的不同而有不同的味道。冲泡一杯好茶需要四大因素：泡茶用水的标准及温度、茶叶的用量、茶具的选用、茶叶的浸泡时间及冲泡次数。

一　茶与水的关系

"水为茶之母，器为茶之父"，用什么水泡茶，对茶的冲泡及效果起着十分重要的作用。

水是茶叶滋味和内含有益成分的载体，茶的色、香、味和各种营养保健物质，都要溶于水后，才能供人享用。而且水能直接影响茶质，张大复在《梅花草堂笔谈》中说："茶性必发于水，八分之茶，遇十分之水，茶亦十分矣；八分之水，试十分之茶，茶只八分耳。"因此，好茶须以好水配。

1. 用水的标准

最早提出水标准的是宋徽宗赵佶，他在《大观茶论》中写道："水以清、轻、甘、冽为美。轻甘乃水之自然，独为难得。"后人在他提出的"清、轻、甘、冽"的基础上又增加了个"活"字。

古人大多选用天然的活水，最好是泉水、山溪水；无污染的雨水、雪水其次；接着是江、河、湖、深井中的活水及净化的自来水，切不可使用池塘死水。唐代陆羽在《茶经》中指出："其水，用山水上，江水中，井水下。其山水，拣乳泉，石池漫流者上，其瀑涌湍漱，勿食之。"是说用不同的水，冲泡茶叶的结果是不一样的，只有佳茗配美泉，才能体现出茶的真味。

现代茶人认为"清、轻、甘、冽、活"五项指标俱全的水，才称得上宜茶美水。

其一，水质要清。水清则无杂、无色、透明、无沉淀物，最能体现茶的本色。

其二，水体要轻。北京玉泉山的玉泉水比重最轻，故被御封为"天下第一泉"。现代科学也证明了这一理论是正确的。水的比重越大，说明溶解矿物质越多功能。有实验结果表明，当水中的低价铁超过 0.1 ppm 时，茶汤发暗，滋味变淡；铝含量超过 0.2 ppm 时，茶汤便有明显的苦涩味；钙离子达到 2 ppm 时，茶汤带涩，而达到 4 ppm 时，茶汤变苦；铅离子达到 1 ppm 时，茶汤味涩而苦，且有毒性，所以水以轻为美。

其三，水味要甘。"凡水泉不甘，能损茶味。"所谓水甘，即一入口，舌尖顷刻便会有甜滋滋的美妙感觉。咽下去后，喉中也有甜爽的回味，用这样的水泡茶自然会增加茶的美味。

其四，水温要冽。冽即冷寒之意，明代茶人认为："泉不难于清，而难于寒"，"冽则茶味独全"。因为寒冽之水多出于地层深处的泉脉之中，所受污染少，泡出的茶汤滋味纯正。

其五，水源要活。"流水不腐"现代科学证明了在流动的活水中细菌不易繁殖，同时活水有自然净化作用，在活水中氧气和二氧化碳等气体的含量较高，泡出的茶汤特别鲜爽可口。

泡茶之雅

"龙井双绝"的传说

上有天堂，下有苏杭，自古以来杭州就是人们心目中最为向往的旅游城市，然而游览杭州有两个大家不得不知道的著名经典"龙井茶、虎跑水"，是闻名遐迩的西湖双绝。不过，虎跑泉的由来已无确实记载，只能成为一段尘封的历史了，并且只能用流传的一个传说故事来述说。

唐宪宗元和年间(公元 806—821 年)，高僧寰中(性空和尚)云游至虎跑附近，认为此地适合佛门修身养性，便有心栖禅于此，但缺乏生活用水。一日，小寺来了大虎、二虎兄弟俩，愿拜性空和尚为师，要为寺院挑水。但兄弟俩纵有千斤之力，也无法满足一个寺院生活用水的需要。一天，大虎忽然想起南岳衡山有口童子泉，甘冽香甜，适合寺院生活用水。于是，便和二虎一同去南岳衡山搬泉。他们用尽全力，泉却分毫不动，正在无计可施之机，护泉的小仙童指点道："只要你们兄弟俩愿意脱俗成虎，便可将泉移走。"兄弟俩当即同意，遂变成虎。于是，大虎背着仙童，二虎扛着泉，直奔杭州大慈山麓。一天夜里，性空正在打坐，梦见两虎正在禅房外刨地。又见泉水从石缝涌出，便成为泉。明代万历《杭州府志》也记载，唐元和十四年(公元 820 年)，高僧寰中居此，苦于无水，一日，梦见"二虎刨地作穴"，泉从穴中涌出，故名“虎刨泉”（见图5-1）。后又改名为“虎跑泉”，这就是虎跑泉的由来。如今，刻于石壁上的“虎跑泉”三个大字，出自西蜀书法家谭道一之手。

图5-1　虎跑泉

虎跑泉水其实是从后山石英砂岩中渗出来的一股泉水，水质极为清澈，还富含许多对人体有益的矿物质成分，是一种很珍贵的矿泉水。若将泉水盛于碗中，即使水面溢出碗沿两三毫米也不外溢。虎跑泉是全国三大名泉之一，虎跑泉周围有叠翠轩、五百罗汉堂、虎跑寺旧址、五代经幢、钟楼等。因济公在此圆寂，又建有济颠塔院。院内五幅浮雕记录了济公的生平事迹，正中一幅是济公平生像，从左至右分别是济公斗蟋蜂、古井运木、飞来峰传奇、疯僧扫秦。这座混凝土式的塔院，系民国初年建筑。济颠塔院的上方还建有李叔同纪念室。李叔同是我国近代著名的佛学高僧，法号弘一法师。纪念室建于1984年，室内分三个部分陈列着百余件李叔同生前的实物展品。纪念室门口还有一座弘一塔，是新中国成立后在丰子恺先生及新加坡广洽法师等人的资助下建造起来的。游“虎跑梦泉”景区，既可赏名山、名泉，又可访名寺、名僧。

好茶必须配以好水。泉水历来是各大品茶名家公认的泡龙井茶好水。清乾隆皇帝曾请名家品评各地名泉，结果是北京的玉泉为第一，镇江金山寺的中怜泉为第二，杭州的虎跑泉和无锡的惠山泉并列第三，因此虎跑泉又有“天下第三泉”之称。

2. 泡茶的水温

根据实验，用60 ℃的开水冲泡茶叶，与等量100 ℃的水冲泡茶叶相比，在时间和用茶量相同的情况下，茶汤中的茶汁浸出物含量，前者只有后者的45%—65%。也就是说，冲泡茶的水温高，茶汁就容易浸出；冲泡茶的水温低，茶汁浸出速度慢。“冷水泡茶慢慢浓”，说的就是这个意思。

泡茶的茶水一般以落开的沸水为好，这时的水温约 85 ℃。滚开的沸水会破坏维生素 C 等成分，而咖啡碱、茶多酚很快浸出，使茶味变得苦涩；水温过低则茶叶浮而不沉，内含的有效成分浸泡不出来，茶汤滋味寡淡，不香、不醇、淡而无味。

泡茶水温的高低，还与茶的老嫩、松紧、大小有关。大致说来，茶叶原料粗老、紧实、整叶的，要比茶叶原料细嫩、松散、碎叶的，茶汁浸出要慢得多，所以，冲泡水温要高。水温的高低，还与冲泡的品种花色有关。

具体说来，高级细嫩名茶，特别是高档的名绿茶，开香时水温为 95 ℃，冲泡时水温为 80—85 ℃。只有这样泡出来的茶汤色清澈不浑，香气纯正而不钝，滋味鲜爽而不熟，叶底明亮而不暗，使人饮之可口，视之动情。如果水温过高，汤色就会变黄；茶芽因“泡熟”而不能直立，失去欣赏性；维生素遭到大量破坏，降低营养价值；咖啡碱、茶多酚很快浸出，又使茶汤产生苦涩味，这就是茶人常说的把茶“烫熟”了。反之，如果水温过低，则渗透性较低，往往使茶叶浮在表面，茶中的有效成分难以浸出，结果，茶味淡薄，同样会降低饮茶的功效。大宗红、绿茶和花茶，由于茶叶原料老嫩适中，故可用 90 ℃左右的开水冲泡。

冲泡乌龙茶、普洱茶和沱茶等特种茶，由于原料并不细嫩，加之用茶量较大，所以，须用刚沸腾的 100 ℃开水冲泡。特别是乌龙茶为了保持和提高水温，要在冲泡前用滚开水烫热茶具；冲泡后用滚开水淋壶加温，目的是增加温度，使茶香充分发挥出来。

判断水的温度可先用温度计和计时器测量，等掌握之后就可凭经验来断定了。当然所有的泡茶用水都得煮开，以自然降温的方式来达到控温的效果。

二 茶叶的用量

1. 茶的品质

茶叶中各种物质在沸水中浸出的快慢与茶叶的老嫩和加工方法有关。氨基酸具有鲜爽的性质，因此茶叶中氨基酸含量多少直接影响着茶汤的鲜爽度。名优绿茶滋味之所以鲜爽、甘醇，主要是因为氨基酸的含量高和茶多酚的含量低。夏茶氨基酸的含量低而茶多酚的含量高，所以茶味苦涩。故有“春茶鲜、夏茶苦”的谚语。

2. 茶与水的比例

茶叶用量应根据不同的茶具、不同的茶叶等级而有所区别，一般而言，水多茶少，滋味淡薄；茶多水少，茶汤苦涩不爽。因此，细嫩的茶叶用量要多；较粗的茶叶，用量可少些，即所谓“细茶粗吃”、“精茶细吃”。

普通的红、绿茶类（包括花茶），可大致掌握在 1 克茶冲泡 50—60 毫升水。如果是 200 毫升的杯（壶），那么，放上 3 克左右的茶，冲水至七八成满，就成了一杯浓淡适宜的茶汤。若饮用云南普洱茶，则需放茶叶 5—8 克。

乌龙茶因习惯浓饮，注重品味和闻香，故要汤少味浓，用茶量以茶叶与茶壶比例来确定，投茶量大致是茶壶容积的 1/3 至 1/2。广东潮汕地区，投茶量达到茶壶容积的 1/2 至 2/3。

茶、水的用量还与饮茶者的年龄、性别有关，大致来说，中老年人比年轻人饮茶要浓，男性比女性饮茶要浓。如果饮茶者是老茶客或是体力劳动者，一般可以适量加大茶量；如果饮茶者是新茶客或是脑力劳动者，可以适量少放一些茶叶。一般来说，茶不可泡得太浓，因为浓茶有损胃气，对脾胃虚寒者更甚，茶叶中含有鞣酸，太浓太多，可收缩消化黏膜，妨碍胃吸收，引起便秘和牙黄，同时，太浓的茶汤和太淡的茶汤不易体会出茶香嫩的味道。古人谓饮茶"宁淡勿浓"是有一定道理的。

三 茶具的选用

茶与茶具的关系极为密切，好茶须用好茶具泡饮，才能相得益彰。选择适宜的茶具泡茶，能增加茶汤的质量，增添茶艺的乐趣和魅力，正所谓"茶因器美而生韵，器因茶珍而增彩"。如何选用茶具，要因茶制宜，茶的种类繁多，对茶具的质地、大小都有一定的要求。

随着红茶、绿茶、乌龙茶、黄茶、白茶、黑茶等茶类的形成，人们对茶具的种类和色泽、质地和式样，以及茶具的轻重、厚薄、大小等提出了新的要求。一般来说，为保香可选用有盖的杯、壶或碗泡茶；饮乌龙茶，重在闻香啜味，宜用紫砂茶具泡茶；饮用红碎茶或工夫茶，可用瓷壶或紫砂壶冲泡，然后倒入白瓷杯中饮用；冲泡西湖龙井茶、洞庭碧螺春、君山银针、黄山毛峰、庐山云雾茶等细嫩名优茶，可用玻璃杯直接冲泡，也可用白瓷杯冲泡。

中国民间，向有"老茶壶泡，嫩茶杯冲"之说。老茶用壶冲泡，一是可以保持热量，有利于茶汁的浸出；二是较粗老茶叶，由于缺乏欣赏价值，用杯泡茶，暴露无遗，用来敬客，不太雅观，又有失礼之嫌。而细嫩茶叶，选用杯泡，一目了然，会使人产生一种美感，达到物质享受和精神欣赏双丰收，正所谓"壶添茗情趣，茶增壶艺价值"。

但不论冲泡何种细嫩名优茶，杯子宜小不宜大。大则水量多，热量大，而使茶芽泡熟，茶汤变色，茶芽不能直立，失去姿态，进而产生熟汤味。

此外，冲泡红茶、绿茶、乌龙茶、白茶、黄茶，使用盖碗，也是可取的，只是碗盖的使用，则应依茶而论。

四 茶叶的浸泡时间及冲泡次数

1. 茶叶的浸泡时间

茶叶冲泡时间差异很大，与茶叶种类、泡茶水温、用茶数量和饮茶习惯等都有关。

如用茶杯泡饮普通红、绿茶，每杯放干茶 3 克左右，用沸水约 150—200 毫升，冲泡时宜加杯盖，避免茶香散失，时间以 3—5 分钟为宜。时间太短，茶汤色浅淡；茶泡久了，增加茶汤涩味，香味还易丧失。不过，新采制的绿茶可冲水不加杯盖，这样汤色更艳。另用茶量多的，冲泡时间宜短，反之则宜长。质量好的茶，冲泡时间宜短，反之宜长些。

茶的滋味是随着时间延长而逐渐增浓的。据测定，用沸水泡茶，首先浸出来的是咖啡碱、维生素、氨基酸等，大约到 3 分钟时，含量较高。这时饮起来，茶汤有鲜爽醇和之感，但缺少饮茶者需要的刺激味。以后，随着时间的延续，茶多酚浸出物含量逐渐增加。因此，为了获取一杯鲜爽甘醇的茶汤，对大宗红、绿茶而言，头泡茶以冲泡后 3 分钟左右饮用为好，若想再饮，到杯中剩有三分之一茶汤时，再续开水，以此类推。

对于注重香气的乌龙茶、花茶，泡茶时，为了不使茶香散失，不但需要加盖，而且冲泡时间不宜过长，通常 2—3 分钟即可。由于泡乌龙茶时用茶量较大，因此，第一泡 1 分钟就可将茶汤倾入杯中，自第二泡开始，每次应比前一泡增加 15 秒左右，这样要使茶汤浓度不致相差太大。

白茶冲泡时，要求沸水的温度在 70 ℃左右，一般在 4—5 分钟后，浮在水面的茶叶才开始徐徐下沉，这时，品茶者应以欣赏为主，观茶形，察沉浮，从不同的茶姿、颜色中使自己的身心得到愉悦，一般到 10 分钟，方可品饮茶汤。否则，不但失去了品茶艺术的享受，而且饮起来淡而无味，这是因为白茶加工未经揉捻，细胞未曾破碎，所以茶汁很难浸出，以至浸泡时间须相对延长，同时只能重泡一次。

另外，冲泡时间还与茶叶老嫩和茶的形态有关。一般说来，凡原料较细嫩，茶叶松散的，冲泡时间可相对缩短；相反，原料较粗老，茶叶紧实的，冲泡时间可相对延长。总之，冲泡时间的长短，最终还是以适合饮茶者的口味来确定为好。

2. 茶叶的冲泡次数

茶叶冲泡的次数，应根据茶叶种类和饮茶方式而定。据测定，茶叶中各种有效成分的浸出率是不一样的，最容易浸出的是氨基酸和维生素 C；其次是咖啡碱、茶多酚、可溶性糖等。一般茶冲泡第一次时，茶中的可溶性物质能浸出 50%—55%；冲泡第二次时，能浸出 30% 左右；冲泡第三次时，能浸出约 10%；冲泡第四次时，只能浸出 2%—3%，几乎是白开水了。所以，通常以冲泡三次为宜。

如饮用颗粒细小、揉捻充分的红碎茶和绿碎茶，由于这类茶的内含成分很容易被沸水浸出，一般都是冲泡一次就将茶渣滤去，不再重泡。速溶茶，也是采用一次冲泡法，工夫红茶则可冲泡 4—6 次。而条形绿茶如眉茶、花茶通常只能冲泡 2—3 次。白茶和黄茶，一般也只能冲泡 2 次，最多 3 次，但老白茶基本可以冲泡 4 次以上。

品饮乌龙茶多用小型紫砂壶，在用茶量较多时（约半壶）的情况下，可连续冲泡 4—6 次，甚至更多。

任务二　绿茶之冲泡

绿茶属不发酵茶，是中国产量最多，饮用最为广泛的一种茶，被称为“国饮”。绿茶外观千姿百态，汤色碧绿清澈，香气馥郁清幽，滋味鲜爽，回味无穷，品之神清气爽。

一　绿茶冲泡要领

冲泡绿茶一般以 85 ℃左右的水温为宜，根据茶叶的品种、鲜嫩程度不同适当调整水温。清明节前后一周左右采摘的绿茶及一些高档名优的绿茶，因茶芽细嫩，水温可低一些，80 ℃左右的水温即可，若水温过高，易烫熟茶叶，茶汤变黄，滋味较苦。粗老的低档绿茶可用 95 ℃左右的水温来冲泡，若水温过低，则渗透性差，茶味淡薄。

冲泡绿茶一般选用玻璃杯，以便欣赏杯中茶汤的优美形态和碧绿茶汤。采用透明玻璃杯，看茶芽在水中缓慢舒展，上下翻滚，徐徐沉入水中，姿态婀娜，“绿茶之舞”尽收眼底，美不胜收。在现代茶艺馆，也有茶艺师选用盖碗杯给客人冲泡绿茶，即将茶水冲泡好之后，将茶汤注入公道杯，再注入品茗杯供客人品饮。但此种方法不适合细嫩的绿茶，易把茶芽闷熟，影响茶汤口感。原料比较粗老的大宗绿茶也可用壶泡法，因其色香味形比较逊色，基本不具有观赏性。

绿茶茶与水的比例以 1∶50 为宜，即 1 克茶叶用 50 毫升左右的水量。这样冲泡出来的茶汤浓淡适宜，口感鲜爽。但在实际冲泡中，也可根据自己的情况适当调整，喜浓者可多增加茶量，喜淡者可少加茶。

冲泡绿茶一般以前三次为最佳，第三泡后滋味已经开始变淡。当茶杯中只剩下 1/3 茶汤时就该续水，注入温度高一点的水，才能保证续水后茶汤的温度和浓度，达到最佳的冲泡效果。冲泡好的绿茶应在 3—6 分钟内饮用完毕，不可久放，放置 6 分钟后，失去了绿茶的鲜爽口感。

玩茶之心

绿茶的冷泡法

冷泡法是日韩传过来的一种茶叶喝法。茶叶用冷水一样可以泡出好味道，而且冷泡茶能保留茶叶里更多的维生素。但是并不是所有的茶叶都适合冷泡，茶叶能否冷泡与茶叶的含磷度有关，含磷度越低的茶叶越适合冷泡，而茶叶的含磷度与茶叶的发酵度有关，发酵越高含磷度越高。如普洱茶、红茶条索紧结，需用沸水才能冲泡开茶叶，让茶叶的味道和香味散发出来，如用冷水冲泡味道不能出来。而绿茶和白茶可以用冷水来冲泡。

因为绿茶属于不发酵茶，所以冷泡的效果会更好。选用鲜嫩的绿茶，用温水将绿茶茶叶清洗一遍，放入水杯中注入冷开水，常温下或者冰箱中冷藏2小时左右，待茶叶完全舒展开来，茶水变成淡绿色即可饮用。但脾胃虚弱、手脚易冰凉的人不适宜饮用绿茶。

二 绿茶冲泡方法

冲泡绿茶有三种常用的方法，上投法、中投法和下投法。

上投法即先一次性向玻璃杯中注足热水，待水温适度时再投放茶叶，这种方法多适用于炒青和烘青等细嫩度极好的绿茶，如洞庭碧螺春、蒙顶甘露等。此法水温要掌握得非常准确，越是嫩度好的茶叶，水温要求越低，有的茶叶可等待至 70 ℃时再投放。

中投法在投放茶叶后，先注入三分之一热水，待茶叶吸足水分，舒展开来后，再注满热水。此法适用于虽细嫩但很松展或很紧实的绿茶，如西湖龙井、黄山毛峰等。

下投法先投放茶叶，然后一次性向玻璃杯中注足热水。此法适用于紧结细嫩度较差的绿茶。

下面以下投法来演示绿茶的冲泡程序。

1. 准备茶叶和茶器

选用透明的玻璃杯，竹叶青采用下投法来冲泡(见图 5-2)。

图 5-2 准备茶叶

2. 温器

采用回旋斟水法，将开水倒入玻璃杯以提高杯子的温度，轻轻晃动玻璃杯，使杯子均匀受热，并将杯中水倒出(见图 5-3)。

图 5-3 温器

3. 投茶

用茶匙轻轻拨取茶叶，均匀地投入玻璃杯中(见图 5-4)。

4. 润茶

等水凉到 85 ℃左右，向玻璃杯中注入 1/3 杯开水，轻轻摇晃玻璃杯，使茶叶和水充分融合(见图 5-5)。

图 5-4 投茶

图 5-5 润茶

5. 高冲水

再次提壶向杯中注入开水，静置一分钟，看茶叶慢慢舒展开来(见图 5-6)。

6. 奉茶

左手托杯底，右手握住杯身中上部，给客人奉茶(见图 5-7)。

7. 闻香

将玻璃杯从左向右滑动以闻茶香(见图 5-8)。

图 5-6　高冲水

图 5-7　奉茶

图 5-8　闻香

8. 品饮

饮茶，茶汤鲜雅，回味甘甜（见图 5-9）。

图 5-9　品饮

任务三　红茶之冲泡

红茶属全发酵茶，具有红汤红叶的外观特征，色泽明亮鲜艳，味道香甜甘醇。

一 红茶冲泡要领

对于高档红茶，适宜用 95 ℃左右的水温冲泡，稍差一点的用 95—100 ℃的水温即可。注水时，要将水壶略微抬高一点，让水柱一倾而下，这样可以利用水流的冲击力将茶叶充分浸润，以利于茶香味的充分散发。

冲泡红茶最适宜用白色瓷杯或瓷壶，瓷器质地莹白，以衬托红茶茶汤的红艳。一般来说，工夫红茶、小种红茶、速溶红茶等大多采用杯饮法，即置入白瓷杯或盖碗中，用沸水冲泡后饮用。红碎茶和片末红茶则多采用壶饮法，即把茶叶放入壶中，冲泡后分离茶渣和茶汤，从壶中慢慢倒出茶汤，分至品茗杯中饮用。

红茶的投茶量原则上与绿茶类似，茶水比例为 1∶50，即 1 克茶叶用 50 毫升左右的水量。过浓或过淡都会减弱茶叶本身的醇香。如用壶冲泡，根据茶具容量大小、饮用人数和茶的不同品性而定，一般投入 5—10 克的红茶为宜。

冲泡红茶最好使用盖子，让红茶在封闭环境中充分受热舒展。根据红茶种类不同，等待时间也有少许不同，原则上细嫩红茶时间短，约 2 分钟；中叶茶叶约 2 分半钟；大叶茶叶约 2 分半钟。如是袋泡红茶，时间更短，大约 40—90 秒即可，泡好的茶叶不要久放，放久后茶中的茶多酚会迅速氧化，茶味变涩。红条茶可冲泡 3—5 次或更多，红碎茶一般 1—2 次就应换茶。

识茶之趣

红茶的“冷后浑”现象

在冲泡一杯品质好的红茶时，将茶汤放置待凉，茶汤就会出现浅褐色或橙色乳状的浑浊现象——这种现象，即被称为“冷后浑”。那么冷后浑是如何产生的？

茶叶中有许多种成分，其中有一类在化学结构上有共同之处，统称为茶多酚，现在已经识别出了有几十种。在未经加工的茶叶中，茶多酚大多数以儿茶素的形态存在。红茶制作中要进行充分的氧化，许多儿茶素会转化成茶黄素。

茶黄素的溶解度受温度影响比较大。在高温下，它还能好好地待在茶汤中。当温度降低，它们就开始扎堆。温度越低，扎的堆就越大。大到一定程度——大致相当于牛奶中的乳滴大小，看起来就是茶汤变浑浊了。

红茶“冷后浑”现象的产生，与红茶中的茶黄素等成分密切相关，茶中的茶黄素等成分含量越高，就越容易出现“冷后浑”。茶黄素是红茶最关键的标志成分——“冷后浑”意味着它的含量足够高，“冷后浑是好茶的标志”之说，也就主要是这个原因。茶中还有一种成分是咖啡碱，而且，咖啡碱非常喜欢茶黄素。

而茶黄素与咖啡碱的络合产物溶解度更低，更容易扎堆变大，更容易导致“冷后浑”的出现。但出现“冷后浑”的主导因素，还是茶黄素。

二 红茶冲泡方法

红茶可清饮，可调饮。清饮红茶追求的是红茶本身的香气和滋味，红条茶适合清饮；调饮红茶兼具红茶和调饮材料的香气和滋味，红碎茶适合做调饮红茶。

清饮法是指将茶叶放入茶壶中，加沸水冲泡，然后注入茶杯中细细品饮，不在茶汤中加入任何调味品，品味的完全是红茶固有的芬芳。

调饮法在现代广为流行，尤其受到年轻人的喜爱。调制牛奶红茶的制作方法：先将适量红茶放入茶壶中，茶叶用量比清饮稍多些，然后冲入热开水，约 5 分钟后，从壶嘴倒出茶汤放在咖啡杯中；如果是红茶袋泡茶，可将一袋茶连袋放在咖啡杯中，用热开水冲泡 5 分钟，弃去茶袋。然后往茶杯中加入适量牛奶和方糖，牛奶用量以调制成的奶茶呈橘红、黄红色为度。奶量过多，汤色灰白，茶香味淡薄，奶量过少，失去奶茶风味，糖的用量因人而异，以适口为度。

下面以清饮法来演示红茶的冲泡程序。

1. 准备茶叶和茶器

采用白瓷壶、公道杯、品茗杯，冲泡条形红茶（见图 5-10）。

图 5-10　准备茶叶和茶器

2. 温具

向壶中注入开水温具，将温具的水倒入公道杯，温烫公道杯和品茗杯(见图 5-11)。

图 5-11 温具

3. 投茶

将茶荷中的红茶轻轻拨入茶壶中(见图 5-12)。

图 5-12 投茶

4. 洗茶

向壶中注入开水，摇晃，并将壶中的茶汤迅速倒掉，以达到洗茶的目的(见图 5-13)。

5. 高冲

再次向壶内注入开水，盖好盖冲泡 2 分钟左右(见图 5-14)。

6. 分茶

将冲泡好的红茶汤倒入公道杯，再依次均匀地倒入品茗杯(见图 5-15)。

图 5-13　洗茶

图 5-14　高冲

图 5-15　分茶

7. 品茗

端杯置于鼻端，散发阵阵甜香，品一口滋味醇厚(见图 5-16)。

图 5-16　品茗

任务四　白茶之冲泡

白茶属轻微发酵茶，是中国茶叶中的特殊珍品。茶叶根据鲜叶采摘的标准分为芽茶和叶茶，茶毫颜色如银似雪，汤色黄绿清澈，香气清鲜，滋味清淡回甘，令人回味无穷。

一 白茶冲泡要领

福建有句俗话："白茶一年为茶，三年是药，七年是宝。"所以白茶的冲泡也应根据新老程度选择不同的水温，新白茶如白毫银针，冲泡水温不宜太高，一般掌握在75—85 ℃为宜，可充分泡出茶叶里的营养；陈年白茶因在存放过程中，茶叶内部逐渐发生变化，以选用90—95 ℃的沸水为宜，这样才能将茶叶的内涵物质浸润出来，茶汤口感醇厚。

冲泡新白茶为便于观赏，可选用玻璃杯或透明玻璃盖碗杯，欣赏茶的形与色，观赏冲泡中的茶叶，叶面渐渐舒展，一芽一叶或一芽二叶，或芽头，茶汤颜色湖绿微黄，清而透明，细细的茸毫布满杯中，上下轻轻跳动；冲泡老白茶既可选用白瓷盖碗杯，也可用紫砂茶壶，同时也可置入铁壶或陶器壶中煮饮，老白茶的药香、糯香和枣香能尽情散发。

白茶的注茶量根据茶具的不同而有所区别，一般玻璃杯以 3 克白茶量最为适宜；盖碗杯根据容量的大小来定，一般投茶量为盖碗量的三分之一，以 3—5 克为宜；紫砂壶根据壶容积以 5—7 克为宜；若老白茶煮饮，选用 9 克老白茶，可入冷水慢慢煎，亦可是水先沸，然后投入茶，再温火慢炖两三分钟出汤品饮。

白茶的制法特殊，不炒不揉，茶汁的浸出速度较慢，所以冲泡所需的时间较长，注水之后经过大约 5 分钟才适宜饮用。

二 白茶冲泡方法

白茶的冲泡方法选用回旋注水法，轻轻地将适量开水沿杯周边旋转冲入，注水量为杯子的 1/4—1/3，没过茶叶即可。一会儿后，被水浸湿的茶叶渐渐舒展茶芽，并开始散发茶香。这时采用高冲法，让水由高处向下冲入，使杯中茶叶在水的冲击下上下翻滚。下面选用老白茶来演示白茶的冲泡程序。

1. 准备茶叶和茶器

采用盖碗杯、公道杯、品茗杯，准备贡眉（见图 5-17）。

2. 温具

向盖碗杯中注入少量开水，温烫盖碗杯、公道杯和品茗杯（见图 5-18）。

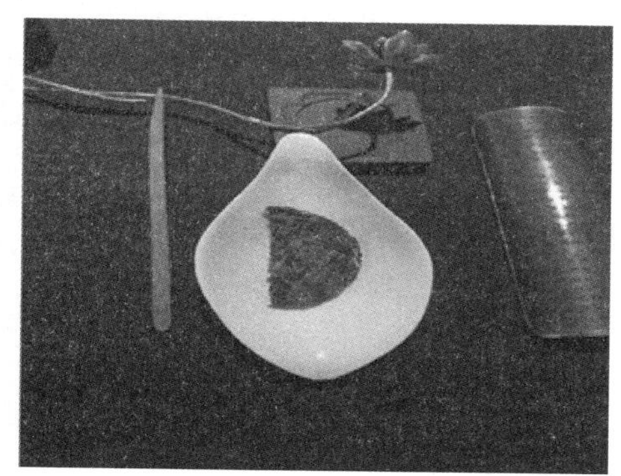

图 5-17　准备茶叶和茶器

图 5-18　温具

3. 投茶

将干茶投入盖碗杯中(见图 5-19)。

4. 润茶

向盖碗杯中注入少量开水，浸润茶叶，再高冲水至七分满，盖上碗盖，泡 2 分钟即可(见图 5-20)。

5. 分茶

将冲泡好的茶汤倒入公道杯，再依次均匀地倒入品茗杯(见图 5-21)。

6. 献茶品茗

双手持品茗杯献给客人品饮，闻香品茶，感受白茶的清新淡雅(见图 5-22)。

图 5-19　投茶

图 5-20　润茶

图 5-21　分茶

图 5-22　献茶品茗

任务五　黄茶之冲泡

黄茶属轻微发酵茶，是中国的特产，在各大茶类中品种较少，产量也很少。黄茶芽头肥壮，紧结挺直，色泽金黄光亮，汤色杏黄明净，香气清高，叶底嫩黄，口味圆滑醇爽，口有回甘，收敛性强。

一 黄茶冲泡要领

冲泡黄茶一般用 85 ℃左右的热水，黄茶经过沤制，茶中的营养成分大多已具有可溶性，一般的沸水即可使营养物质溶解，因此水温要求不是很高，水温过高会泡熟茶芽。

黄茶香气浓郁，冲泡器具可用瓷器，也适合用玻璃器皿赏形，以便欣赏杯中茶汤的优美形态和碧绿茶汤。采用透明玻璃杯，在水和热的作用下，可看见茶芽渐次直立，上下沉浮，并且在芽尖上有晶莹的气泡。茶姿的形态、茶芽的沉浮、气泡的发生等，都是其他茶冲泡时罕见的。

黄茶茶与水的比例以 1∶50 为宜，即 1 克茶叶用 50 毫升左右的水量。黄茶的出汤每次出 2/3，这样每泡的茶汤口感更佳，可冲泡四泡左右，四泡后茶汤的可浸出物大约有 80%。黄茶因制作时几乎未曾经过揉捻，加之冲泡时水温又低，茶汁浸出不易，就得加长冲泡时间。所以，黄茶的冲泡时间通常在 5 分钟后才开始品茶。

二 黄茶冲泡方法

黄茶的性质接近于绿茶，所以可以用绿茶的冲泡程序来冲泡黄茶。黄茶中的君山银针很有特色，是我国名茶中的佼佼者，在冲泡时会出现“三起三落”的现象，是由茶芽比重的变化决定的。茶芽刚刚落入杯中，因体轻而浮在水面，后因吸水变重而沉入杯底，然而随后因为芽头体积的膨大，茶芽的比重会变轻，就从杯底升起来，此后，茶芽还可以重复这一过程。

下面以碗泡法来演示黄茶的冲泡程序。

1. 摆具赏茶

采用茶碗、品茗杯，冲泡蒙顶黄芽(见图 5-23)。

图 5-23　摆具赏茶

2. 温碗洁具

向茶碗中注入开水，轻轻摇晃茶碗，将开水注入公道杯，再温烫品茗杯(见图 5-24)。

图 5-24 温碗洁具

3. 茶荷投茶

将茶荷中的蒙顶黄芽轻轻拨入茶碗中(见图 5-25)。

图 5-25 茶荷投茶

4. 润茶冲茶

向碗中注入少量开水润茶，再提壶以高冲法向碗中注入开水(见图 5-26)。

5. 分茶品饮

用水勺将茶碗中的茶汤舀入品茗杯，欣赏杯中茶汤，汤色黄亮，滋味鲜醇回甘(见图 5-27)。

图 5-26 润茶冲茶

图 5-27 分茶品饮

任务六 黑茶之冲泡

黑茶属后发酵茶，黑茶最初在边区少数民族地区盛行，近年来在社会上流行甚广。黑茶成品茶大多为紧压茶，原料较为粗老，色泽呈黑褐色，带有独特的陈香，汤色为红褐色或橙黄色，滋味醇厚爽滑。

一 黑茶冲泡要领

冲泡黑茶一般以 100 ℃滚烫的沸水为宜，因为黑茶历经漫长的发酵，茶料较老，需要在比较高的温度才能释放出茶汤的美味，如果水温过低，茶汤的颜色就不能充分释放，口感显得比较沉，颜色也不够美丽。但黑茶中的生普洱和熟普洱，由于制作工艺的不同，水温的高低也应不同，生普洱水温较低，熟普洱水温较高。

冲泡绿茶一般选用宜兴紫砂壶和瓷器盖碗。尤以壁厚、粗犷、茶肚比较大的紫砂壶为佳，由于黑茶适宜用高温来唤醒茶叶及浸出茶容物，而这种紫砂壶的透气性好且保温性好，有利于提高黑茶的醇度，提高茶汤的亮度，保持黑茶的原味。而由于盖碗清雅的风格最能反映黑茶色彩的美，可以自由地欣赏黑茶茶汤的色泽变化，故盖碗杯为现代黑茶茶艺最常用的冲泡器皿。公道杯的选择以透明玻璃为最好，可观赏黑茶亮丽而多变的茶汤颜色。原料粗老的黑茶也适合煮饮，因此也可用铁壶或陶壶煮饮黑茶。

黑茶茶与水的比例为 1∶50—1∶30，煎煮比例为 1∶80，若用茶壶冲泡，置茶量则一般为壶的 1/2 或 1/3。

黑茶耐冲泡，一般可冲泡 5 次以上，冲泡黑茶必须要洗茶或润茶，即第一次冲入的沸水要倒掉，必要时可重复一至两次，水要滚开，倒出的水要快，一般在 30 秒内要把茶汤倒出，以后每泡累加 20 秒，可冲泡 5—8 次。茶性不同决定了茶的冲泡方法也各不相同，有的黑茶浸泡出味时间长，有的浸泡出味时间短，这也是由于传统茶与现代茶制法的不同造成的。传统晒青茶大多是茶农手工揉捻，揉捻时间较短，揉捻程度较轻，因而茶味的浸出时间相对较缓慢，冲泡次数更多。现代黑茶多数为机器加工，揉捻时间较长，程度较重，因而冲泡时出味相对较快，而冲泡次数略少。

二 黑茶冲泡方法

采用工夫泡法，可现冲现饮，每次倒干，不留茶根。茶壶的容积因饮茶者的数量而定。对于熟普洱和苦涩味较重的生普洱来说，可采用快进快出法避免茶汤过浓发黑和滋味过于苦涩。冲水的时候尽量避免高冲法，可使用缓慢轻柔的环泡法，便于泡出普洱茶特有的醇厚滋味。

根据普洱茶的品质特点和耐泡的特性，也可用盖碗泡法，因用盖碗能产生高温宽壶的效果，普洱茶为陈茶，在盖碗内，经滚沸的开水高温消毒、洗茶，将普洱茶表层的不洁物和异味洗去，就能充分释放出普洱茶的真味。

同时，黑茶也能采用煮饮法，原料越粗老的黑茶越适合煮饮，如湖北黑茶、湖南黑茶、四川黑茶等，煮饮比泡饮滋味更加醇和。目前我国生产的紧压茶大多为砖茶，由于与散茶不同，甚为紧实，所以用开水冲泡难以浸出茶汁，饮用时需先将茶汁捣碎，在锅或壶内烹煮。且在烹煮过程中，还要不断搅拌，以使茶汁充分浸出，并在茶汤中加入牛奶、盐、糖等，可调饮成不同风格的奶茶。这种方法在中国高原地带的少数民族地区运用较广，如蒙古族的咸奶茶、藏族的酥油茶等。

下面以紫砂壶泡法来演示黑茶的冲泡程序。

1. 准备茶器和茶叶

采用紫砂壶、玻璃公道杯、品茗杯，冲泡黑茶（见图 5-28）。

2. 温具

向紫砂壶中注入开水温壶，将温壶的水倒入公道杯，温烫公道杯和品茗杯（见图 5-29）。

图 5-28 准备茶器和茶叶

图 5-29 温具

3. 投茶

将茶荷中的黑茶轻轻拨入茶壶中(见图 5-30)。

图 5-30 投茶

4. 润茶

向壶中注入开水，轻摇壶身，并将润茶的水快速倒入茶盘，也可根据茶质快速润茶 1—2 次(见图 5-31)。

图 5-31 润茶

5. 冲泡

再次向壶内注入开水，刮沫，盖好壶盖(冲泡)(见图 5-32)。

图 5-32 冲泡

6. 斟茶

将冲泡好的茶汤斟入公道杯，再均匀地分到各品茗杯中(见图 5-33)。

7. 赏汤品茶

观赏黑茶清亮的汤色，滋味醇和回甘(见图 5-34)。

图 5-33 斟茶

图 5-34 赏汤品茶

任务七 乌龙茶之冲泡

乌龙茶属半发酵茶，是中国几大茶类中独具鲜明特色的茶叶品类，在六大茶类中，乌龙茶的工艺最复杂费时，泡法也最讲究，所以喝乌龙茶也称为喝“工夫茶”。乌龙茶条索肥壮结实，色泽青绿乌褐或砂绿乌润，有花香、果香，汤色橙黄明亮，滋味醇厚鲜爽。

一 乌龙茶冲泡要领

冲泡乌龙茶水温必须要高，以刚刚沸腾的水为宜。乌龙茶由于包含某些特殊的芳香物质，需要在高温的条件下才能完全发挥出来，要求水沸之后立即冲泡，水温为 100 ℃。水温高，茶汁浸出率高，茶叶中的有效成分才能被充分浸泡出来，茶味浓，茶香易发，滋味也醇，更能品出乌龙茶特有的韵味。如水温偏低，茶就会显得淡而无味。煮茶的水不可烧太长时间，沸腾时间太长的水也不利于泡茶。

品饮乌龙茶，首重风韵，讲究用小杯慢慢品啜，闻香玩味。潮汕工夫茶历史悠久，茶具配套，小巧精致，称为“四宝”，即玉书煨（开水壶）、潮汕烘炉（火炉）、孟臣罐（茶壶）、若琛瓯（茶杯）。乌龙茶茶具可选择紫砂茶具或盖碗茶具，也可选用做工精美的白瓷或青花瓷茶具。紫砂茶具是冲泡乌龙茶最好的茶具，用紫砂壶泡茶，既无熟汤味，同时还能保持茶的真香真味，其颜色也和乌龙茶相互衬托。

乌龙茶采用杯泡时，茶与水的比例为 1∶22；壶泡时，外形紧结弯曲，呈颗粒状的茶，如铁观音、冻顶乌龙等一般投放量为壶容积的 1/4—1/3，外形紧结呈条形的茶叶，如大红袍、凤凰单丛等一般投放量为壶容积的 1/3—4/5。一般以茶叶冲泡吸水膨胀后不超过壶口的茶叶量为宜。

冲泡乌龙茶按照先短后长，顺次延长的原则。浸泡的时间过长，茶必熟汤失味且苦涩。出汤太快则色浅味薄没有韵。冲泡乌龙茶应视其品种、室温、客人口感以及选用的壶具来掌握出汤时间。对于初次接触的乌龙茶，泡后的第一泡可先浸泡 15 秒钟左右，然后视其茶汤的浓淡，再确定时间长短。当确定了出汤的最佳时间后，从第四泡开始，每一次冲泡均应比前一泡延时 10 秒左右。好的乌龙茶“七泡有余香，九泡不失茶真味”。

二 乌龙茶冲泡方法

最具代表性的乌龙茶冲泡方法有三种：一是以福建为代表；二是以广东潮汕为代表；三是以台湾为代表。以福建为代表的安溪式泡法，重香，重甘，重纯，茶汤九泡为限，每三泡为一阶段。第一阶段闻其香气是否高，第二阶段尝其滋味是否醇，第三阶段看其颜色是否有变化。以广东潮汕为代表的潮州泡法讲究一气呵成，在泡茶过程中不允许说话，尽量避免干扰，使精、气、神三者达到统一的境界。对于茶具的选用、动作、时间以及茶汤的变化都有极高的要求。以台湾为代表的台式泡法艺术性较强，在表现方式上具有一定的表演性，更加侧重对茶叶本身和与茶相关事物的关注，以及用茶氛围的营造。

下面以安溪式泡法来演示乌龙茶的冲泡程序。

1. 备具赏茶

采用紫砂壶、闻香杯、品茗杯、公道杯，冲泡安溪铁观音（见图 5-35）。

2. 温壶

向紫砂壶中注入沸水温壶，倒入公道杯（见图 5-36）。

3. 投茶

用茶匙将铁观音拨入壶中（见图 5-37）。

图 5-35　备具赏茶

图 5-36　温壶

图 5-37　投茶

4. 润茶

提壶以高冲法向壶中注入开水，并迅速将茶汤倒入公道杯，以达到洗茶的目的(见图 5-38)。

5. 冲茶

向壶中冲水至茶汤刚刚溢出壶口，用壶盖刮去泡沫，盖好壶盖(见图 5-39)。

图 5-38 润茶

图 5-39 冲茶

6. 净杯

将公道杯中第一泡的茶汤倒入闻香杯和品茗杯,依次烫杯(见图 5-40)。

图 5-40 净杯

7. 出汤

将泡好的茶汤倒入公道杯，注意要将壶中的茶汤控净（见图 5-41）。

图 5-41 出汤

8. 分茶

用公道杯向各个闻香杯中倒茶汤（见图 5-42）。

图 5-42 分茶

图 5-43 扣杯

9. 扣杯

将品茗杯分别倒扣在闻香杯上（见图 5-43）。

10. 翻转

拇指按住品茗杯底，食指和中指夹住闻香杯的中下部，迅速翻转（见图 5-44）。

11. 闻香

将闻香杯轻轻提起，用双手慢慢搓动闻香（见图 5-45）。

图 5-44　翻转

图 5-45　闻香

12. 品饮

以三龙护鼎的手势持杯品茗(见图 5-46)。

图 5-46　品饮

知识链接

陆羽《茶经》——煮茶之道

凡炙茶，慎勿于风烬间炙，熛焰如钻，使凉炎不均。持以逼火，屡其翻正，候炮出培塿，状虾蟆背，然后去火五寸。卷而舒，则本其始，又炙之。若火干者，以气熟止；日干者，以柔止。

其始，若茶之至嫩者，蒸罢热捣，叶烂而芽笋存焉。假以力者，持千钧杵亦不之烂，如漆科珠，壮士接之，不能驻其指。及就，则似无穰骨也。炙之，则其节若倪倪如婴儿之臂耳。既而，承热用纸囊贮之，精华之气无所散越，候寒末之。(原注：末之上者，其屑如细米；末之下者，其屑如菱角。)

其火，用炭，次用劲薪。(原注：谓桑、槐、桐、枥之类也。)其炭曾经燔炙为膻腻所及，及膏木、败器，不用之。(原注：膏木，谓柏、松、桧也。败器，谓朽废器也。)古人有劳薪之味，信哉！

其水，用山水上，江水中，井水下。(原注：《荈赋》所谓“水则岷方之注，挹彼清流。”)其山水拣乳泉、石池漫流者上；其瀑涌湍漱，勿食之。久食，令人有颈疾。又水流于山谷者，澄浸不泄，自火天至霜郊以前，或潜龙蓄毒于其间，饮者可决之，以流其恶，使新泉涓涓然，酌之。其江水，取去人远者。井，取汲多者。

其沸，如鱼目，微有声，为一沸；缘边如涌泉连珠，为二沸；腾波鼓浪，为三沸；已上，水老，不可食也。初沸，则水合量，调之以盐味，谓弃其啜余，(原注：啜，尝也，市税反，又市悦反。)无乃[卤舀][卤监]而钟其一味乎，(原注：[卤舀]，古暂反。[卤监]，吐滥反。无味也。)第二沸，出水一瓢，以竹环激汤心，则量末当中心而下。有顷，势若奔涛溅沫，以所出水止之，而育其华也。

凡酌至诸碗，令沫饽均。(原注：字书并《本草》：“沫、饽，均茗沫也。”饽，蒲笏反。)沫饽，汤之华也。华之薄者曰沫，厚者曰饽，轻细者曰花，如枣花漂漂然于环池之上；又如回潭曲渚青萍之始生；又如晴天爽朗，有浮云鳞然。其沫者，若绿钱浮于水湄；又如菊英堕于樽俎之中。饽者，以滓煮之，及沸，则重华累沫，皤皤然若积雪耳。《荈赋》所谓“焕如积雪，烨若春敷”有之。

第一煮水沸，弃其沫，之上有水膜如黑云母，饮之则其味不正。其第一者为隽永，(原注：徐县、全县二反。至美者曰隽永。隽，味也。永，长也。史长曰隽永，《汉书》蒯通著《隽永》二十篇也。)或留熟盂以贮之，以备育华救沸之用，诸第一与第二、第三碗次之，第四、第五碗外，非渴甚莫之饮。凡煮水一升，酌分五碗，(原注：碗数少至三，多至五；若人多至十，加两炉。)乘热连饮之。以重浊凝其下，精英浮其上。如冷，则精英随气而竭，饮啜不消亦然矣。

茶性俭，不宜广，广则其味黯澹。且如一满碗，啜半而味寡，况其广乎！

其色缃也，其馨[上必下土右欠]也，(原注：香至美曰[上必下土右欠]。[上必下土右欠]音使。)其味甘，槚也；不甘而苦，荈也；啜苦咽甘，茶也。

项目小结

知识要点

1. 冲泡一杯好茶所需要的各种因素。

2. 六大类茶的不同冲泡方法。

技能要点

1. 六大类茶的冲泡技巧,水温、投茶量、茶具选用、茶水比例、冲泡时间的控制。

2. 冲泡六大类茶的程序。

项目实训

知识考核

一、选择题

1. 高级细嫩的绿茶,冲泡时的水温为(　　)。

A. 70—80 ℃　　B. 80—85 ℃　　C. 85—90 ℃　　D. 90—95 ℃

2. 不论泡茶技艺如何变化,除备茶、选水、烧水、配具之外,都应共同遵守的程序是(　　)。

A. 置茶、洗茶、冲泡、分茶、品茶、续水　　B. 温具、置茶、冲泡、奉茶、品茶、续水

C. 清具、洗茶、冲泡、奉茶、品茶、续水　　D. 温具、置茶、冲泡、出汤、分茶、续水

3. 冲泡西湖龙井的方法是采用(　　)。

A. 上投法　　B. 壶泡法　　C. 下投法　　D. 中投法

4. 好茶喝起来甘醇浓稠,有活性,喝后喉头甘润感觉持久,最佳的茶汤滋味是(　　)。

A. 鲜醇爽口带涩　　B. 微苦中带甘

C. 圆滑舒畅不涩　　D. 清纯甘鲜有韵味

二、思考题

1. 你认为冲泡一杯好茶应具备哪些条件?

2. 在泡茶选水上有什么讲究?

能力考核

实训内容:六大类茶的冲泡。

实训目标:通过不同茶类的冲泡,了解每类茶冲泡的要素,掌握每类茶的冲泡方法。

实训过程:泡茶的基本步骤:备具—择茶—候水—温具—投茶—洗茶(润茶)—冲水—出汤—闻香—品茗。

项目六 茶席设计

任何事物都是由其基本的要素结构而成，每个要素又有其构成的要素成分。事物的构成，就是要素构成之构成的规律，茶席设计也同样如此。本项目从茶席设计的构成要素、设计原则和结构方式来学会进行茶席设计。

◇学习目标

◢ 知识目标

熟悉茶席设计的基本构成要素；掌握茶席设计原则；掌握茶席设计的一般结构方式。

◢ 能力目标

能够运用茶席设计原则设计茶席；能够利用茶席设计技巧进行茶席设计。

◢ 素质目标

具有合作意识、创新意识，能够钻研技能，做到精益求精。

◇学习重点

茶席设计的基本构成要素，茶席设计原则，茶席设计的一般结构方式，茶席设计技巧。

◇学习难点

茶席设计原则，茶席设计技巧。

情景导入

请大家从一组茶席设计的图片(见图 6-1)中寻找茶席中出现的物品,并试着归纳茶席设计的构成要素。

图 6-1　茶席设计

任务一　茶席之构成

茶席设计是由不同的要素组合而成的。由于人的生活和文化背景及思想、性格、情感等方面的差异,在进行茶席设计时可能会选择不同的构成因素,这里,我们仅以一般的基本构成因素加以论述。

一　茶品

茶,是茶席设计的灵魂,也是茶席设计的物质和思想基础。因茶而有茶席,因茶而有茶席设计。茶,在一切茶文化以及相关的艺术表现形式中,既是源头,又是目标。

茶,是茶席设计的首要选择。因茶而产生的设计理念,往往会构成茶席设计的主要线索。

茶的色彩是异常丰富的，有绿茶、红茶、黄茶、白茶、黑茶……茶的各种美味和清香，曾醉倒天下多少爱茶人。茶的形状，千姿百态，未饮先迷人。如一旗一枪，旌旗招展；金坛雀舌，小鸟歌醉；六安瓜片，片片可人……茶的名称，浸透诗情画意，如庐山云雾、龙岩斜背、凤凰单枞、九曲红梅……有许多很好的茶席设计作品，如《龙井问茶》、《普洱遗风》、《大佛钟声》等，都是直接因茶而发的。

二 茶具组合

茶具组合(见图 6-2)，是茶席构成的主体。其基本特征是实用性和艺术性的相融合。实用性决定艺术性，艺术性又服务于实用性。因此，在它的质地、造型、体积、色彩、内涵等方面，应作为茶席设计的重要部分加以考虑，并使其在整个茶席布局中，处于最显著的位置，以便对茶席进行动态的演示。

图 6-2 茶具组合

茶具组合的类别，一般有金属类、瓷器类、紫砂类、玻璃类和竹木类等。

金属类最为典型的是 1987 年陕西扶风县法门寺地宫出土的一套唐代宫廷银质鎏金茶具组合。茶具上明显的标志表明这是唐僖宗“五哥”(乳名)亲自使用过的。鉴铭文字上还说明是宫廷手工工场“文思院”所造。除宫廷外，民间也常使用由金图类组合的茶具，但大多为金属和其他类相混合，如碾、炉、(釜)、桃、茶罐、壶、火夹等为金属制造，而碗、盏、怀、水方、滓方、则等多为瓷、陶、木、竹制作。

瓷器类茶具组合出现较早，现当代也使用广泛。明、清两代集中由景德镇窑烧制生产。邢窑、均窑等也有一定产量。现代瓷器类茶具组合除以上窑厂外，福建、河北、四川、浙江等地窑厂也普遍生产。特别是我国台湾的瓷器组合茶具在 21 世纪初以其质地精良、造型优美、色彩明快等优势大量进入大陆各地，占据了国内各主要茶具市场。

紫砂类组合茶具于 20 世纪末开始涌现。特别是台湾以茶艺表演形式进入大陆后，也同时带来样式丰富的各种紫砂类组合茶具。近年宜兴、福建所产紫砂类组合茶具遍布全国，并以质好价廉受到广大茶人特别是各地茶馆业的欢迎。

玻璃类组合茶具是由玻璃酒具异化而来。目前茶具市场玻璃壶、杯具较多，全套组合件仍较少。但玻璃小型作坊、家庭式小型琉璃工场逐渐增多，容易按个人需求进行定制。也可在花鸟市场、酒具市场、医疗器械市场分别选配。如小型玻璃鱼缸可作为玻璃水盂，小型玻璃汤盏可作为玻璃香炉，造型别致的玻璃药瓶可用作玻璃茶罐等。

竹、木类组合茶具，过去常以单件的工艺品形式出现。近年在我国南方少数民族地区作为旅游纪念品方式推出后，许多竹木产地纷纷效仿，产品样式也日益增多。既有成套可使用的竹木茶具组合，也有供欣赏的微型制品。但大多为个件，如竹木茶碗、茶缸、水盂、茶叶盒、茶匙、茶针、茶夹、茶瓶及辅助茶具竹茶几、椅子、茶盘、茶托等。煮水器仍为金属、陶、玻璃类制品。木质茶具多为漆器，美观轻巧，颇受欢迎。

茶具组合的个件数量，一般可按两种类型确定。一是必须使用而又不可替代的个件，如壶、杯、茶叶罐、茶则、煮水器等。二是齐全组合，包括不可替代的和可替代的个件。如：备水用具水方（清水罐）、水勺等，泡茶用具茶海、公道杯等，辅助用具茶荷、茶碟、茶针、茶夹、茶斗、茶滤、茶盘、茶巾、水盂、承托（盖置）、茶几等。

茶具组合既可按传统样式配置，也可进行创意配置。既可基本配置，也可齐全配置。其中，创意配置、基本配置、齐全配置在个件选择上随意性、变化性较大，而传统样式配置在个件选择上一般比较固定。

三 铺垫

铺垫，是指茶席整体或局部物件摆放下的各种铺垫、衬托、装饰物的统称。

铺垫的直接作用：一是使茶席中的器物不直接触及桌（地）面，以保持器物清洁；二是以自身的特征辅助器物共同完成茶席设计的主题。

铺垫的质地、款式、大小、色彩、花纹等，应根据茶席设计的主题与立意，运用对称、不对称、烘托、反差、渲染等手段的不同要求加以选择。或铺桌上，或摊地下，或搭一角，或垂另隅，既可作流水蜿蜒之意象，又可作绿草茵茵之联想。

在茶席中，铺垫与器物的关系，如同人与家的关系。使物有一种归属感。人进得家门，便可自由自在地在洁净的屋内任意坐卧行为，茶席中的器物也一样，只要在铺垫中，茶器具就可任意摆放，谁也不愿被弃之铺垫之外。铺垫虽是器外物，却对茶席器物的烘托和主题的体现起着不可低估的作用。

1. 铺垫的类型

（1）织品类。

棉布——棉布质地柔软，吸水性强，易裁易缝，不易毛边。新布较适合桌面铺，平整挺括，视觉效果柔和，不反光。缺点是清洗后易皱，易掉色，须及时烫平。棉布在茶席中多在表现传统题材和乡土题材时使用。图 6-3 所示为棉布铺垫。

化纤——化纤是现代大工业的产物。化纤以其品种多、更新快、色彩丰富等优势，迅速成为现代社会纺织品中的主流。化纤的特点是：软之极、挺之极、厚之极、薄之极、亮之极、艳之极。但终因不吸水、不透气、易燃、易脱丝等不足，而难以一统天下。化纤织品的丰富性为茶席的铺垫提供了广阔的选择空间，尤其在表现现代生活和抽象题材时成为上佳的选择。

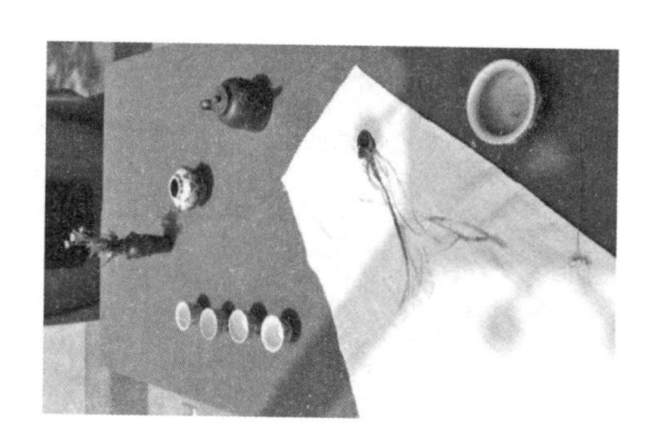

图 6-3　棉布铺垫

蜡染——蜡染作为中国民间的传统织品，已成为世界印染业中的一朵奇葩，闪耀着中华民族的智慧光芒，并作为一种民族文化深受各国人民的喜爱。蜡染花布，色彩鲜明，虽仅有蓝白两色，却可勾勒出丰富的具体和抽象图案。蜡染花布本身就是一件艺术品。在茶席设计中，可铺可垫，可垂可挂，可在任一块面任一角度进行处理。因蜡染花布色调偏重，在茶席的器物选择上，宜用暖色、淡色为佳。图 6-4 所示为蜡染铺垫。

麻布——麻布历史悠久，人类先织麻后织线，再织丝。现代出现机械织麻，因此，麻织品也日渐细密，品质优良。麻布有粗麻与细麻之分。粗麻和细麻均可在茶席设计中使用。粗麻硬度高，柔软度差，不宜大片铺设，可作小块局部铺垫，以衬托重要器物。细麻相对柔软，且常印有纹饰，可作大面积处理。麻布古朴大方，极富怀旧感，常在茶席设计中表现古代传统题材和乡土及少数民族题材时使用。图 6-5 所示为麻布铺垫。

图 6-4　蜡染铺垫

图 6-5　麻布铺垫

印花——现代印花织品已不再种类单一，除毛织品外，几乎棉织、庶织、化纤、绸缎等都可印花。花种也十分广泛，常见的有梅花、兰花、菊花、牡丹花、山茶花、月季花、丁香花、迎春花、水仙花、美人蕉等。这些具有美感的花卉，经过艺术家的再创造，变成异常美丽的花布，被人们广泛地使用。在茶席设计中，印花织品特别适合表现自然、季节、农村类的题材。如表现冬季，选择梅花印花织品作铺垫。即使在茶席中无梅花印花，也会显出寒冬融融的暖意。茶席设计中选用印花织品不宜用花繁的那种，以朵少、朵鲜为好。

毛织——毛织品以毛毯为主(也叫毛毡)。多在北方生产，尤以新疆、内蒙古居多。毛毯有地毯、壁毯、挂毯等。纹饰花样也较丰富。现在毛毯已不再局限毛织，化纤织毯往往花样更多。毛织毯柔软舒适，脚感好，但不易清洗，易藏尘灰，易生虫菌。化纤织毯色彩艳丽，

易洗易晒，但脚感较差。茶席设计所选毛毯，宜选适中小块，做垫上垫处理。毯质也宜选毛织，可给人以浑厚之质感。另有细毛织品，以单色居多，可适量裁剪。常在茶席设计中表现有一定厚重历史感的题材。图 6-6 所示为毛织铺垫。

图 6-6　毛织铺垫

织锦——织锦是指有花纹图案的真丝织品。西汉刘向撰《说死》中说："晋平公使叔向聘吴，吴人饰舟送之，左百人，右百人，有绣衣而豹裘者，有锦衣而狐裘者。"可见，早在 2000 多年前就有织锦了。宋代织锦进入全盛时期，出现了非常细薄的新品种，常作理想的书画装裱材料。苏州有"织锦之冠"之称，与南京的云锦、成都的蜀锦齐名。织锦的特点是纹样繁多，配色淳朴，质地坚柔，平伏挺括。市面上的织锦种类有真丝织锦、人造丝织锦和尼龙织锦等。南方许多少数民族也有各自不同风格的织锦。其中，土家族的织锦较有特色，被称作"土锦"。织锦在茶席设计中，常用以表现传统宫廷题材，也可用来衬托富贵、大气的气氛。

绸缎——绸缎轻、薄、光质好，是茶席设计中桌铺和地铺的常用材料。桌铺中常用于叠铺，而地铺中则常作水流等意象的表达。绸缎有双绉、素绉、乔其、提花、桑波缎、环丽缎等。其中双绉、乔其、提花在茶席中常用来表现现代生活题材。

手工编织——手工编织多以棉线为材料。常编织成小正方形、三角形等图形。图案以花卉为主，颜色经常采用白色。手工编织品一般在叠铺中较多见，下铺均为红色、蓝色、紫色、绿色等深色。小型手工编织品还可在茶席中作为一件至几件重要个件器物的铺垫。手工编织在茶席设计中无论传统题材或现代生活题材都可采用。

（2）非织品类。

竹编——竹编一般分为两种。一种是线穿直编，一种是薄竹片交叉编。线穿直编一般多为小长方形，可卷可摊，垫全部器物，也可垫部分器物。薄竹片交叉编一般用于地铺，表现古代传统题材和日本茶道、韩国茶礼。图 6-7 所示为竹编铺垫。

图 6-7　竹编铺垫

草秆编——以稻秆和麦秆编织而成。草秆编相对竹编更为轻、软，但易断易折。草秆编一般不宜用于桌铺。在地铺中也不宜用于全铺。草秆编常以小块铺垫重要器件。

树叶铺——指用真实树叶叠放在地上，用以铺垫器物。树叶通常选枫叶、荷叶、芭蕉叶、杨树叶等平、大、有叶型个性的树叶作为叶材。不同树叶常在茶席设计中表现不同的季节题材。树叶铺的使用，更具自然氛围，视觉效果特别好，树叶铺一般选用一种树叶。树叶铺中，还可以适当夹以绿色草株，使地铺呈现一派生机盎然的景象。

图 6-8 纸铺

纸铺——不是用白纸或单色纸铺，而是指用在纸上完成的书法作品和绘画作品。将书法或绘画作品用作铺垫，使茶席拥有浓重的书卷气和艺术感，整体构图也显得有层次。书法和绘画作品在茶席中常以桌铺的形式出现。在铺法上则多为留角铺。纸铺一般不宜作全铺和平铺，纸铺下还须有织品类作底，这样才会让整个布局显得更为和谐。图 6-8 所示为纸铺。

石铺——也叫石围，多作地铺。常以单个景观石作背景，许多小型鹅卵石随地铺开，石中布以茶器具及其他物件。石铺一般在茶器具的选择上也多采用石质品，如石壶、石盏等，也有的不用石质器件。石铺纯为表达自然之态。选用石铺时，还应处理好背景环境，通常以竹、树桩盆景相佐，否则会显得单调甚至杂乱。石铺处理得当会起到其他铺类所无法达到的良好效果。

瓷砖铺——即选用现代建筑用的瓷砖来作茶席铺垫。瓷砖铺在茶席设计中虽不多见，但从已使用过的茶席作品来看，效果却是异常的突出。瓷砖铺一般应选择质地良好、光洁度高、平整无缺陷的产品。在色彩上则以单色为佳，尤其是深色，深色易反光，容易获得器物的投影效果。

不铺——即以桌、台、几本身为铺垫。不铺的前提，是桌、台、几本身的质地、色彩、形状具有某种质感和色感。如红木桌、台、几，古朴而有光感；原木桌、台、几，自然而现木纹；仿古茶几，喻示某个朝代；竹制几、台，是山野乡村的象征。看似不铺，其实也是一种铺。善于不铺，也往往最能体现茶席设计者的文化与艺术功底。

2. 铺垫的色彩

把握铺垫色彩的基本原则：单色为上、碎花为次、繁花为下。

单色最能适应器物的色彩变化，即便是最深的单色——黑色，也绝不夺器。茶席铺垫中选择单色，反而是最富色彩的一种选择。

碎花，包含纹饰，在茶席铺垫中，只要处理得当，一般也不会夺器，反而能恰到好处地点缀器物，烘托器物。碎花、纹饰会使铺垫的色彩显得更为和谐。一般选择规律是与器物同类色的更低调处理。

繁花在铺垫中一般不使用，但在某些特定的条件下选择繁花，往往会达到某种特别强烈的效果。

3. 铺垫的方法

铺垫的材质、形式、色彩选定之后，铺垫的方法便是获得理想效果的关键所在。铺垫的基本方法有平铺、叠铺、立体铺、帘下铺等。

（1）平铺。

平铺，又称基本铺，是茶席设计中最常见的铺垫。即用一块横直都比桌（台、几）大的正方形或长方形铺品，四面垂下，遮住桌沿；垂沿，可触地遮，也可随意遮。

平铺也可不遮沿铺，即在桌（台、几）铺上比四边线稍短一些的铺垫。

平铺作为基本铺，还是叠铺形式的基础。如三角铺、手工编织铺等都是以平铺为再铺垫的基础。

以正方形和长方形而设计的平铺，是桌铺形式中属较大气的一种。许多叠铺、三角铺、对角铺、纸铺、草秆铺、手工编织铺等都要依赖平铺作为基础。因此，平铺往往又称为基础铺。平铺在正面垂沿下常缝上一排流苏或其他垂挂，更显其庄重与艺术美感。

平铺适合所有题材的器物的摆置，对于质地、色彩、纹饰、制作上有缺陷的桌（台、几），平铺还能起到某种程度的遮掩作用。图 6-9、图 6-10、图 6-11 分别为几种不同的平铺图。

图 6-9　不完全垂沿平铺图

图 6-10　完全垂沿平铺

图 6-11　不遮沿平铺图

图 6-12　叠铺

（2）叠铺。

叠铺（见图 6-12），是指在不铺或平铺的基础上，叠铺成两层或多层的铺垫。

叠铺属于铺垫中最富层次感的一种方法。叠铺最常见的手段，是将纸类艺术品，如书法、国画等相叠铺在桌面上。

另外，也可由多种形状的小铺垫叠铺在一起，组成某种叠铺图案。

（3）立体铺。

立体铺，是指在织品下先固定一些支撑物，然后将织品铺在支撑物上，以构成某种物象的效果。如一群远山及山脚下连绵的草地，或绿水从某处弯弯流下等。然后再在上面摆置器件。

立体铺属于更加艺术化的一种铺垫方法。它从茶席的主题和审美的角度设定一种物象环境，使观赏者按照营造的想象去品味器物，这样会比较容易地传达出茶席设计的理念。同时，画面效果也比较富有动感。

立体铺一般都用在地铺中，表现面积可大可小。大者，具有一定智势；小者，精巧而富有生气。

立体铺，对铺垫的质地、色彩要求比较严格。否则，就很难造成理想的物象效果。

（4）帘下铺。

帘下铺就是将窗帘或挂帘作为背景，在帘下进行桌铺或地铺。帘下铺，常用两块不同质地、色彩的织品，形成巨大的反差，给人以强烈的画面层次感。若帘与铺采用的是同一质地与色彩的织品，又会造成一种从高处一泻而下的宏大气势，并使铺垫从形态上发生根本的变化。

由于帘具有较强的动感，在风的吹拂下，就会形成线、面的变化，这种变化过程还富有音乐的节奏美，使静态的茶席增添了韵律感。在一动一静中，在变与不变中，茶席中的备物仿佛也在频频与你亲切对话。这种艺术效果，往往是其他铺垫方法不能比拟的。

四 插花

插花，是指人们以自然界的鲜花、叶草与枝干为材料，通过艺术加工，在不同的线条和造型变化中，融入一定的思想和情感而完成的花卉再造形象。茶席中的插花，非同于一般的宫廷插花、宗教插花、文人插花和民间插花，而是为体现茶的精神，追求崇尚自然、朴实秀雅的风格。其基本特征是：简洁、淡雅、小巧、精致。鲜花不求繁多，只插一两枝便能起到画龙点睛的效果；注重线条、构图的美和变化，以达到朴素大方，清雅绝俗的艺术效果。

1. 茶席中插花的形式

在茶席设计中，插花主要有直立式、倾斜式、悬崖式、平卧式四种形式。

（1）直立式（见图 6-13）——直立式插花的主枝干基本呈直立状，其他插入的花卉也都呈自然向上的势头。直立式插花虽然花叶不多，但一花一叶都应有艺术构思。要注意衬托茶席的主题，力求层次分明，高低错落有致，这样才能充满生机勃发的意蕴。

直立式的第一花枝必须插成直立状，第二枝比第一枝较短，插在第一枝的一侧，并呈现一定的倾斜度。花朵的位置在主杆的中间，花朵可在主枝上，也可在侧枝上。花叶不必太多，以一花二叶为宜。

直立式的枝干，无论是单枝头，还是多枝头，都应有一个分叉和弯曲度。但不可枝头太多，2—3 个分枝即可。分枝及分枝头，可有单色小蕾，也可无蕾。花蕾的色彩尽量和花朵形成反差，以求花形和色彩产生主次效果。

图 6-13　直立式

图 6-14　倾斜式

（2）倾斜式（见图 6-14）——以第一主枝倾斜于花器一侧为标志的插花。倾斜式插花具有一定的自然状态，如同风雨过后那些被吹压弯曲的花枝，重又伸腰向上生长，蕴含着不屈不挠的顽强精神，又有临水之花木那种疏影横斜的韵味。

倾斜式的第一主枝位置变化范围较大，可以在左右两个 90 度以内。但不宜将花朵的位置确定在枝头而垂于花器水平线以下，这样会给人落花而去的感觉。更忌两三枝都压向同一水平层次上，使整体造型失去美感。第二、第三枝应围绕主枝进行变化，不受第一主枝摆设范围的限制，既可呈直立状，也可呈下垂状，但要与第一主枝保持呼应。

图 6-15　悬崖式

（3）悬崖式（见图 6-15）——第一主枝在花器上悬挂而下为造型特征的插花。悬崖式插花形如高山流水，瀑布倾泻，又似悬崖上的枝藤垂桂，柔枝蔓条，自由飘洒，其线条简洁夸张，给人以格调高逸的感觉。

悬崖式多使用有一定高位的花器。可临空悬挂，也可依于墙壁，嵌于柱梁。花器以篮、竹筒见多。若采用竹制，一节、两节均可。竹节中段割出器口，花枝插于其中。第一主枝从花器中弯曲向下 120 度，使花型充满曲线变化的美感。主枝的部分枝叶可疏去以减轻枝的压力，让其自然悬下也可使线条更为清晰。花朵可在悬下枝干的中段位置，以一两朵为宜。其他悬下的分枝干可零星布有小花蕾。花头要注意保持较好的观赏角度。

(4) 平卧式——全部的花卉在一个平面上的插花样式。茶席插花中，平卧式虽不常用，但在某些特定的茶席布局中如移向式结构及部分地铺中，用平卧式插花可使整体茶席的点线结构得到较为鲜明的体现。

平卧式插花的特点是如同花枝匍匐生长，其间没有高低层次的变化，只有左右向的长短伸缩，给人以对生活的无限热爱和依恋的感觉。

平卧式中的两三个枝杆虽然都在同一平面上，但也应有长短、远近的差别。在处理左右伸展时，也应注意前后稍短枝蔓的陪衬，这样既有稳重感，也可保持较好的形状姿态。

2. 茶席中插花的花材选择

花材，是插花的主体，由花、叶、枝、蔓、草构成。自然界中，花材的品种数量众多，也因地域的不同有所不同。茶席插花所选的花材限制较小，山间野地、田头屋角随处可见，也可在一般花店采购。

玩茶之心

茶席常用插花

情人草、星点木、玫瑰、孔雀草、万年青叶、散尾葵、巴西木叶、勿忘我、贤蕨、扶郎、小蔦兰、蛇鞭菊、雏菊、桉树叶、白百合、绿萝、剑叶、龚尾、蒲棒、枫叶、常青藤、飞燕草、龟背竹、跳舞兰、巴西铁、藤条、剑兰、满天星、松条、辛黄、红果、一叶兰、莲蓬、武竹、桔梗、苏铁叶、鹤望兰、春芽、火百合、竹竿叶、洋兰、金山葵、变叶木、姜花、桐、千代兰、钢草、芝叶、熊草、毛果、花叶黄杨、紫槐花、棕榈叶、马蹄莲、来栈叶、荷花梗、龙口花、富贵竹、白輩、玉兰花、玉针松、芦花、石蒜、一品红、干枝、变叶木、六切花、棕竹叶、门冬草、黑松、海棠枝、鹅掌紫、洋兰、公主花、绣球花、嘉兰、银杏、车轮菊、红掌、香雪兰、向日葵、银柳、十大功劳、火棘、香石竹、文竹、冬元草、海相、金盏菊、芹菜花、笆叶、书带草、结香、垂柳、迎春、黄馨、丝兰、樱花、蓬蒿菊、丁香、紫荆、连翘、玉兰、芍药、彩叶草、榆叶梅、垂丝海棠、凌霄、茉莉、晚香、栀子花、三角梅、石榴花、鸡冠草、乌柿、雁来红、千口红、一串红、翠菊、九里香、狗尾红、木芙蓉、麦秆菊、腊梅、南无竹、象牙红、仙客来、冬珊瑚、五兰葵、五色椒、文竹山草、郁景山草、野鸡毛山草、沿阶草、桃叶珊瑚、红叶李、伞草、罗汉松、竹笋叶、白菜心、香豌豆、凤仙花、郁金香、火鹤花、绣球花、波斯菊、羽扁豆、万寿菊、火炬花、金鱼草、铃兰、三色堇、松虫草、长春花、针垫花、天空葵、小苍兰、飞燕、文心兰、木棉、扶桑、荷包花、百日草、拖鞋兰、百子莲、长寿花、石斛兰、山茶会、四季海棠、瓜叶菊、猫尾花、晚香玉、虞美人、常满春。

3. 茶席中插花的意境创造

由于茶席中的插花处于配合地位，因此，应根据茶席的主题来营造花的意境，并为丰富茶席的寓意起到其他摆件所不能替代的作用。

茶席插花的意境创造，一般由具象表现和抽象表现手法构成。

(1) 具象表现。

具象表现一般不做十分夸张的设计，而是实实在在，不留矫揉造作的痕迹，使营造的意境清晰明了。

① 茶的具象表现。

例如，在命题为《顾渚美色》的茶席中，作者没有按一般手法选择迎春等春花、春草来营造春花烂漫的景象。而是由茶出发，抓住顾渚名茶“紫笋茶”的特征，用笋叶作为主枝，采取直立式插法，辅以鹅黄绒草，营造出新笋破土而出的勃勃生机，使人一看就明了这是设计者意在表达紫笋茶的产地顾渚迎来春天的意境。

又如名为《金坛雀舌》的茶席，作者用鹤望兰(又名“天堂鸟”)作为主枝，以桑枝、小苍兰等枝叶呼应，取直立式插法，似春鸟落枝，对茶鸣唱，一下子让人联想到雀舌茶。特别是其中一鹤望兰侧枝，叶尖微张，轻倚主枝，活脱脱勾勒出一幅小鸟歌醉的动人情景。

② 时节的具象表现。

茶席中时节表现比较普遍，最集中的是四季的表达。一般来说，四季只要使用每个季节典型的花卉来表现即可。

如表现春季(多用于西湖龙井、洞庭碧螺春、黄山毛峰等茶)，可用迎春花、牡丹、桃、杏、樱花、蓬蒿菊、丁香、紫荆、连翘、玉兰、芍药、石竹、彩叶草、榆叶梅、垂柳、垂丝海棠和紫藤等花卉。

表现夏季(多用于茉莉花茶等)，可用荷花、凌霄、紫薇、剑兰、晚香玉、栀子花、白玉兰、三角梅、石榴花等花卉。

表现秋天(多用于铁观音、大红袍、单枞等茶)，可用丹桂、菊花、鸡冠花、枫叶、乌柿、雁来红、千日红、一串红、翠菊、九里香、狗尾红、木芙蓉、石药、麦秆菊、火棘等花草。

表现冬天(多用于普洱茶等)，可用蜡梅、南元竹、银柳、象牙红、仙客来、马蹄莲、冬珊瑚、水仙、五色椒等花卉。

时节范围，还包括晨、旭日、正阳、午后、晚霞、月夜等。可选用一日中花开最艳时辰的花朵或人们在某个习惯时段中所偏爱的花卉来表现。如茶席《新月》中，作者选择了夜来香、丁香、勿忘我、情人草等花材，有力地衬托了茶席主题所需的浓浓情调。

(2) 抽象表现。

抽象表现就是运用夸张和虚拟的手法，来表现茶席的主题。可以拟人，也可以拟物。把握抽象表现的尺度在似是而非之间。

插花中的拟人表现，不求人的具体形态再现，而求人的神态塑造。如茶席《僖宗赏舞》，表现的是一组仿法门寺出土的唐僖宗供奉的宫廷银质鎏金茶具组合，背景衬以大唐仕女品茗屏风及相关艺术品。插花的花材选的是葛藤枝条，作者利用竹制花器作为人的身体，有藤枝夸张地组成人的舞姿陪伴着僖宗共同赏茗夜的情景。

抽象表现，往往会使同一插花作品给人多种不同的艺术感受。它扩大了人的想象空间，调动人的情感共鸣，从而深刻地理解作品、感悟作品。对于情感、性格、感觉这些抽象的东西，在草席插花中也同样能找到适合的艺术表现手段。

如茶席《吹嘘对鼎》，由仿古鼎形风炉、硬陶瓦盂、竹制吹杆、篮、木炭、熟铁火夹等摆置个件组成，古朴而悠远，极具历史感。而插花却采用一高一矮两枝马蹄莲，将其弯曲作倾斜式插入，下部辅以簇簇蕾丝花，此情此态，只要读过西汉《娇女诗》的茶人，立即就能感受到那正是左思描写的双娇女在花野中"止为茶荈据，吹嘘对鼎立"的情景。体现了插花者具有一定的茶文化底蕴和利用抽象方法表现情感内容的娴熟技艺。

情感内容，还可以通过花的色彩来表现。色彩能影响人的情绪。不同的色彩会引起不同的心理反应。不同的民族和文化修养以及不同的年龄、性别等，也会对色彩产生不同的联想。茶席中插花的色彩，是通过花、叶来体现的，其效果就显得尤为强烈。如红色代表热烈、兴奋；橙色表示明朗、甜美；黄色象征富贵、光辉和尊严；绿色显得富有生机、健康、安详和宁静；紫色有华丽、高贵感；白色象征纯洁、朴素和高雅；黑色给人以坚实、含蓄、庄严、肃穆感等。总之，花色万种，种种传情。只要精心选材，巧妙构思，利用各种艺术方法去组织线条和造型，茶席千变万化之意境，都能在插花中得到充分的体现。

4. 茶席插花的花器

花器，是插花的基础和依托。插花造型的构成与变化，在很大程度上得益于花器的形与色。就花器的造型来说，它既限制了花体，也衬托了花体。茶席中的插花，要求花体简约、精巧，同时，这也就决定了花器的大小。

在质地上，一般以竹、木、草编、藤编、陶、紫砂等为主，以体现原始、自然、朴实之美。如同茶一般，源于自然，归于自然。

在形状上，竹制花器基本不做大的加工，仅把两头去掉，中间割口即成。木制以小木桶、小木盆为多。草编、藤编不求编工精细，以小篮、小筐为宜。陶瓷、紫砂多为小杯、小盆、小瓶、小坛、小壶、小钵、小罐。木、竹亦可制之。小瓶宜选悬胆瓶、广口瓶、直统瓶、高肩瓶等样式，使之具有古典风格的造型美。盆一般盆口较浅，圆形、长方形、S形、三角形、半圆形等均可。

在色彩上，竹、木、草、藤花器基本利用其原色，原色方显其原纹原质。陶质可选素面不添色的，瓷器宜为青色、白色，紫砂最好选深色。另有部分金属质的花器，在某些特定寓意要求下使用，但多为铜质。

五 焚香

焚香，是指人们将从植物和动物中获取的天然香料进行加工，使其成为各种不同的香型，并在茶席环境中进行焚熏，以获得嗅觉上的美好享受。

焚香，在茶席中，其地位一直非常重要。它不仅作为一种艺术形态融于整个茶席中，同时，它美好的气味弥漫于茶席四周的空间，使人在嗅觉上获得非常舒适的感受。气味，有时还能唤起人们意识中的某种记忆，从而使品茶的内涵变得更加丰富多彩。

焚香，一开始就从人们的生理需求迅速与精神需求结合在一起。在我国唐代，就出现了争奇斗香的香文化形式。宋代，它又和挂画、插花、点茶一起，被称为"四艺"一同出现在人们的日常生活中。

香料的种类繁多，茶席中所使用的香料，一般以自然香料为主。在自然的香料中，又注重从自然植物中进行香料的选择。因为，自然界中具有香成分的植物十分广泛，采集比较容易。例如，紫罗兰、丁香、茉莉等，可采其鲜花；柠檬、橘子等，可取其果皮；樟脑、沉香等，可采其枝干；龙脑等，可采其树脂；丁香、肉桂等，可采其果实。这些原料采集后，用蒸馏、压榨、干燥等方法即可取得其香。

茶席中的香品，总体上分为熟香与生香，又称为干香与湿香。熟香指的是成品香料，一般可在香店选购。生香是指在做茶席动态演示之前，临场进行香的制作（又称香道表演）所用的各类香料。熟香的样式有柱香、线香、盘香和条香等，另有香片、香末等作熏香之用。生香的临场制作表演，既是一种技术，又是一种艺术，具有可观赏性，对于香道文化的传播，起着非同寻常的作用。

焚香的香炉种类十分繁多，大多为仿古的样式，有鼎、乳炉、鬲炉、敦炉、钵炉、洗炉、筒炉等。在类别上又有香炉、熏炉和手脚炉等，在质地上有铜、铁、陶、瓷等。茶席中的香炉，应根据茶席所表现的题材和内涵来选择。图 6-16 所示为几种不同的香炉。

图 6-16　香炉

香炉在茶席中的摆置，应把握不夺香、不抢风、不挡眼这三个原则，即在不影响茶的香味和茶席动态演示的方便和有利于茶席结构的形成来进行。

焚香艺术也可以称为香道。在茶席上的应用分为"香气"与"烟景"。香气可以协助塑造品茗空间的气氛，让人们一进入这个环境，就可以接收到主人想要给予的感觉。这配合其他视觉、触感，甚至音乐声响的效果，更立体地传达了茶席的环境语言。沉香木的香气让人沉思，檀香木的香气让人思古，割草皮的香气让人感受到青春活力，玫瑰花香将人带进爱情的浪漫之中。

然而这股香气不能太强，否则会干扰到品茗时的茶味。应用上是在茶会开始之前，打扫完房间，点上一炉香，达到适当的强度后即停止。客人进入时，便可体会到香气的存在，也引领了该次茶会所要塑造的风格，但是强度不会影响到对茶香、茶味的欣赏。

香气的使用也可以应用茶叶本身的香气，将干茶置于家庭用的小型焙笼之中，给以适当的温度（芽茶类 80 ℃左右，叶茶类 90 ℃左右），茶香自然发散于茶屋之内，适当浓度后将热源关掉。这股“以茶说茶”的香气运用还可以有“相应”与“相衬”的不同做法，相应是熏以同类的茶，如今天喝铁观音，即熏以铁观音的香；相衬是熏以不同类的茶，如今天喝清凉感的绿茶，则熏以温暖感的武夷岩茶香。

我国在宋代之后，流行一种“隔火熏香”的方法，不是直接“烧香”了，深得文人雅士的青睐。虽然“熏”香不如“烧”香来得简单，但其香气更为醇和宜人，而且也能增添更多情趣，所以很多人也一直乐此不疲。

六 挂画

挂画是将书法、绘画等作品靠挂于泡茶席或茶室的墙上、屏风上，或悬空吊挂于空中的一种行为。挂画可以增进人们对艺术的理解，可以帮助人们表现自己想要述说的美感境界与气氛，也可以借此陶冶自己、家人或其他观赏者的心性。在品茗环境里，挂画还有一个任务，就是帮助主人表达他的茶道思想给进入茶室或泡茶席的人。挂画可以是一幅墨宝，如果上面写着“煎茶水里化千片”，除了要大家欣赏水墨线条之美外，就是要大家留意茶道在社交功能上的重要性。不要以为一把小壶不值几两重。挂画可以是一幅绘画作品，这时为茶席造成的效应就要依它所表现的内容而定，写意的水墨画、写实的油画或抽象画等造成的效果是截然不同的。

所挂的画要与茶席（广义的茶席，包括泡茶席与茶室）相协调，整体的风格与美感要一致，否则主题不明显，理念述说的力道就不足。如此，不能称得上是好的茶席规划。挂画在茶席上也要严守配角的本分，不可挂得太多，好像画廊在举办画展一般。

茶席的风格没有一定的限制，不是非得古典中国式的不可，它可以是西式的，也可以很前卫，只是不要忘了主角是茶。但在众多的风格许可之下，艺术性是绝对必须把握的，因为只有这样，茶艺才能将我们带往更精致的文化层次去。艺术性并没有绝对的好坏之分，我们无法说清楚一处品茗环境要达到怎样的艺术水平，但不断地增进自己对艺术的理解是有助于对茶道境界的探讨与享受的。这也就是茶道课程中，会安排许多书、画、篆刻、音乐、诗词等艺术欣赏的道理。图 6-17 所示为挂画。

在二十人以内的小型茶会，可将赏画列为茶会的一项活动。前面述及的挂画是将这些艺术品作为塑造品茗环境的一部分，现在所说的“赏画”是除欣赏这些茶席上的字画之外，

图 6-17 挂画

茶席主人还可以另行提供一些作品，在茶会间安排一段赏画时间，拿出来供大家欣赏。

上述提到的“挂画”与“赏画”，事实上都还可以包括雕塑、篆刻等艺术作品，这些作品除了是主人的收藏外，也可以要求与会的茶友提供。

挂画，又称挂轴。茶席中的挂画，是指以挂轴的形式，悬挂在茶席背景中书与画的统称。书以汉字书法为主，画以中国画为主。

茶圣陆羽在《茶经・十之图》中，就曾提倡将有关茶事写成字挂在墙上，以“目击而存”，希望用“绢素或四幅或大幅，分布写之，陈诸座偶”。

茶席挂画中的挂画内容，可以是字，也可以是画。一般以字为多，也可以字、画结合。我国历来就有字画合一的传统。

字的内容，多以表达某种人生境界、人生态度和人生情趣，以乐生的观念来看待茶事，表现茶事。例如，将各代诗家文豪们对于品茗意境、品茗感受所写的诗文诗句为内容，用挂轴、单条、屏条、扇面等方式陈设于茶席之后作背景，常见的有“欲把西湖比西子，从来佳茗似佳人”、“以茶会友”、“廉美和敬”、“草本人”、“追香”等。也可写些与茶有关的佛语、道义、儒训等字句，如“茶禅一味”、“吃茶去”、“饮即道”等。

除写字，也可绘画。绘画以水墨画为主。我国茶席中挂轴的绘画内容，相对较为多姿多彩，既有简约笔法，抽象予以暗示，也有工笔浓彩描以花草虫鱼，较常见的还是以表现松、竹、梅的“岁寒三友”及水墨山水为多。

七 相关工艺品

人们品茶，从根本上来说，是通过感官来获得感受。但影响感觉系统的因素很多，视、听、味、触、嗅觉的综合感觉，也会直接影响品茶的感觉。综合感觉会引发某种心情。不同的相关工艺品与主器物巧妙配合，往往会从人们的心理上引发一个个不同的心情故事，使不同的人产生相同的共鸣。因此，相关工艺品选择、摆放得当，常常会获得意想不到的效果。

在茶席设计中，主要工艺品的种类有：①自然物类，如石头、花草、树枝、树叶等；②生活用品类，如生活日用品、文具、玩具、体育用品等；③艺术品类，如乐器、民间艺术、演艺用品等；④宗教用品类，如佛教、道教用品和法器等；⑤传统劳动用具类，如农业用具、木工用具、纺织用具等；⑥历史文物类，如古代兵器、文物古董。

茶席中的主器物与相关工艺品在质地、造型、色彩等方面应属于同一个基本类系。在色彩上，同类色最能相融，并且在层次上也更加自然、柔和。

相关工艺品在茶席布局中，数量不需多，而且要处于茶席的旁、边、侧、下及背景的位置，服务于主器物，有效地陪衬，烘托茶席的主题。

相关工艺品和其他物品一样，是人们某个阶段生活经历的物象标志。当人们想起某段生活，脑海里就会浮现那段生活的人和物。同样，当人们看见某种物品，也会想起以往的那段生活。因此，茶席中不同的相关工艺品与主器物的巧妙配合，往往会唤起人们的某种记忆，使茶席获得意想不到的艺术效果。

相关工艺品范围很广，凡经人类以某种手段对某种物质进行艺术再造的物品，都可称为是工艺品，如珍玉奇石、植物盆景、花草秆枝、穿戴、首饰、文具、玩具、体育用品、生活用品、乐器、民间艺术品、演艺用品、宗教法器、农业用具、木工用具、纺织用具、铁匠用具、鞋匠用具、泥工用具、古代兵器、文玩古董等，只要能表现茶席的主题，都可进行运用。

在茶席的布局中，相关工艺品不像主器物那样不便移动，而是可由设计者做任何位置的调整。因此，相关工艺品成为最便于设计者运用的物件，在对它不停地换位调整后，最终达到满意的设计效果。

相关工艺品，不仅能有效地陪衬、烘托茶席的主题，还能在一定条件下，对茶席的主题起到更加深化的作用。

相关的工艺品在选择与摆置上，要避免衬托不准确、与主器物相冲突及多而淹器、小而不见等不当的摆置发生。

八 茶果茶点

茶果茶点，是指在饮茶过程中佐茶的茶点、茶果和茶食的统称。在茶席中它的主要特征为：分量少，体积小，制作精细，样式清雅。

茶点分为干点和湿点两种，茶果分为干果和鲜果两种，茶食主要指瓜果的果实。

茶果茶点的选配方法，应根据茶席中不同的茶品和茶席表现的不同题材、不同季节、不同对象来配制。如对不同茶品的配制，台湾范增平先生曾提出“甜配绿，酸配红，瓜子配乌龙”。

在茶点茶果的盛器选择上，干点宜用碟，湿点宜用碗，干果宜用篓，鲜果宜用盘，茶食宜用盏。同时，盛器的质地、形状、色彩，还要与茶席的主器物相吻合。

茶果茶点一般摆置在茶席的前中位或前边位。

总之，只要巧妙配制与摆放，茶果茶点也是茶席中的一道风景，盆盆碟碟显得诱人与可爱。图 6-18 所示为茶点。

图 6-18　茶点

九 背景

茶席的背景，是指为获得某种视觉效果所设定在茶席之后的某种艺术物态方式。

茶席的价值是通过观众的审美而体现的。因此，视觉空间的相对集中和视觉距离的相对稳定就显得特别重要。单从视觉的空间来讲，假如没有一个视觉空间的设立，人们可以从任何一个角度去自由观赏，从而使茶席的角度比例和位置方向等设计失去了价值和意义，也使观赏者不能准确获得茶席主题所传递的思想内容。茶席背景的设定，就是解决这一问题的有效方法之一。

背景的设立，还反映了某种人性的内容，它能在某种程度上起着视觉的阻隔作用，使人在心理上获得某种程度的安全感。茶席的背景形式，总体有室外现成背景和室内现成背景两种。

室外现成背景形式有以树木为背景、以竹子为背景、以假山为背景、以街头屋前为背景等。

室内现成背景形式有以舞台作背景、以会议室主席台作背景、以窗作背景、以廊口作背景、以房柱作背景、以装饰墙面作背景、以玄关作背景、以博古架作背景等。

除现成背景条件外，还可在室内创造背景。如室外背景室内化的利用、织品利用、席编利用、灯光利用、书画利用、纸伞利用、屏风利用和特别物品的利用。图 6-19、图 6-20 所示分别为室外背景与室内背景。

图 6-19　室外背景

图 6-20　室内背景

任务二　茶席之设计

一　茶席设计基本原则

茶席设计并不是把各个要素简单地组合在一起，为了更好地体现茶的魅力和茶的精神，必须按一定原则进行合理设计。主要原则有以下几个。

1. 突出主题原则

主题设计是茶席中最有人文趣味的一个环节。这个主题可以：①以季节为标的，如展现春、夏、秋、冬的景致；②以植物为标的，如梅、兰、竹、菊、荷花等；③以茶的种类为标的，如为碧螺春设计茶席，为铁观音、红茶、普洱茶设计茶席；④以节庆主题设计茶席；⑤以具有自己情有独钟的抽象意境，如以"空寂"、"浪漫"、"富贵"等为表现的主题。图 6-21 所示为突

√

×

图 6-21　突出主题原则示例

出主题原则的示例。

2. 茶叶和茶具搭配原则

“茶为君，器为臣，火为帅”，一切茶具组合都是为茶服务的。

（1）根据茶性以及茶叶产地选择茶具。

一般来说，乌龙茶相对粗枝大叶，要求用沸水冲泡，宜以保温性能好的紫砂壶为核心组合茶具；绿茶叶形细嫩优美，冲泡时要求展示茶形美、汤色美，宜选用玻璃杯冲泡；红茶要在较宽松的壶中冲泡，才能充分舒展开茶胚，溶解出茶叶内质，宜选用容量较大的瓷壶冲泡，具体见表 6-1。

表 6-1　不同茶类的茶性及茶具选择

茶　类	茶　　性	茶　　具
乌龙茶	相对粗枝大叶，要求用沸水冲泡，宜以保温性能好的茶具	紫砂壶
绿茶	叶形细嫩优美	玻璃杯
红茶	舒展茶胚，溶解出茶叶内质	瓷壶

（2）根据泡茶的主要目的选择茶具。

同样是冲泡大红袍或铁观音，若是为了体现美观性，可选用古朴典雅、美观实用的紫砂壶。若是为了审评茶质，可选择盖碗（三才杯）或审评杯。紫砂壶壁孔隙较大容易吸附茶香，并且无法观察注水后茶叶展开的变化，而用盖碗或者审评杯则能最客观地审评出茶的优缺点。

（3）根据茶艺所反映的主题内容选择茶具。

茶具的选择应当与茶艺主题所反映的时代、地域、民族以及人物的身份相一致。即使冲泡同一品种的茶，不同民族、不同地区流行的茶具也各具特色。茶具选定之后一般还要与铺垫、插花、焚香、挂画四个方面相配合。

3. 茶具配套使用原则

在茶席设计过程中，茶具与茶杯等应是整套，而不是混搭风格。图 6-22 所示为茶具配套使用原则示例。

4. 实用性原则

茶具组合的基本特征是实用性和艺术性相融合。因此，在它的质地、造型、体积、色彩、内涵等方面，应将实用性作为茶席设计的重要部分加以考虑，并使其在整个茶席布局中处于最显著的位置，以便于对茶席进行动态的演示。

茶具的摆设要秉持“以人为本”，能使人充分使用双臂与肢体，展现和谐美感。不至于过分集中在单手上。此外席位设置需要合理、舒适，比如桌椅的高度、间距要适合泡茶人的

×

图 6-22 茶具配套使用原则示例

身材比例，座椅要稳定、舒适，防止手脚伸展不便。

5. 配饰宜简不宜繁原则

配饰选择的余地相当大，插花、盆景、香炉、工艺品、日用品运用得当，都能起到不凡的效果。

一般来说，配饰的选用宜简不宜繁，选用同色系或互补色系的配饰不容易出错；而属于跳跃或反差强烈色系的配饰虽然装饰效果好，但对布置者的美术要求比较高。比如，用一竹盘承着白色盖碗，翠绿的荷叶，加上山谷的幽兰，展现出春天茶席的浪漫风情；竹林、枯木、薑荷、莲蓬配上白色的茶壶，展现出夏日茶席的清静无染；一个紫砂茶壶，配上几只古董茶盏、小白菊，再放几片枫叶在席面，衬托出秋日的风情；严冬，席面上可用细竹或梅枝，配上木质的茶器，一帘竹、一方麻布就是一席茶的冬之天地。

悟茶之道

色彩的搭配

暖色系：由太阳颜色衍生出来的颜色，红色、黄色、橙色给人以温暖柔和的感觉，暖色系包括红紫色、红色、红橙色、橙色、黄橙色。

冷色系：蓝色、绿色、紫色都属于冷色系。

中间色：就是黑、白、灰三种颜色。适用于任何色系。

同色系：将同色系的颜色搭配在一起不容易出错，如粉红＋大红，艳红＋桃红，玫红＋草莓红等这类同色系间的变化搭配可展现同色系色彩的层次感，又不会显得单调乏味，是最简单易行的方法。

互补色：色彩中的互补色有红色与绿色互补，蓝色与橙色互补，紫色与黄色互补。在光学中指两种色光以适当的比例混合而能产生白光时，则这两种颜色就称为“互为补色”。

注意对比色间的比例变化，选择一种颜色为主色而另一种颜色为副色，有画龙点睛的效果。图 6-23 所示为一般色系图。

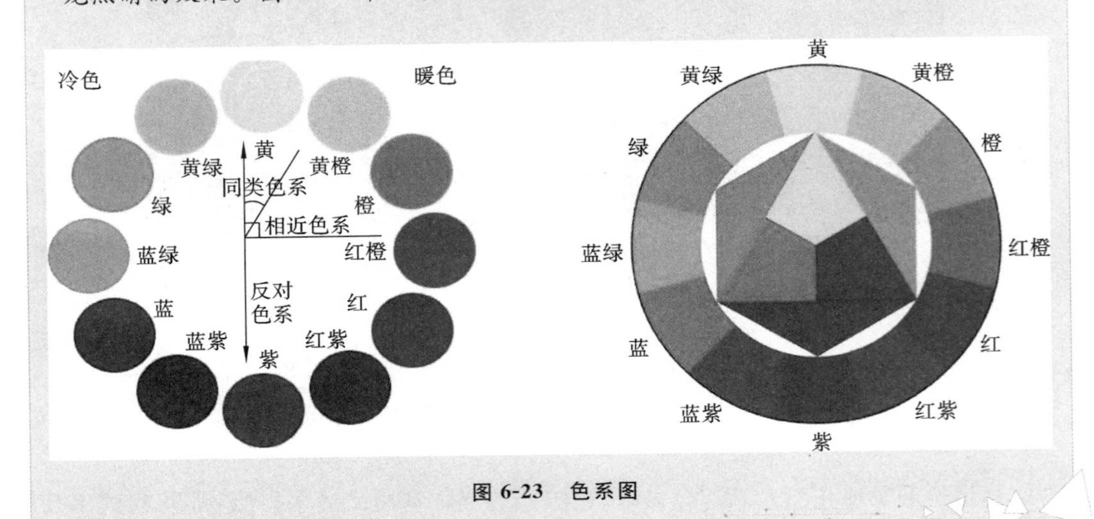

图 6-23　色系图

二 茶席设计的一般结构方式

结构，是物质系统内各组成要素之间相互联系、相互作用的规律方式。由于茶席的第一特征是物质形态，因此茶席也必然拥有自身的结构方式。这种结构方式，主要表现在空间距离中，物与物的必然视觉联系与相互依存的关系。

茶席是由具体器物所构成，包括茶席依存的铺垫之外的器物，如背景、空中吊挂的相关工艺品等，只要属于茶席的构成部分，铺垫与器物之间，器物与器物之间，器物与背景及相关工艺品之间，都存在空间距离的结构关系。由于茶席的表现形态不同，因此，具体茶席的结构方式也会发生变化。

结构还体现着美的和谐。结构美不仅表现为一般的构图规律，还是以茶席各部位在大小、高低、多少、远近、前后、左右等比例中所表现的总体和谐为追求的最高目标。其中，任何一个因素的残缺，都会破坏茶席完整美的结构形成。

茶席设计的结构形式多种多样，总体包含中心结构式和多元结构式两个大的类型。

1. 中心结构式

所谓中心结构式，是指在茶席有限的铺垫或茶席总体表现空间内，以空间距离中心为结构核心点，其他各因素均围绕结构核心来表现各自的比例关系的结构方式。

中心结构式的核心，往往都是以主器物的位置来体现。在茶席的诸种器物中，担任茶的泡、饮角色的器物——茶具，是茶席的主器物。而直接供人品饮的茶杯，又是主器物的核心器物。由于动态演示的审美规律所决定，有时，主器物又以动态表现的中心物为主器物。

中心结构式，还必须做到大与小、上与下、高与低、多与少、远与近、前与后、左与右的比例关照。

2. 多元结构式

多元结构式又称非中心结构式。所谓多元，指的是茶席表面结构中心的丧失，而由铺垫空间范围内任一结构形式的自由组成。

多元结构，形态自由，不受任何束缚，可在各个具体结构形态中自行确定其各部位组合的结构核心。结构核心可以在空间距离中心，也可以不在空间距离中心，只要符合整体茶席的结构规律和能呈现一定程度的结构美即可。

多元结构的一般代表形式有流线式，散落式，桌、地面组合式，器物反传统式，主体淹没式等。流线式以地面结构为多见，一般常表现为地面铺垫的自由倾斜状态；散落式的主要特征一般表现为铺垫平整，器物基本规则，其他装饰品自由散落在铺垫之上；桌、地面组合式基本属现代改良的传统结构方式，其结构核心在地面，地面承以桌面，地面又以器物为结构的核心点；器物反传统式多用于表演性茶道的茶席，首先表现为茶器具的反传统样式以达到使用动作的创新化，其次在器物的摆置上也不按传统的基本结构进行；主体淹没式常见于一些茶馆的环境布置，具体表现为结构大于茶席的空间，器物大于茶具，实用性大于艺术观赏性。

三 茶席设计的题材及表现方法

凡与茶有关的天象地事，万种风情，只要内容积极、健康，有助于人的美好道德和情操培养，并能给人以美的享受，都可在茶席之中得以反映。常见的茶席题材主要有如下几大类。

1. 以茶品为题材

(1) 茶品特征的表现。

茶，就其名称而言，就已经包含了许多题材的内容。首先，它众多不同的产地，给人以不同地域茶的文化和风情的认识。如“庐山云雾”，给人以云遮雾障之感；“洞庭碧螺春”，又在人眼前展现一幅碧波荡漾的画面。凡茶产地的自然景观、人文风情、风俗习惯、制茶手艺、饮茶方式、品茗意趣、茶典志录、故园采风等，都是茶席设计不尽的题材。

从茶的形态特征来看，更是多姿多彩。如“龙井”新芽，一旗一枪……大凡各地的名茶，都有其形状的特征，足以使人眼花缭乱。

(2) 茶品特性的表现。

茶，性甘，具多种美味及人体所需的营养成分。茶的不同冲泡方式，也给人以不同的艺术感受。特别是将茶的泡饮过程上升到精神享受之后，品茶便常用来满足人们的精神需求。于是，借茶表现不同的自然景观，以获得回归自然的感受。如常以茶的自然属性反映连绵的群山、无垠的大地、奔腾的江河、流淌的小溪、初升的旭日、暮色的晚霞、荷塘的月色等，或直接将奇石、树木、花草、落叶、果实等置于茶席之上，让人直观感受与自然的时刻亲近。在表现不同的时令季节上，以获得不同的生活乐趣。如通过茶在春、夏、秋、冬里不同的表现，让人感受四季带来的无穷快乐。在表现不同的心境上，以获得心灵的某种慰藉。如以茶的平和去克制心情的浮躁，以求一片寂静和安宁；以茶的细品去梳理往事，以求以清晰的目光看清前进的方向；以茶的深味去体味生活的甘苦，以求感悟一切来之不易。或直接将禅意佛语书以纸上，挂于屏风，让人一进门来便与你一起听梵音玄唱，闻净坛妙香。

(3) 茶品特色的表现。

茶有绿、红、青、黄、白、黑色，正是色彩的构成基色。若画家拥有这六色，即可调遍人间任一色。何况茶之香、之味、之性、之情、之意、之境，无不给人以美的享受。

2. 以茶事为题材

生活与历史事件，历来是各类艺术形式主要表现的对象。事件，囊括性强，人与物都可包含其中。事件，还是一种实证，人们纪念它，常能引起思想的共鸣和情感的宣泄。事件，又是过去时态，能为今事与后事提供借鉴。茶席中表现的事件，应与茶有关，即茶事。陆羽在《茶经》中就曾用单独一个章节叙述了以往的茶事，日“七之事”。

茶席表现事件，主要是通过物象和物象赋予的精神内容来体现。如以一把“汤提点”(茶壶)、一只黑釉“兔毫盏”和一个茶筅，即可表现1000多年前宋代著名的“斗茶”事件。

可成为茶席题材的事件，大致有如下几种。

(1) 重大的茶文化历史事件。

一部中国茶文化史，就是由一个个茶文化的历史事件所构成的。作为茶席，不可能在短时期内将这些事件一一表现周全，我们可以选取一些在茶文化史中重要时期的重大事件，选择某一个角度，在茶席中进行精心的刻画，如神农尝百草、《茶经》问世、“罢造龙团”等，都可在茶史中信手可得。

(2) 特别有影响的茶文化事件。

特别有影响的茶文化事件，是指茶史中虽不属于具有转折意义的重大事件，但也在某个时期特别有代表性的茶事而影响至今。如陆羽设计风炉、供春制壶等，都可以通过一器一皿来反映某个历史时期茶文化的代表性事件内容。

(3) 自己喜爱的茶文化事件。

自己喜爱的茶事，不一定具有完美性，也不一定有什么影响力，但亲切、生动、活泼，投入了自己的一定情感，熟知事件的细枝末节，将其作为茶席的题材，往往更能从崭新的角度，发掘一定的内涵，使茶席的思想内容更加丰富而深刻。

3. 以茶人为题材

凡爱茶之人、事茶之人、对茶有所贡献之人、以茶的品德作己品德之人，均可称为茶人。爱茶之人不一定是事茶之人，事茶之人不一定是对茶有所贡献之人，对茶有所贡献之人不一定是以茶的品德作己品德之人，唯爱茶、事茶、对茶有所贡献又以茶的品德作己品德之人，才是世上真正的茶人。上海市茶叶学会前理事长、已故茶人钱梁先生最早提出茶人要有"茶人精神"，就是做"默默地无私奉献，为人类造福"之人。

以茶人作为茶席的题材，对茶人不应苛求，古代茶人，难免会因时代和社会的局限，与我们这个时代要求的标准茶人有一定的距离，但他们在那个时代，不迷醉于功名利禄，却事茶、迷茶、对茶做出了巨大的贡献，就已经是不易之事。同样，对今之茶人，也不该苛求，只要是一个正直的、对茶有所贡献之人，都可在茶席中得到表现。这样，古代茶人、现代茶人及我们身边的茶人，就会源源不断地走入我们的眼帘……

(1) 以古代茶人为题材。

古代茶人，历数千年，至今仍为人称颂者，可谓德高望重。神农氏当是第一人，他屡尝百草，将生死度外，实为古今茶人之楷模。陆羽苦难成人，发奋研读，踏遍青山只为茶，将爱将恨全付一部《茶经》中，是为真圣人。从捻禅师、怀海百丈、圆悟克勤，多少僧佛禅家，修炼苦行，轻言一句"吃茶去"，教多少弟子体味来世今生。卢仝、苏轼、陆游、皎然，以诗唱茶，以茶著文，品多少茶之深味，吟无数茶之真情。僖宗、赵佶、明祖、乾隆，痴迷杯中佳人，不可一日无茶；看惯金银身边物，不如制成碾、笼、罗、盒供佛前；忽振臂一声圣旨下，从此品茗不煮茶。

(2) 以现代茶人为题材。

现代茶人，有许多是伟人、名人。毛泽东、周恩来、朱德、陈毅、老舍、巴金、赵朴初……人人生前一壶茶，茶事平常也动人。现代茶人，更多的是默默奉献之人。吴觉农、王家扬、王泽农、庄晚芳、陈椽、王镇恒、陈宗懋……他们或著文立说，或授业育人，为振兴我国的茶科技、茶文化、茶产业做出了巨大的贡献。

(3) 以身边的茶人为题材。

身边茶人，皆是平常之人。欲以平常人走入我们的茶席，眼前会一下子闪出许多张熟悉的面容。同行、同桌、邻里、亲朋，身边的茶人，都在脑海里装着。他们亲切、平和、真诚、友好，以他们为题材设计的茶席也会传递给人以亲切和快乐。

4. 茶席题材的表现方法

以物、事、人作为题材的茶席，一般有以下两种表现方式。

（1）具象的物态语言方式。

具象的物态语言方式，是通过对物态形式的准确把握来体现。比如表现人，就要精心选择能反映那个人的特殊物品或象征物。如要表现吴觉农，他所著的《茶经评述》就是其典型的物态语言。如反映事件，也同样要精心选择能典型反映那个事件的特殊物品及象征物，如反映唐代的宫廷茶事，就必须要有唐代宫廷的茶具及象征物。

（2）抽象的物态语言方式。

抽象的物态语言方式，是通过人的感觉系统，即视、听、嗅、味、触以及心理，对事物获得印象后，运用最能反映这种印象感觉的形态来体现。如表现快乐，可通过跳跃的音乐节奏和欢快的旋律以及茶席中色彩明快的器物和自由奔放的摆置结构来体现。

四 茶席设计的技巧

技巧，指的是一种科学的方法，它由人创造。技巧既表现在人类的简单劳动中，也表现在人类的复杂劳动中；既适用于人类的物质创造活动，也适用于人类的艺术创造活动。技巧的运用，使劳动过程变得更加简单和快捷，也使劳动结果变得更加成功和完美。同时，又使掌握和运用了技巧的人减少了劳动和创造的付出程度，并从中获得劳动和创造的快乐。

茶席设计，既是一种物质创造，也是一种艺术创造；既是一种体力劳动，更是一种智力劳动。因此，技巧的掌握和运用就显得非常重要。茶席设计的基本技巧具体表现在以下三个方面。

1. 获得灵感

灵感，是一种综合的心理现象。它表现为，在偶然状态下，突然得到的一种意外启迪和心理收获。它使原先模糊和不明了的心理感受一下子变得清晰起来，从而获得某种行为方式的依据和对未来行为的清晰认识。

但灵感的获得，又是在思维和行为的运动中产生的。因此，我们在茶席设计之前，应以积极的态度和方式，不是守株待兔，而是主动出击，从生活的各个方面去促使灵感的获得。

（1）要善于从茶味体验中去获得灵感。

茶席由人设计，茶人的典型行为就是饮茶。那么，就让我们试着从茶味的体验中去寻找灵感。这种寻找主要是依靠联想和象征的手段来获得的。

茶的苦味会使我们联想到茶农种茶、采茶、制茶的辛苦，茶人奋斗的辛苦，中国茶业发展的艰苦以及其他许多象征茶味之苦的内容。茶的苦味之后是甘甜。我们同样可以联想到茶给生活和世界带来的种种美好。茶的深味，又会使我们联想到许多与茶有着同样意味的事物。总之，只要我们展开联想的翅膀，就一定会从茶味的体验中，获得茶席设计所需要的许多有价值有意义的表现内容与方法。

（2）要善于从茶具选择中去发现灵感。

茶具，是茶席的主体，茶具的质地、形状、色彩等决定了茶席的整体风格。因此，一旦从满意的茶具中发现了灵感，从某种角度来说，就等于茶席设计已成功了一半。

选择茶具最有效的办法，就是到茶具市场去寻找。

茶具的质地，往往表现一种时代的内容和地域文化。茶具的色彩，最能体现一种情感。茶具的造型，则体现了一种性格。

（3）要善于从生活百态中去捕捉灵感。

生活，永远是艺术创造的源泉。多姿多彩的生活，也总有一些潮流的东西在作它的导向。潮流在生活中的表现，既是有形的，如社会的某些共同行为，或某个方面众多人的参与等，又是无形的，那是流淌在人们心中的一种普遍的共识。作为一个茶席设计的爱好者，我们应该积极投身到这种生活的潮流中去，特别是积极投身到茶文化的潮流中去，从中把握茶文化的脉搏，加深对茶文化的认识与理解。我们也一定能从这些活动中捕捉到茶席设计的灵感。

生活的潮流，我们有心去感受，生活的细微，我们也会无意间触及。只要细心观察，就有可能在无意中得到意外的发现。

在生活中，还可以通过与他人的交流来获得创作的灵感。当然，这种交流往往是在交谈中，无意间受到的启发。有时，这种启发也不一定与茶席的设计有关，但这种启发会在记忆中储存起来，在另一时间、另一环境下，往往就会迸发出灵感的火花，从而得到意料之外的收获。

（4）要善于从知识积累中去寻找灵感。

首先，可以从专业的知识积累中去寻找灵感。专业的茶叶知识，能增长我们对茶的历史、种植、种类、产地和制作的了解；专业的茶的冲泡知识，能加深我们对不同茶品的茶理、茶性的认识及对不同冲泡方法的掌握；专业的茶文化知识，能帮助我们对几千年来中国茶文化之所以不断发展的动因，有一个全面而深刻的理解，从而更加坚定对茶事业不断追求的信念。

其次，我们还要学习和积累其他各门类的知识。茶席设计所涉及的知识不下几十种。这其中包括政治、历史、哲学、宗教、道德、文学、美学、工艺、表演、音乐、服饰、摄影、语言、礼仪、绘画等。实践证明，一些艺术和思想水平比较高的茶席设计作品，设计者往往都具有较高的文化水平和艺术素质。

除此之外，还要善于学习他人的茶席设计作品，从中寻找创作的灵感。他山之石，可以攻玉。他人的作品，也是学习茶席设计最好的借鉴。

2. 巧妙构思

构思，一般是指艺术家在孕育作品的过程中所进行的思维活动。构思的过程，就是对选取的题材进行提炼、加工，对作品的主题进行酝酿、确定，对表达的内容进行布局，对表现的形式和方法进行探索的过程。茶席设计的过程也同样如此。

茶席设计的构思，要在“巧”和“妙”上下功夫。这里所谓的“巧”，指的是奇巧；这里所谓的“妙”，指的是妙极。

进行巧妙的构思，要在以下四个方面下功夫。

（1）创新是茶席设计的生命。

一件艺术作品，有无生命力，关键在于它是否富有创新精神。否则，作品完成之时，也就是它的消亡之时。

① 内容上的创新。

创新，首先表现在它的内容上。题材是内容的基础，题材不新颖，就吸引不了人。事件是内容的线索，事件平淡，也抓不住观众。内容新颖，关键还是要有新的思想。即便是老题材，立意新，思想新，也同样具有新鲜感。

除此之外，设计新颖的服饰、新颖动听的音乐，及新颖的其他茶席构成的要素等，都是新颖内容的组成部分。

② 形式上的创新。

新颖的内容，还要通过新的表现形式来体现。形式是艺术的外在感觉载体。内容不新形式新，也能取得较好的艺术效果。如同样是表现“花”的内容，你可用花茶，我可用花景；你可用花器，我可用花香；你可用插花来点缀，我可用屏风来体现。

在表现方法上，一个新的角度，可使单件物态发生多种变化；一个新的结构，也可使整体形式发生质的变化。茶席设计正是在各种不同的角度和结构方式变化中，将万事万物融于其中，告诉人们新的世界和新的生活。

（2）内涵是茶席设计的灵魂。

所谓内涵，是指反映于概念中对象的本质属性的总和。如“人”这一概念的内涵是：有语言，能思维，会制造生产工具和生活工具等。而艺术作品的内涵，则包括作品本身所表现的内、外部有形内容和超越作品之外的无形意义和作用。真正的艺术作品，其内涵，既是一种质，也是一种量；既是有形的存在，也是无形的永恒。因此，从这个意义上来说，茶席设计的内涵，就是它的灵魂所在。

① 内涵的丰富性，首先表现于丰富的内容。一个艺术作品，无论大小，都能感受其一定的分量。这个分量，常常指的就是内容。内容的丰富性、广泛性，是一个作品存在意义的具体体现。

艺术作品属于文化的范畴，知识性是其衡量的标准之一。知识内容越多，它的内涵就越丰富。但丰富的知识，不是简单的内容叠加，而是通过作品本身的独特形式，将众多的知识内容自然地融于其中。

② 内涵的深度。一个作品是否有深度，主要是看它的思想内容。思想的深度，不是靠说教，而是靠娴熟和老练的艺术手法，将无形的思想，不显山、不露水地融于作品之中。思想肤浅的作品，就事论事，味同嚼蜡。思想深刻的作品，却越看越有味。茶席设计的思想开掘，要层层递进，如同剥笋，一层一感受，一剥一景致。这就要求我们在设计时，要把层层的思想内容密铺其中，同时，又要把想象的空间留给观众。

（3）美感是茶席设计的价值。

美，是艺术的基本属性。美感，是在审美活动中，人们对于美的主观反映、感受、欣赏和评价。作为以静态物象为主体的茶席设计，美感的体现显得尤为重要。它是茶席艺术的根本价值所在。

① 茶席形式美的具体体现。美感的基本特征，是形象的直接性和可感性。在茶席设计中，首先表现为茶席的形式美。

器物美，是茶席形式美的第一特征。器物美，又是茶席的具体形象美。器物的优良质地、别致的造型、美好的色彩等方面，是器物美的具体美感特征。

色彩美，是形式美的第一感觉。它表现得最直接，也最强烈。色彩美的最高境界是和谐。和谐美的最典型特征是温和。温和给人以宁静和平衡，温和也强烈体现着亲近、亲切与温柔。

造型美，体现着线条美。线条的变化，决定着器具形状的变化。

器物美，还体现在茶席的每一基本构成要素中。

茶汤的美感具有多重性。它既表现一定的茶汤色彩，又和茶碗共同组成重色。茶的色彩，还是一种质的体现。因此，茶的最佳质态所反映的茶汤色彩也不同。

铺垫美，是茶席美感的基础。它以大块的色彩衬托器物的色彩，是铺垫美的基本原则。

插花的形态美与色彩美并重。花型、花器的小巧、高雅、别致与花、叶色彩的醒目，是茶席插花的目标追求。

焚香的气味美高于香料、香器的色彩美和造型美。焚香的气味美，丰富了茶席物态美的内容，使茶席体现出一般物态美所缺乏的独特美感。

挂画的美感更多的是表现在观赏者心理上对美的体验。它的色彩美往往退为次位，而心理上的意会、感知成分常常居于上风，显示其主要的美感走向。

相关工艺品，本身就有着相对独立的美感。它的机动性、可移动性，为茶席的结构美起着一定的平衡作用。

茶果茶点，有着色彩、造型、味感、心理的综合美。其中味感是第一位的，其次是心理上的感受。

背景美，是建立茶席空间美的重要依托。它起着调整审美角度和距离的作用。它的大块阻隔，还是审美的某种心理依靠。

茶席的形式美，还体现在结构美上。因茶席设计还需进行动态的演示，故茶席的形式美还包括动作美、服饰美、音乐美及语言美等诸多的内容。

② 茶席情感美的具体体现。茶席的情感美，主要体现于真、善、美的情感内容。

真，即茶席内容所体现的纯真、率真、真实的感受和茶席形式表现中的真诚及人格力量。

善，即茶席内容所体现的某种道德因素。凡以人为本、人文关怀及人性关怀诸内容，都是善的具体体现。

美，在情感美的特征中，表现为一种心灵的触动和感化，是情感美中最动人的一面，也是情感中保留最长久的一种感觉，而且直至人的心灵深处。

总之，茶席之美，既要符合自然的规律，又要适应人们的欣赏习惯，在有限的空间范围之内，做最大程度的美感创造。

(4) 个性是茶席设计的精髓。

个性，指的是一事物区别于其他事物的特殊性质。从心理学的角度来说，个人稳定的心理特征，如性格、兴趣、爱好等的总和，即为一个人区别于另一个人的个性。但艺术却有所不同，凡构成物态艺术的成分，只要有一种可原质原型复制，就有可能在一定程度上使个性丧失。而茶席的物态成分几乎全部可原质原型复制，如可重复生产的茶具、花器、香器、铺垫、工艺品、屏风、食品，包括茶本身。这就要求我们的设计，对它们在同质同型的基础上，做不同的合成再造，使之具有不同于其他再造的特殊性质，这就是茶席艺术的个性。

① 个性特征的外部形式要使茶席拥有个性特征，首先要在它的外部形式上下功夫。如茶的品质、形态、香气；茶具的质感、色彩、造型；茶具组合的单件数量、大小比例、摆置距离、摆置位置；铺垫的质地、大小、色彩、形状、花纹图案等。凡此种种，只要属于人们直接可感的，都属于茶席的外部形式。那么，我们即可在各个方面寻找、选择与其他设计的不同之处。如同是煮水器，他人以不锈钢的"随手泡"和陶质紫砂炉为多，此时，若选用一个乡村原质的泥炉，就立刻会显得与众不同。又如在结构上，别人多采用中心结构式，而你却以反传统的方式出现，也会立即给人以不一样的感觉。

② 个性特征的角度选择茶席艺术的个性创造，还要精心选择其表现的角度。角度的选择，如同挖井，挖掘地点不对，即便挖得再深，也无水可得。角度的选择，还如同摄像，角度选择得当，可反映人物最精彩的精神风貌。如表现茶文化代代承传的主题，人们往往会从人物的角度加以体现，或将神农、陆羽、吴觉农、少儿茶人等作为线索。而《薪火相传》的作者，却从茶具的角度，以古意炉、壶和现代杯盏作形似反差，实为相联的处理，就显得角度与众不同。

③ 个性特征的思想内容，反映一定的深度；立意，表现于一定的创新。这也是茶席设计最显功力的体现。如采用相同器物、相似结构设计的茶席，由于思想提炼深浅不同，立意形成内容不同，其个性的塑造也有本质的差异。仍以《薪火相传》为例，如以新与旧、大与

小、过去与现在等对比来设计，虽也有一定的创意，但显得缺乏思想的深度。而以茶的精神代代相传为立意，一下子便使茶席有了更深层次的思想内容，不仅立意新颖，而且使人获得更为广阔的想象与思考空间。显然，其艺术个性得到更充分的发扬，其艺术价值也与前者不同。

3. 成功命题

茶席的成功命题，包含了对主题高度、鲜明的概括。它以精炼、简洁的文字，或进行含蓄表达，或进行诗意传递。使人一看命题即可基本感知艺术作品的大致内容，或迅速感悟其中的思想，并同时获得由感知和感悟带来的快乐和满足。

（1）主题概括鲜明。

主题，是内容的思想结晶。但主题并非命题，而命题必须反映主题。一个完整的主题，必须具有它的概括性、鲜明性和准确性。

概括性是指它对内容的合理涵盖范围。凡不能涵盖的内容，或涵盖不到的内容，要么就需对主题进行调整，要么就需对内容进行调整。

鲜明性是指反映内容的明确程度。判断主题的鲜明程度，可进行基本的换位审视。就是从他人的角度对自己的作品进行评判。自己清楚了，并不等于他人也明白。往往有些设计者，把自己所要传递的思想说得头头是道，而他人仍是一头雾水，不明白他究竟要表达的是什么意思。鲜明的主题，就是要直接、明了，不绕弯子，不设迷障。

准确性是指反映内容的目标程度。内容表现的是 A，主题提炼的也应是 A。否则，内容说的是 A，主题提炼的却是 B，就会使人感到这个作品不知所云。准确性，还包含了正确性的因素，即是与非的内容标准。也就是说，不能把错误的观点当作正确的观点来表现。

（2）文字精练简洁。

精练文字，如同冶炼金属，废料、残渣都将在火中燃尽，最后获得的才是精华。茶席设计的命题并无特别，几乎和其他艺术作品的命题一样，有着相同的命题规律。它们都共同遵循着精练、简洁的原则，同时又意味深长。要做到命题的精练、简洁，可以从以下三个方面来考虑。

① 从集中的词语中去浓缩文字。即从一句相对集中反映主题的词语中，进行反复剔除，以最终达到既精练简洁，又准确概括，同时意味深长的文字。

② 从集中的感觉中去浓缩文字。假如不能从已有的词语中获得较满意的命题，还可试着从集中的感觉中去寻找。所谓集中的感觉，是指对茶席整体的物象，从各个角度去进行感觉，然后将各种感觉以文字的方式加以表述，再将这些表述集中起来进行筛选，最后剔除多余的文字，确定满意的命题。

③ 从集中的思想中去浓缩文字。所谓集中的思想，是指对形成主题的思想进行同义

词语的设定，其过程同前两种方式一样。

一般来说，命题形成的过程，关键在于对主题进行同义词语的设定，设定的越多，选择的余地就越多。反复设定的过程，也是一种对文字表达功力的训练，可谓一举两得。

（3）立意表达含蓄。

所谓含蓄，是指用委婉、隐约的语言把所要说的意思表达出来。含蓄，就是留有余地，就是给人留有想象的空间。表现含蓄的手法，基本上可归为以下三大类。

① 半意表达，是指不作完全意思的表达，而是表达一部分，留有一部分。半意表达，是含蓄表达的常用手法。如茶席设计《雨前》的命题，稍有茶知识的人一看就会想到“雨前茶”。但只用“雨前”两字，可能你还会想到雨前采茶的人或其他，这就给人留下了许多想象的空间。

半意表达，并不等于文字的减少，一个字可作半意，而更多的文字也可作半意。如《外婆的上海滩》，一下子用了六个字，但它仍是作半意表达。因为，他并没有告诉你，外婆的上海滩是什么样子。而在茶席中，却让我们看到了20世纪30年代上海滩熟悉的白瓷小茶盅及老式手摇唱机等。背景的30年代画片上，画中小姐留着旧时时髦的发型，正捧杯品茗，一副悠闲惬意的样子。那不正是外婆当年在上海滩的生活么？可见，半意表达，会带给人更多的回忆和想象。

② 象征表达，是指通过某一特定的具体形象，表现与立意相似或相近的概念、思想和感情。象征的手法，是所有艺术门类基本的表现手法。它通过B或C或D的具体描写和刻画，将A的具体特征，特别是想表达又不便直接表达的内在思想和感情，尽可能地在相似对象上做畅快淋漓的表现。采用象征的手法，不仅是作者的一种心理释放，而且通过艺术的传递，也能使欣赏者获得某种心理的释放。

③ 反意表达，反意表达意思十分明显，就是从意思相反的一面进行概念、思想和感情的表达。明明说白，却反而示黑；明明说大，却反而言小。反意表达，并不表示不能或不便作正面表达，而是故意通过反面表达，使其正面的立意和思想表达得更为强烈和鲜明。反意表达，体现了表达方式的一种诡秘与智慧。反意表达得越强烈，正面内容的显示就越鲜明。

（4）想象富有诗意。

想象，是指在原有感性形象的基础上，创造出新形象的心理过程。而诗意，则指的是诗的意味和诗的意境。

诗意的情感体现。无论作何种想象，运用何种语言，要使命题富有诗意，都要富有诗意的感情。诗的最基本形式和手段，就是以情动人。诗，就是感动。要把情感体现在诗意中，就是要体现一种人情关怀、人性关怀和一种真正能打动人心的情感。

① 人情关怀，就是以真诚、真挚的感情去看待事物、关心事物、热爱生活、反映生活。

② 人性关怀，就是以真实、平等的感情去看待、关心并反映人的本质需求和人与人、人

与社会的关系。

③ 动人，怀旧是以诗的情感语言，达到对人心灵的拷问并使其深深地感动。

五 茶席的风格

1. 以插花塑造风格

插花在茶席上的应用如前所述，它可以协助主人达到茶席所要表达的意境。但现在所要说的是以插花为主要手段，表现了主人所要达到的任务，这时的插花不能只是站立在一旁观看，而是要进入泡茶席的核心区，与茶具一起共舞。

2. 以背景塑造风格

背景包括泡茶席的后方以及左右两侧，甚至于前方都可以算作背景，它从四周烘托了茶席想要的气氛。但如果以极其强烈的效果在群众视觉焦点的泡茶席背后出现，那就是以背景塑造风格的例子。

3. 以茶具塑造风格

茶具是每一个泡茶席上所必须有的设备，也是茶席风格整体表现的一部分，如果要表现春天的气息或绿茶的青草味，可以使用青瓷的一整套茶具，如果要表现秋天的萧瑟或陈年普洱茶的沧桑，可以使用一套施以茶叶末釉色的手拉坯茶具。但也可以以极为夸张的手法，摆出一套形体与色彩都相当强烈的茶具，整个品茗环境的风格一下子都被它牵动了。

4. 以色彩塑造风格

色彩是表现情感与风格的极佳媒介。红与金黄很容易造成喜庆的气氛，蓝与绿很容易表达宁静与生机，白色表现纯洁、细腻。然而有能力整合茶席上的所有色彩，使其一致地述说着同一故事，那就必须在色彩与形体的掌握上有一定的修养。

5. 以桌面塑造风格

这里所说的桌面效果往往是指桌巾，利用桌巾强烈的色彩、图案与造型（如利用骑巾与小方块布造成的效果），吸引与会者的注意，或是平衡周遭不协调的场景。当然也可以利用桌巾或桌面的处理来加强茶具的视觉效果，如桌子与茶具都是深色或都是浅色，就可以利用桌巾的颜色将茶具突显出来。

6. 以打扮塑造风格

坐在泡茶席上泡茶的人及其助手，甚至参与茶会的其他宾客，都会是塑造茶席风格的因素，所以主泡人与助手的打扮，以及客人被要求的穿着与邀约对象的选择都是茶席设计、茶会举办应该考虑的项目。所以应先行规划，借以增强效果。

7. 以基地塑造风格

泡茶席是以什么作为建构的基础，这关系到往后的发展，例如，席地而设的泡茶席，没有桌椅，一切器物与人都要就着地面来安置；以茶车为基地而设的茶席，其操作台上就备有去渣、排水的设备，茶车的内柜又是收纳备用茶器的地方，所以很多功能性的器物与设施就可以省略；但如果以桌子为泡茶的基地，客人又是围着桌子就座，那最好另备一张侧柜，以便陈放部分茶器。

除了以上所说的三大不同的基地形式外，每种形式的基地还可以有多种不同的变化以适应主人想要表现的境界。

茶席经常被设计成可以随时改变的样子，有些茶人喜欢随着季节改变茶席的陈设，有些茶人喜欢以各种意念来考验自己的表达能力。这是好的行为方式，免得因为已经有了一个可用的茶席，甚至于还颇受人赞扬，就懒得再行变更与创造。茶席的“非常住性”观念以及“日新又新”的行事规范是让茶道艺术性与道德部分不至于僵化、退化的机制。

知识链接

精彩纷呈的茶席展示

1.《丹·青》

红泥绿紫绘古今，妙喜真情照丹青。

从一把紫泥到一把绿泥的相隔、相思，托起了湖缀花红的奥趣，也许生命中的丹青就是一次绝美人生妙境，于无声处再现茶与生命的蓬勃，在红与绿隔岸相望间勾勒出人性与茶性的高洁。人在壶中，壶在画中，阳之刚性，阴之柔和，为我们呈现“青溪流水暮潺潺”岁月华彩。心灵的震撼浓缩在这一席静谧和美的“丹青”之中。图 6-24 所示为作品《丹·青》。

图 6-24 《丹·青》

2.《与山水对话》

艳叶舞风流，枯木迷月薄。茶淡静山幽，树芳飞水落。

一树、一叶、一石、一花，锁定了一幅元代中国文人的山水画卷。枯藤落花，朴实无华，随性而自由点出大自然的意态。手工陶制茶器隐于这自然意态中，表露出“旋烧松火荐茶瓯”的山水意境。看山、看水，山水的尽头还是山水，只是壶盏中的山水与茶香尚在那梦中的悠远处，只待有人用心承诺与山水对话。图 6-25 所示为作品《与山水对话》。

图 6-25 《与山水对话》

3.《玉兰坠露》

浸浸露冷兰飘声，坠叶风枝绕茶音。

她是浦江两岸绽放的妩媚，高雅而淡泊；她是从紫金窑走来的兰花茶器，明净而素雅；她以玉兰花的生命窨制了老白茶的灵魂，清新而悠远。玉兰之花、玉兰之器与一杯老白茶的完美结合，成就了海派文化的一滴玉露，清雅脱俗，哦，人生的追求不负一杯茶的嘱托。图 6-26 所示为作品《玉兰坠露》。

图 6-26 《玉兰坠露》

4.《抱朴涤尘》

静抱无名朴，尘情了不侵。

柴窑之器、青釉水盂、黑陶壶承、建窑黑釉，奇特而多元化之器，抖落了华丽的色彩，铺垫出回归田园般流水潺潺，凝聚了自然最本真的情感。怀抱淳朴，是茶席理想的支点，她撬动了山水的情窦；朴素传真是茶席会心的浪花，她荡润了幽人的尘心。茶映盏毫，一瓢涤尘，尽显淳朴如初，无忘本尊。图 6-27 所示为作品《抱朴涤尘》。

图 6-27 《抱朴涤尘》

5.《国色天香》

古树茶红深，牡丹深浅花。人人欲相饮，此乐何可涯。

以国色天香之美，催生千年古树红茶的悠韵。同样是茶席，同样有生命，她用“绿艳闲且静，红衣浅复深”的传世牡丹，凝视着饱经岁月古树红的厚重，会心出一幅雍容华贵“中国红”的温暖画面。青花老器物，显现出清雅朴素的气质沉淀，倾城好颜色，千年古树红，岁月的悠然依然笑傲着江湖。图 6-28 所示为作品《国色天香》。

图 6-28 《国色天香》

6.《幽篁里》

何以变真性，幽篁茶中绿。

心随幽篁而去，身与风云悠闲。静静独坐在幽篁里，竹下却忘记了语言，唯以祭蓝描金盖碗，试点着茶中三昧，在银制水壶中煮出安吉竹海的味道。寂静时光，一卷闲书，诸尘不染，更作茶瓯清绝梦。深色底席，丝竹承香，渐渐舒开芽叶，轻轻转身，风来衣飘，雨至润心，好一幅竹画江南绕茶香的悠悠禅意。图 6-29 所示为作品《幽篁里》。

图 6-29 《幽篁里》

项目小结

知识要点

1. 了解茶席设计的基本构成要素、茶席设计原则。

2. 了解茶席设计的一般结构方式、茶席设计题材及表现方法、茶席设计技巧及茶席风格。

技能要点

通过本项目学习，能够运用茶席设计原则和茶席设计技巧，设计出不同主题、不同风格的茶席。

项目实训

知识考核

一、单选题

1. 茶席是一种物质形态，(　　)是其第一要素。

A. 艺术性　　B. 实用性　　C. 生活性　　D. 休闲性

2. 现在所能见到的最早表现(　　)的是《萧翼赚兰亭图》。

A. 魏晋茶席　　B. 唐代茶席　　C. 宋代茶席　　D. 元代茶席

二、多选题

1. 茶席的组成元素，主要包括(　　)。

A. 茶桌　　B. 茶品　　C. 茶具　　D. 茶挂

2. 艺术性茶席主要运用在茶席表演、陈列观赏，实用功能弱化，更注重(　　)。

A. 美学表现　　B. 理念感悟　　C. 艺术欣赏　　D. 个性表露

三、判断题

1. (　　)茶席设计由室内设计而来。

2. (　　)茶是茶席的物质基础,也是茶席设计的思考基础,因茶而有茶席。

3. (　　)茶席时使用的“茶具组合”,既可以是现有的成套茶具,又可以是根据茶席设计需要的重新配合。

4. (　　)通过茶席的设计和演绎,表达出茶人关于茶品、茶器及其组合应表达的思想内涵。

5. (　　)茶席的主题确定,一般是单一性的,但也不排除多样性,以及重大理念的融入。

6. (　　)茶席设置,不论是临时性的还是固定式的,都应该注意画面的完整性和协调性。

能力考核

随机抽取茶样进行茶席设计。

考核时间:20 分钟。

考核形式:现场操作。

具体考核要求:在规定时间内布置好抽取茶样的茶席设计。

考核要点:①茶席设计与茶品的合适程度;②茶具与茶品的符合程度;③主题风格与创意性。

项目七 茶的相关

中国人喝茶已有四千多年的历史，早已成为人们生活中不可或缺的一部分。开门七件事：柴、米、油、盐、酱、醋、茶。茶被列入其中，可以看出喝茶对中国人的重要性。

◇学习目标

知识目标

了解中华民族茶饮文化的相关内涵。

能力目标

掌握各类茶叶的不同储藏方法。

素质目标

感受茶文化的内涵，提高学生对茶文化的兴趣。

◇学习重点

民俗茶饮的发展与传播。

◇学习难点

掌握茶叶的储藏方法。

任务一　茶之品饮

一 采鲜茗菜

采摘茶树芽叶经烫煮、盐腌或经自然乳酸菌、醋酸菌发酵变酸等供作菜肴、咀嚼提神解渴(似咀嚼槟榔)或煎饮,可能是人类利用茶叶的原始方式。现今云南基诺族的凉拌茶(见图 7-1),西双版纳布朗族的腌茶,泰国北部山区的酸茶(泰语叫萌),日本的阿波番茶、碁石茶(见图 7-2)等都是流传的这种方式。图 7-3 所示为日本碁石茶作坊。

图 7-1　基诺族的凉拌茶

图 7-2　碁石茶

图 7-3　日本碁石茶作坊

二 晒干煮饮

《周礼・地官司徒》载"掌茶"的编制有 24 人,《周礼・掌茶》载"掌茶,掌以时聚茶以供丧事……",茶供祭祀之用;西汉,司马相如《凡将篇》记载西蜀当地二十多味中草药材,其中"荈诧"就是茶;《华阳国志》载西周时,巴蜀以所产茶叶纳贡。以上将茶作为祭祀、药材、贡品,不可能随时取用鲜叶,故将茶叶晒干便于保存,随时取用,运送及煮饮。图 7-4 所示为以新鲜茶叶烤干煮饮。

图 7-4 以新鲜茶叶烤干煮饮

三 作饼芼饮

三国·魏·张揖《广雅》提及“荆巴间采茶作饼……若饮先炙之令色赤，捣末置瓷器中，以汤浇覆之，用葱姜芼之”。将茶做成饼状，便于运输、存放，饮用时经烤炙、捣末再调和以葱姜等香辛料称之芼饮。这种方式一直流传至中唐陆羽著《茶经》倡导饮茶真味，才渐减风潮，但至今流行于少数民族的擂茶（见图 7-5）、三道茶（见图 7-6）、烤茶（见图 7-7）、打油茶、酥油茶（见图 7-8）等仍有芼饮法的遗风。

图 7-5 擂茶

图 7-6 三道茶

图 7-7 烤茶

图 7-8　酥油茶

四 碾末煮饮

西晋·杜育《荈赋》吟咏当时茶事提及“水则岷方之注，挹彼清流，器择陶简，出自东隅……沫成华浮，焕如积雪，晔若春敷”表示当时已重视煎茶用水及器具，真茶碾末煎饮，汤面才能显现沫成华浮，焕如积雪。

五 蒸青团茶

陆羽《茶经》三之造记载“晴，采之，蒸之，捣之，拍之，焙之，穿之，封之，茶之干矣”。到了唐代，创造了蒸青制茶法，将茶生叶先在釜甑中蒸熟，再用杵臼捣碎，拍制成团饼，穿成一串焙干，唐代蒸青饼茶比较大，《旧唐书·食货志》载“贞元(785—804 年)江淮茶为大模一斤到五十两”。

六 龙团凤饼

团饼茶的精细制作及大发展是在宋代，北宋太平兴国(976—983 年)初，特置龙凤模，遣使至北苑(今福建建瓯)监制龙团凤饼。龙凤团茶制法精细，茶品优良，外形精美，色、香、味均为上乘，名冠天下。

品饮时由炙、碾、罗至候汤、茶筅点茶，需一整套的茶器及点茶技艺。

南宋刘松年的《撵茶图》描绘的即是点茶技艺(见图 7-9)。

七 废团兴散

明太祖朱元璋以制作龙团“重劳民力”而于洪武二十四年(1391 年)诏命“罢造龙团，惟采茶芽以进”，由于朝廷的诏命，散叶茶盛行，促进炒青绿茶的发展。散茶兴起后点茶法逐渐由泡茶法取代。

图 7-9　南宋刘松年的《撵茶图》

1. 有关炒青绿茶的最早记载

唐、宋开始萌发炒青茶技术:《西山兰若试茶歌》"斯须炒成满室香","自摘至煎俄顷余"。

2. 明代炒青制法日趋完善

《茶录》(约 1595 年)的"造茶"、"辨茶",《茶疏》的"炒茶",《茶解》(1609 年)的"制"系统介绍了炒青绿茶加工中有关杀青、摊凉、揉捻和焙干等全套工序及技术要点。

八 现代调饮与清饮

从中国饮茶历史总的看来,饮茶的发展的顺序是由调饮法逐渐过渡到清饮法。

在中国饮茶盛行的唐宋朝,人们把团茶、饼茶都碾碎加调味品烹煮后饮用,随着制茶工艺的革新,散条的创制,饮茶方法也逐渐改为泡饮,并在泡好的茶汤中加入糖、牛奶、芝麻、松子仁等佐料。这种方法以后逐渐传向各少数民族地区和欧美各国。

茶圣陆羽《茶经》提倡喝茶要喝真茶,感受茶的真香真味,反对添加其他混杂物;从而确定了茶饮的审美基调,清饮成为我国茶文化的主流。在宋朝的时候就有人反对,往茶里面放香料等调饮的喝法,茶痴宋徽宗赵佶就说过,茶有真香,它自己的香就已经是最好的了,最完整的了,最完美的了,不要再画蛇添足往里边加别的东西了。基本上到了明朝,汉民族饮茶的主流就变成了清饮,但是有好多少数民族依然保留着调饮的传统。而且有的在汉民族居住区也有调饮的方式,所以中国的饮茶方式是非常丰富多彩的。

调饮法,即在茶汤中加入糖或盐等调味品以及牛奶、蜂蜜、果酱、干果等配料,调和后一同饮用。调饮法因地区和民族的不同而呈现出复杂多样的特点,其中最具代表性的咸味调饮法有西藏的酥油茶和内蒙古、新疆的奶茶等;甜味调饮法有宁夏的"三炮台";调味既可咸也可甜的饮茶法有居住在四川、云南一带山区少数民族的擂茶、打油茶等。

中华民族的饮茶文化，传至全世界，以调饮法居多。其原因为："清饮"只有解渴、提神两种基本功能，而"调饮"除了解渴与提神外，还有营养和悦味等功能。比如牛奶红茶在国外（如欧洲、南亚、大洋洲、东南非、北美）较为普遍，以英国最为典型，通称英式饮茶法，他们每日从早到晚日饮四或五次，以饮"下午茶"最为隆重，喝茶吃点心、聊天，成为一种便捷的社交方式。销茶大国俄罗斯寒带地区人民，多用俄式茶炊煮水泡茶，茶汤中加果酱、蜂蜜、奶油或甜酒调饮，可增加热量御寒。

清饮法就是不加入任何调料，只有单纯的茶汤，品尝真正的茶味。时至今日，中国广大的汉族人民仍多采用此种饮法。通常人们泡一杯茶，续水、再续水，直至淡而无味才弃去。

清饮时，一杯好茶在手，静品默赏，细评慢饮，最能使人进入一种忘我的精神境界，欢愉、轻快、激动、舒畅之情油然而生，正如苏东坡比喻的"从来佳茗似佳人"，黄庭坚则咏茶是"味浓香永，醉乡路、成佳境。恰如灯下，故人万里，归来对影。口不能言，心下快活自省"。而卢仝的《七碗茶》诗，欣然欲仙的饮茶乐趣更是跃然纸上。所以中国人多喜欢清饮，特别是名特优茶，一定要清饮才能领略其独特风味，享受到饮茶奇趣。

识茶之趣

《茶神传》

明代张源《茶录》传到韩国由草衣禅师翻译整理为《茶神传》。其精彩小段，现代制茶与鉴评可借鉴。

造茶

新采，拣去老叶及枝梗、碎屑。锅广二尺四寸。将茶一斤半焙之，候锅极热，始下茶急炒。火不可缓。待熟方退火，撤入筛中，轻团数遍，复下锅中，渐渐减火，焙干为度。中有玄微，难以言显。火候均停，色香全美，玄微未究，神味俱疲。

辨茶

茶之妙，在乎始造之精。藏之得法，泡之得宜。优劣定乎始锅，清浊系乎末火。火烈香清，锅寒神倦。火猛生焦，柴疏失翠。久延则过熟，早起却还生。熟则犯黄，生则着黑。顺那则甘，逆那则涩。带白点者无妨，绝焦点者最胜。

任务二 茶之储藏

随着社会的不断发展，人们越来越关心自己的健康，食品已不是为了填饱肚子，人们更看重的是它的保健功能，食品从健康型到保健型已成为必然。茶叶作为走在前列的保健品，在一定时期内要保证其质量不受或最大限度地降低影响，有效延长茶叶保鲜期，让消费者能够买到色、香、味、形都保存完好的茶叶产品。茶叶储存就是在茶叶基本包装的基础上，确保茶叶保持原有品质所进行的一个过程。

茶叶吸湿及吸味性强，很容易吸附空气中水分及异味，若储存方法稍有不当，就会在短时期内失去风味，而且愈是清发酵高清香的名贵茶叶，愈是难以保存。通常茶叶在存放一段时间后，香气、滋味、颜色会发生变化，原来的新茶叶消失，陈味渐露。因此，掌握茶叶的储存方法保证茶叶的品质是生活中必不可少的。

一　茶叶储存的要点

茶叶很容易吸湿及吸收异味，因此应特别注意包装储存是否妥当，在包装上除要求美观、方便、卫生及保护产品外，尚需要讲求储存期间的防潮及防止异味的污染，以确保茶叶品质。引起茶叶劣变的主要因素有：①光线；②温度；③茶叶水分含量；④大气湿度；⑤氧气；⑥微生物；⑦异味污染。其中微生物引起的劣变受温度、水分、氧气等因子的限制，而异味污染则与储存环境有关。因此要防止茶叶劣变必须对光线、温度、水分及氧气加以控制，包装材料必须选用能遮光者，如金属罐、铝箔积层袋等，氧气的去除可采用真空或充氮包装，亦可使用脱氧剂。茶叶储存方式依其储存空间的温度不同可分为常温储存和低温储存两种。因为茶叶的吸湿性颇强，无论采取何种储存方式，储存空间的相对湿度最好控制在50%以下，储存期间茶叶水分含量须保持在5%以下。

二　茶叶储存的方法

根据茶叶的特性和造成茶叶陈化变质的原因，从理论上讲，茶叶的储藏保管以干燥（含水量在6%以下，最好是3%—4%）、冷藏（最好是零摄氏度）、无氧（抽成真空或充氮）和避光保存为最理想。但由于各种客观条件的限制，以上这些条件往往不可能兼备。因此，在具体操作过程中，可抓住茶叶干燥这个必需的要求，根据各自现有条件设法延缓茶叶的陈化过程，再采取一些其他措施。茶馆茶叶的储藏方法不妨借鉴家庭的储藏方法。

1. 铁罐的储藏法

选用市场上供应的马口铁双盖彩色茶向做盛器。储存前，检查罐身与罐盖是否密闭，不能漏气。储存时，将干燥的茶叶装罐，罐要装实装严。这种方法采用方便，但不宜长期储存。

2. 热水瓶的储藏法

选用保暖性良好的热水瓶作盛具。将干燥的茶叶装入瓶内，装实装足，尽量减少空气存留量，瓶口用软木塞盖紧，塞缘涂白蜡封口，再裹以胶布。由于瓶内空气少，温度稳定，这种方法保持效果也较好，且简便易行。

3. 陶瓷坛储藏法

选用干燥无异味，密闭的陶瓷坛一个，用牛皮纸把茶叶包好，分置于坛的四周，中间嵌放石灰袋一只，上面再放茶叶包，装满坛后，用棉花包紧。石灰隔1—2个月更换一次。这种方法利用生石灰的吸湿性能，使茶叶不受潮，效果较好，能在较长时间内保持茶叶品质，特别是龙井、大红袍等一些名贵茶叶，采用此法尤为适宜。

4. 食品袋储藏法

先用洁净无异味白纸包好茶叶，再包上一张牛皮纸，然后装入一只无空隙的塑料食品袋内，轻轻挤压，将袋内空气挤出，随即用细软绳子扎紧袋口取一只塑料食品袋，反套在第一只袋外面，同样轻轻挤压，将袋内空气挤压再用绳子扎紧口袋，最后把它放进干燥无味的密闭的铁桶内。

5. 低温储藏法

将茶叶储存的环境保持在5 ℃以下，也就是使用冷藏库或冷冻库保存茶叶，使用此法应注意：储存期六个月以内者，冷藏温度以维持0—5 ℃较经济有效；储藏期超过半年者，以冷冻(－10 ℃至－18 ℃)较佳。储存以专用冷藏(冷冻)库最好，如必须与其他食物共冷藏(冻)，则茶叶应妥善包装，完全密封以免吸附异味。冷藏(冷冻)库内的空气循环良好，已达冷却效果一次购买多量茶叶时，应先予小包(罐)分装，再放入冷藏(冻)库中，每次取出所需冲泡量，不宜将同一包茶反复冷冻、解冻。从冷藏(冷冻)库内取出茶叶时，应先让茶罐内茶叶温度回升至室温或相近温度，才可取出茶叶，否则茶叶容易凝结水气，增加含水量，使未泡完的茶叶加速劣变。

6. 木炭密封的储藏法

利用木炭极能吸潮的特性来储藏茶叶。先将木炭烧燃，立即用火盆或铁锅覆盖，使其熄灭，待晾后用干净布将木炭包裹起来，放于盛茶叶的瓦缸中间。缸内木炭要根据潮湿情况，及时更换。

上述六种储藏茶叶的方法比较适用于家庭，但是它的科学原理对于茶馆储藏茶叶是有参考价值的。茶馆储藏茶叶，一般都有专门的储藏室，为了降低储藏室的温度可采用如下两种方法。

一是干燥法。即在储藏室内的空处，放上盛有石灰或木炭的容器，每隔一段时间检查石灰是否潮解，如石灰潮解应立即换掉，这样就保持储藏室内的干燥。

二是采用吸湿机除湿。此法对储藏红茶更适宜。茶叶储藏室平时少开门窗，如要换气，应选择晴天中午，开窗半小时，以利通气。茶叶进入储藏室时，要检查是否夹杂霉变茶叶，入仓后要勤查，发现霉变茶叶后要及时清除，同时要找到霉变原因，并排除不良因素。吸湿机除湿，只有在储藏室封闭的情况下，才能发挥作用，因此平时进出都要及时关闭门窗。

7. 干燥剂储藏法

使用干燥剂，可使茶叶的储存时间延长到一年左右。选用干燥剂的种类，可依茶类和取材方便而定。贮存绿茶，可用块状未潮解的石灰；储存红茶和花茶，可用干燥的木炭；有条件者，也可用变色硅胶。

用生石灰保存茶叶时，可先将散装茶用薄质牛皮纸包好（以几两到半斤成包），捆牢，分层环列于干燥而无味完好的坛子或无锈无味的小口铁筒四周，在坛和筒中间放一袋或数袋未风化的生石灰，上面再放茶叶数小包，然后用牛皮纸、棉花垫堵塞坛或筒口，再盖紧盖子，置于干燥处储藏。一般1—2个月换一次石灰，只要按时更换石灰，茶叶就不会吸潮变质。木炭储茶法，与生石灰法类似，不再赘述。

变色硅胶干燥剂储茶法，防潮效果更好。其储藏方法，与生石灰、木炭法类同，唯此法效果更好，一般储存半年后，茶叶仍然保持其新鲜度。变色硅胶未吸潮前是蓝色的，当干燥剂颗粒由蓝色变成半透明粉红色时，表示吸收的水分已达到饱和状态，此时必须将其取出，放在微火上烘焙或放在阳光下晒，直到恢复原来的色时，便可继续放入使用。

三 各类茶叶的储存

茶叶储存前要先分类。

高山茶、乌龙茶、包种茶、龙井茶、碧螺春、白针银毫、东方美人、绿茶类等轻焙火。挑密封度好的茶叶罐、铝箔袋、脱氧真空包装，可以选择PC塑胶真空罐、马口铁罐、不锈钢、锡材质制的茶叶罐，避免阳光直射、效果较佳，可防潮、避免茶叶变质走味。一般轻焙火、香气重的茶叶因还有轻微水分会产生发酵，建议尽速泡完，短时间喝不完，可将茶叶密封，存放于冰箱中冷藏低温保鲜储存。

武夷岩茶、铁观音、陈年老茶等重焙火或普洱各种茶类。重焙火茶要储存时要先把茶叶的水分烘焙干一点，利于茶叶久放不变质，如要让茶叶回稳消其火味，用瓷罐或陶罐都是很好的选择。普洱各种茶类如用陶罐、瓷罐储存，切记不要盖盖子，口用布盖上，让其通风，因为普洱各种茶类属于后发酵，需借由空气中的水分来发酵，自然陈化，放得越久普洱茶的滋味就会变得更柔和、汤色鲜红明亮、入口滑顺、生津回甘。茶叶罐应放在荫凉通风、保持干燥、避免阳光直射的地方，不要存放在有异味的储存柜或是跟有气味的东西一起存放，避免吸入异味。

四 茶叶的保质期

茶叶本质上就是一种农产品。所有农产品都有保质期，过期变质是不能食用或饮用的，茶叶当然也不例外。茶叶也有保质期，许多消费者不知道，茶商也不愿意承认，所以许多茶叶的包装上，不注明保质期。

目前我国的各茶厂大多是靠品茶专家通过现场鉴定来敲定一批茶到底属于哪个级别、值多少钱的，制定的保质期也未必非常准确。所以保质期就成了一个暧昧不清的话题，有的说是一年，有的说是半年，有的干脆不在包装上标明保质期，直放到“茶味尽失”为止。

实际上，国家以食品卫生标准为依据制定了茶叶标准，对保质期也做出了限定。但国家对普洱茶没有制定标准，因为它是全发酵产品，比较难制定保质期标准。其他茶叶应该严格按照国家标准来操作，否则过了保质期，茶叶就失去了自身的品质和韵味，若受潮发霉还对人体有害。

当然茶叶的保质期与茶叶的品质有关，不同的茶保质期也不一样。像普洱茶、黑茶陈化的反而好一些，保质期可达 10—20 年；又如武夷岩茶，隔年陈茶反而香气馥郁、滋味醇厚；再如湖南的黑茶、湖北的茯砖茶、广西的六堡茶等，只要存放得当，不仅不会变质，反而能提高茶叶品质。

正因为这些特性，前些年，有人炒作老茶，一块陈年普洱茶甚至被炒至上百万元。炒作是商人的游戏，茶毕竟是给人喝的，老茶保存不当，变了质，也是劣品，不能喝。比如普洱茶，一般要求有专门的储藏室，温度保持在 25 ℃左右，湿度控制在 70%左右。另外室内要通风，不与有异味物品一起摆放，每隔 3 个月还要翻动茶叶一次。这些条件，一般茶叶爱好者、收藏者都很难做到。

通常，密封包装的茶叶保质期是 12 个月至 24 个月不等。散装茶叶保质期就更短，因为散装摆放在外的过程会吸潮、吸异味，这样不仅使茶叶丧失原茶风味，也更容易变质。如绿茶，一般还是新鲜的比较好，保质期在常温下一般为一年左右。不过影响茶叶品质的因素主要有温度、光线、湿度。如果存储方法得当，降低或消除这些因素，则茶叶可长时间保证质量。

判断茶叶是否过期，主要有以下几个方面：一是看是否发霉或出现陈味；二是看茶汤颜色，比如绿茶是否变红，汤色是否变褐、变暗；三是品滋味，主要看茶汤的浓度、收敛性和鲜爽度。当然这些外行人不易看清，如果是散装茶叶，买回家已超过 18 个月，那生产时间就更久了，应慎重饮用。

五 茶叶的陈化

茶叶在储存过程中许多化学成分发生氧化作用，会使茶叶陈化或劣变。

1. 湿度的影响

叶绿素在嫩芽叶中的含量很高，在光和热的条件下，容易失绿而变成褐色。茶多酚在储藏过程中容易发生氧化，导致色泽变褐。维生素 C 是茶叶具有营养价值的重要成分，其含量多少与茶叶品质密切相关。维生素 C 也是容易被氧化的物质，难以保存，维生素 C 被氧化后，既降低了茶叶的营养价值，又使茶叶变褐，滋味失去鲜爽味。

当茶叶中的含水量太低时，茶叶容易陈化和变质。当茶叶中的含水量为 3%左右时，茶叶容易保存，当茶叶含水量超过6%，或空气湿度高于60%以上时，茶叶的色泽变褐变深，茶叶品质变劣。成品茶的含水量应该控制在3%—6%，超过6%应该复火烘干。

2. 温度的影响

温度越高茶叶的陈化越快。

茶叶在储藏的过程中，温度每升高1℃，褐变的速度就会加快3—5倍，在10℃以下储藏，能够抑制茶叶褐变。在20℃条件下冷藏，几乎能定期阻止茶叶陈化和变质。

3. 氧气的影响

如果茶叶储藏不当，进入氧气，会加快茶叶的氧化作用，影响茶叶的品质。

4. 光线的影响

光属于能量，茶叶在光线的照射下，会使叶绿素分解褪色。茶叶在储藏过程中，受到光线照射会影响品质，甚至失去饮用价值。

任务三　茶之民俗

中国人喝茶有四千多年的历史，早已成为人们生活中不可或缺的一部分。开门七件事：柴、米、油、盐、酱、醋、茶。茶被列入其中，可以看出喝茶对中国人的重要性。茶俗作为一种重要的茶事活动，始终贯穿于人们的生活之中。但是我国地域辽阔、民族众多，因此饮茶的习俗也是千姿百态，异彩纷呈。

茶俗是民间风俗的一种，它是民族传统文化的积淀，也是人们心态的折射，它以茶事活动为中心贯穿于人们的生活中，并且在传统的基础上不断演变，成为人们文化生活的一部分。茶文化内容丰富，在婚礼中也用茶作为礼仪，从唐太宗贞观文成公主入藏时，按礼节带去茶开始，至今已有1300多年了。唐时，饮茶之风甚盛，社会上风俗贵茶，茶叶成为婚姻不可少的礼品。宋时，由原来女子结婚的嫁妆礼品演变为男子向女子求婚的聘礼。至元明时，“茶礼”几乎为婚姻的代名词。女子受聘茶礼称“吃茶”。姑娘受人家茶礼便是合乎道德的婚姻。清朝仍保留茶礼的观念。有“好女不吃两家茶”之说。由于茶性不二移，开花时籽尚在，称为母子见面，表示忠贞不移，我国许多农村把订婚、结婚称为“受茶”、“吃茶”，把订婚的订金称为“茶金”，把彩礼称为“茶礼”等。在婚礼中用茶为礼的风俗，也普遍流行于各民族。蒙古族订婚，说亲都要带茶叶表示爱情珍贵。回族、哈萨克族订婚时，男方给女方的礼品都是茶叶。回族称订婚为“定茶”、“吃喜茶”，满族称“下大茶”。至于迎亲或结婚仪式中用茶，主要用于新郎、新娘的“交杯茶”、“和合茶”，或向父母尊长敬献的“谢恩茶”、“认亲茶”等仪式。从古到今，我国的许多地方，在结婚的每一个过程中，往往都离不开茶来作礼仪。

一 主要民俗茶艺

中华地大物博，民族众多，历史悠久，民俗也多姿多彩。而饮茶是中华各族的共同爱好，无论哪个民族，都有各具特色的饮茶习俗。

1. 汉族

汉族饮茶方式虽然有别，但是大多推崇清饮，保持茶的纯粹，感受茶的原本滋味。清饮也使得喝茶者能够最大限度地感受来自茶叶的清香，而小口啜饮则能让品尝者细细体会茶水绕过舌尖，流向肠胃的滑行轨迹。一次喝茶就像是进行了一次口腔的探索，沁人心脾的同时也不失趣味。

2. 白族

白族有“三道茶”的习俗。

第一道“苦茶”，制作时先将一只小砂罐置于文火上炙烤，待罐变热后放入适量茶叶，转动砂罐，使茶叶受热均匀颜色变黄，再注入沸水冲泡。这种茶闻起来焦香扑鼻，喝起来却滋味苦涩。寓意做人要能吃苦，在人生的道路上历经磨难才能成就大业。

第二道“甜茶”，喝完第一道茶后，客人在茶盅中放入少许红糖、姜片，这样沏成的茶甜中带香，寓意“苦尽甘来”。

第三道“回味茶”，煮茶方式跟之前一样，就是将原料换成适量蜂蜜、炒米花、若干花椒、一小撮核桃仁，饮的时候需一边晃动茶盅一边喝下，喝起来酸甜苦辣各滋味都有，寓意“凡事多回顾”。

3. 彝族

烤茶是我国高山峡谷地区彝族的生活必需品，由于气候寒冷干燥，缺少蔬菜，故常以喝浓郁热茶的方法来补充营养的不足，所谓“每日必饮三次茶”。烤茶种类多样，咸甜苦辣，人生百味，既是艰苦劳作的能量之源，也是节庆待客的灵性之物。

糊米罐罐香茶的烤罐要肚大口小，大小适中。茶具为土陶和紫砂制品为主。泡茶讲究取无量山泉水。烤茶之前先烤罐，待罐极热之时，将茶叶放入，在炭火上翻转烘烤，当茶叶焦黄时，再将烧开的水一下子冲进去，一阵清香瞬时冒了上来。粗陶烤茶，大碗喝茶，盐、姜、花椒等统统可以入茶。茶，对粗犷的少数民族来说，仿佛一位可以托付现实人生的挚友，早出晚归，小病大痛，在大自然中求生存的每一天都少不了它。

4. 土家族

土家族擂茶，又名三生汤。此名的由来，说法有二：一是因为擂茶是用生叶（指茶树上新鲜的幼嫩芽叶）、生姜和生米等三种生原料加水经烹煮而成，故而得名。

5. 侗族

侗族有常年吃油茶的习俗，四方形的火炕上，架着一口铁锅，待锅里的茶油滚滚，将晒干的糯米饭粒(有的地方叫阴米)放入锅内，立即撑腰膨胀，形状如金球。米花炸好，又炸黄豆或花生。然后往锅内放入一把籼米，炸焦时从茶饼上撕下茶叶一起炒拌片刻，闻到香味，立即冲入冷水滚开一阵，再用自制的竹篾漏勺过滤，味浓的油茶水即成。

6. 藏族

藏族酥油茶是一种在茶汤中加入酥油等佐料，经特殊方法加工而成的茶汤。至于酥油，乃是把牛奶或羊奶煮沸，经搅拌冷后凝结在溶液表面的一层脂肪。茶叶一般选用的是紧压茶中的普洱茶或金尖。

7. 苗族

苗族八宝油茶汤的制作比较复杂，先得将玉米(煮后晾干)、黄豆、花生米、团散(一种米面薄饼)、豆腐干丁、粉条等分别用茶油炸好，分装入碗待用。接着放适量茶在油锅中，放入适量茶叶和花椒翻炒，待茶叶色转黄发出焦糖香时，即可倾水入锅，再放上姜丝。一旦锅中水煮沸，再徐徐掺入少许冷水，等水再次煮沸时，加入适量食盐和少许大蒜、胡椒之类，用勺稍加拌动，随即将锅中茶汤连同佐料，一一倾入盛有油炸食品的碗中，这样就算把八宝油茶汤制好了。

8. 滇西茶

在滇西还有离婚茶一说，谁先提出离婚由谁负责摆茶席，请亲朋好友围坐，长辈会泡好一壶“春尖”茶，递给即将离婚的男女双方。如果男女双方只是象征性地品味一下，证明婚姻生活还有余地，可以在长辈的劝导下重新和好，如果双方喝的干脆，就说明继续一起生活下去基本没希望。

二　我国 55 个少数民族的饮茶习俗

在少数民族文化中，茶少了些雅致趣味，多了强身健体的实用性。现将我国 55 个少数民族的日常饮茶品类摘录如下，以飨读者。

(1) 藏族：酥油茶、甜茶、奶茶、油茶羹。

(2) 维吾尔族：奶茶、奶皮茶、清茶、香茶、甜茶、炒面条、茯砖茶。

(3) 蒙古族：奶茶、砖茶、盐巴茶、黑茶、咸茶。

(4) 回族：三香碗子茶、糌粑茶、三炮台茶、茯砖茶。

(5) 哈萨克族：酥油茶、奶茶、清真茶、米砖茶。

(6) 壮族：打油茶、槟榔代茶。

(7) 彝族:烤茶、陈茶。

(8) 满族:红茶、盖碗茶。

(9) 侗族:豆茶、青茶、打油茶。

(10) 黎族:黎茶、艼茶。

(11) 白族:三道茶、烤茶、雷响茶。

(12) 傣族:竹筒香茶、煨茶、烧茶。

(13) 瑶族:打油茶、滚郎茶。

(14) 朝鲜族:人参茶、三珍茶。

(15) 布依族:青茶、打油茶。

(16) 土家族:擂茶、油茶汤、打油茶。

(17) 哈尼族:煨酽茶、煎茶、土锅茶、竹筒茶。

(18) 苗族:米虫茶、青茶、油茶、茶粥。

(19) 景颇族:竹筒茶、腌茶。

(20) 土族:年茶。

(21) 纳西族:酥油茶、盐巴茶、龙虎斗、糖茶。

(22) 傈僳族:油盐茶、雷响茶、龙虎斗。

(23) 佤族:苦茶、煨茶、擂茶、铁板烧茶。

(24) 畲族:三碗茶、烘青茶。

(25) 高山族:酸茶、柑茶。

(26) 仫佬族:打油茶。

(27) 东乡族:三台茶、三香碗子茶。

(28) 拉祜族:竹筒香茶、糟茶、烤茶。

(29) 水族:罐罐茶、打油茶。

(30) 柯尔克孜族:茯茶、奶茶。

(31) 达斡尔族:奶茶、荞麦粥茶。

(32) 羌族:酥油茶、罐罐茶。

(33) 撒拉族:麦茶、茯茶、奶茶、三香碗子茶。

(34) 锡伯族:奶茶、茯砖茶。

(35) 仡佬族:甜茶、煨茶、打油茶。

(36) 毛南族:青茶、煨茶、打油茶。

(37) 布朗族:青竹茶、酸茶。

(38) 塔吉克族:奶茶、清真茶。

(39) 阿昌族:青竹茶。

(40) 怒族:酥油茶、盐巴茶。

(41) 普米族:青茶、酥油茶、打油茶。

(42) 乌孜别克族:奶茶。

(43) 俄罗斯族:奶茶、红茶。

(44) 德昂族:砂罐茶、腌茶。

(45) 保安族:清真茶、三香碗子茶。

(46) 鄂温克族:奶茶。

(47) 裕固族:炒面茶、甩头茶、奶茶、酥油茶、茯砖茶。

(48) 京族:青茶、槟榔茶。

(49) 塔塔尔族:奶茶、茯砖茶。

(50) 独龙族:煨茶、竹筒打油茶、独龙茶。

(51) 珞巴族:酥油茶。

(52) 基诺族:凉拌茶、煮茶。

(53) 赫哲族:小米茶、青茶。

(54) 鄂伦春族:黄芹菜。

(55) 门巴族:酥油茶。

在我国55个少数民族中,除赫哲族人历史上很少吃茶外,其余各民族都有饮茶的习俗。

知识链接

白族三道茶的由来

白族的三道茶当初只是长辈对晚辈求学、学艺、经商,以及新女婿上门时的一种礼俗。它的形成,还伴随着一个富有哲理的传说。很久以前,在大理苍山脚下,住着一位手艺高超的老木匠。他带有一个徒弟,学了多年还不让出师。一天,他对徒弟说:“你作为一个木匠,会雕会刻,还只学到一半功夫。要是跟我上山,你能把大树锯倒,锯下板子,扛得回家,才算出师。"徒弟不服气，就跟着师父上山，找到一棵大麻栗树，立即锯起树来。但还未等徒弟将树锯成板子，已觉口干舌燥，只好恳求师父让他下山取水解渴，但师父不依。到傍晚时分，还未锯完板子，徒弟再也忍受不住了，只好随手抓了一把树叶，放进口里咀嚼，想用来解渴。师父看了徒弟又皱眉头，又咂舌的样子，笑着问徒弟："味道如何?"徒弟只好实说："好苦啊!"师父这时才语重心长地说："你要学好手艺，不先吃点苦头怎行啊?"这样一直到日落西山，板子虽然锯好，但徒弟已筋疲力尽，累倒了。这时，师父从怀里取出一块红糖递给徒弟，郑重地说："这叫先苦后甜!"徒弟吃了这块糖后，觉得口不渴了，精神也振作了。于是赶快起身，把板子扛回家。从此以后，师父就让徒弟出师了。分别时，师父舀了一碗茶，放上些蜂蜜和花椒叶，让徒弟喝下去后，问道："此茶是苦是甜?"徒弟答曰："甜、苦、麻、辣，什么味都有。"师父听了，哈哈大笑，说道："这茶中情由，跟学手艺、做人的道理差不多，要先苦后甜，还得好好回味。"自此开始，白族的三道茶就成了晚辈学艺、求学时的一套礼俗。以后，应用范围日益扩大，成了白族人民喜庆迎客，特别是在新女婿上门、子女成家立业时，长辈谆谆告诫晚辈的一种形式。

项目小结

知识要点

1. 茶为国饮，历年来茶成为百姓生活所需，各民族养成了多种丰富的、不同的饮茶习俗。

2. 不同的茶类有不同的储藏方式和储茶工具。

技能要点

1. 为防止茶叶变质，应选用适合茶叶特点的储藏方式。

2. 民俗茶艺具有极强的代表性，是民俗文化的瑰宝，也是饮茶过程中的一道亮丽的风景。

项目实训

知识考核

一、选择题

1. (　　)饮用茶叶主要是散茶。

A. 明代　　B. 宋代　　C. 唐代　　D. 汉代

2. 法国人饮用的茶叶及采用的品饮方式因人而异，以饮用(　　)的人最多，饮法与英国人类似。

A. 红茶　　B. 绿茶　　C. 花茶　　D. 白茶

3. 茶叶的保存应注意氧气的控制，维生素C的氧化及茶黄素、(　　)的氧化聚合都和氧气有关。

A. 茶褐素　　B. 茶色素　　C. 叶黄素　　D. 茶红素

4. 茶叶保存应注意光线照射，因为光线能促进植物(　　)的氧化，加速茶叶变质。

A. 色素或蛋白质　　B. 维生素或蛋白质

C. 色素或脂质　　D. 色素或维生素

5. 云南白族的“三道茶”分别是(　　)。

A. 一苦二回味三甜　　B. 一甜二苦三回味

C. 一甜二回味三苦　　D. 一苦二甜三回味

6. 制作酥油茶一般采用(　　)。

A. 砖茶　　B. 龙井茶　　C. 祁门红茶　　D. 乌龙茶

7. 打制酥油茶时，加进(　　)，使酥油茶更加柔润清爽，余香满口，为茶中上品。

A. 核桃仁、牛奶、鸡蛋、葡萄干　　B. 汤骨头

C. 中草药　　D. 花生

8. 防止茶叶陈化变质，应避免存放时间太长，避免(　　)，避免高温高湿和阳光直射。

A. 水分含量不足　　B. 水分含量过高

C. 水分含量适中　　D. 过分干燥

9. 南疆的维吾尔族喜欢用(　　)的长颈茶壶烹煮清茶。

A. 铜制　　B. 银制　　C. 石制　　D. 锡制

10. 汉族饮茶，大多推崇(　　)，茶艺师可根据宾客所点的茶品，采用不同方法沏茶。

A. 咸味调饮　　B. 纯茶清饮　　C. 甜味冷饮　　D. 柠檬调饮

二、判断题

1. (　　)茶叶的保存应注意温度的控制，温度越高，茶叶品质越趋于缓慢陈化。

2. (　　)茶叶保存应注意水分的控制，当其水分含量超过3%时，就会加速茶叶的变质。

3. (　　)能引起茶叶劣变的因素有阳光、温度、湿度。

4. (　　)土家族常喝擂茶、油茶汤、打油茶，其中擂茶又名三生汤。

5. (　　)为了不使茶叶受潮，可在茶艺储藏罐中放入石灰袋。

6. (　　)竹筒茶是侗族的饮茶习俗。

项目八 茶馆运营与管理

茶馆是随着商业发展而逐渐形成和兴旺起来的，茶馆文化是茶文化的一个组成部分。本项目主要介绍茶馆的功能、类型、特点，以及茶馆的经营管理和营销。

学习目标

知识目标

了解茶馆发展历史，并掌握各个发展阶段的特点；熟悉茶馆的功能、茶馆类型、茶馆筹备；掌握茶馆的经营管理及营销。

能力目标

能够运用茶馆经营管理的相关知识进行相关分析；能够利用茶馆营销策略进行营销策划活动。

素质目标

具有崇高的敬业精神、良好的职业道德、高度的行动力和执行力，具有积极的开拓精神以及良好的团队合作精神。

学习重点

茶馆的历史、茶馆的筹备、茶馆的经营管理、茶馆的营销。

学习难点

茶馆的筹备、茶馆的经营管理。

情景导入

茗香阁是苏州一家面积500多平方米的茶馆，位于一条僻静的小巷内。自开业以来，上座率一直不高，虽然“茗香阁”也开展了一些如派发宣传卡等促销活动，但效果不好，茶馆经营一直处于亏损状态。请你针对茗香阁的现状进行分析，并给出合理建议。

任务一　茶馆概况

一　茶馆发展历史

茶馆的最早出现，可追溯到两晋南北朝，专供喝茶住宿的茶寮可说是古代最早的茶馆，至唐代时才正式形成茶馆，至今已有一千六、七百年历史。大体经历了以下几个发展阶段。

1. 两晋至唐代的茶馆形成期

陆羽《茶经》引用了南北朝时一部神话小说《广陵耆老传》中的一个故事，说晋元帝时“有老姥每旦独提一器茗往市鬻之，市人竞买，自旦至夕，其器不减”，这可能是设茶摊、卖茶水的最早方式，也是茶馆的雏形。

唐代是茶文化承前启后的重要时期。茶馆在这一时期得到了确立。唐代封演的《村氏闻见记》曾记载：“开元中（公元713—741年）……自邹、齐、沧、棣，渐至京邑城市，多开店馆，煮茶卖之，不问道俗，投钱取饮。”可见卖茶、饮茶十分盛行。国家富强，政治安定，经济、文化昌盛，城市繁荣，为当时造就了一个群体——市民阶层。这一阶层主要由城镇商人、工匠、挑夫、贩夫等组成。他们流动范围较大，见识较广，重人间友情，生活在城市里彼此比邻而居，街市相见。茶馆为他们交流、沟通创造了一个良好环境。当时茶馆名称繁多，茶肆、茶坊、茶楼、茶园、茶室等，而且都与旅舍、饭馆结合在一起，尚未完全形成独立经营。

在这个时期社会饮茶之风颇为流行主要有以下三个方面的原因。

第一，与佛教兴盛有关。隋唐之际，由于朝廷的提倡，佛教得到迅速发展，古刹寺院遍布全国各地，憎徒“学禅务于不寐，又不夕食，皆许其饮茶，人自怀挟，到处煮饮，以此转相仿效，逐成风俗”。

第二，与唐代科举制度有关。唐实行非科举出身者不能为相，因此每年有大批子弟应考，考生和监考翰林官们不胜疲惫，于是朝廷特命将茶果送到考场。朝廷这一举措起了倡导作用，饮茶之风在士人中很快流行。

第三，与唐代诗风大兴有关。因将作诗列入科举考试科目，于是品茶吟诗成风。饮茶在文人学士中很快蔓延。此外，中唐以后朝廷实施禁酒措施，也加速推广社会饮茶风尚。饮茶之风很快波及寻常百姓家，去茶馆饮茶习以为常，并成为人们休息消遣的一种方式。这是茶馆形成的社会基础，但当时茶馆主要的经营业务是卖茶、饮茶，那种浓郁的文化氛围尚未在茶馆出现。

2. 宋代至清代的发展时期

宋以后城市集镇大兴，且一些大城市三鼓后仍夜市不禁，商贸地点不再受划定的市场局限。在热闹街市，交易通宵不断，这为茶馆发展提供了一个很好的契机，并且开始了独立经营。接洽、交易、清谈、弹唱都可在茶馆见到，以茶进行人际交往的作用集中显现。那时开封潘搂之东有“从行角茶坊”，封丘门外马行街因商贩集中，有众多茶访，曹门街有“北山子茶坊”，“内有仙洞仙桥，仕女往往夜游吃菜于彼”。这类茶坊，不仅饮茶，还营造了一个私人意境，今茶客陶醉。宋代不仅开封茶馆、茶坊兴旺，各地大小城镇几乎都有茶肆，《农讲传》、《清明上河图》都形象生动地再现了那时茶馆的真实情景，宋代的茶馆文化成为市民茶文化的一个突出标志。

元、明时期的茶馆，与宋代的没有本质上的差别，但在茶馆经营买卖方面有较大发展。

清代作为封建社会最后一个王朝，已走向衰败，最终沦为半封建半殖民地，茶馆这一社会窗口真实反映了这一历史变迁。这个时期，各种大小茶馆遍布城市乡村的各个角落，成为上至王官贵族，八旗弟子，下到艺人、挑夫、小贩会集之地。不仅数量上有很大发展，文化色彩、审美情趣融入其间，社会性能上也有相应拓展，出现了为不同层次群众服务的特色茶馆，如专供商人洽谈生意的清茶馆，饮茶品食的“贰浑铺”，表演曲艺说唱的书茶馆，兼各种茶馆之长，可容三教九流的大茶馆，还有供文人笔会、游人赏景的野茶馆，供茶客下棋的棋茶馆等。

这个时期的茶馆主要有以下几个特点。

第一，茶馆社会功能逐渐扩大。由原来只卖茶、饮茶而渐渐成为一个社会场所，多方面满足不同层次的需求，高档茶馆乃是文人雅士聚会、叙谈、会友、吟诗作画、品茗赏景之地，也是富商巨贾治谈生意之场所。较低一层的茶馆是行帮头目即行老们聚集碰头之地。最底层的茶馆则是三教九流之辈活动的地方。至清代时，茶馆已集政治、经济、文化等于一体。社会上各种新闻，包括朝廷要事、宫内传闻、名人逸事等都在此传播，犹如一个信息交流站。大量民间交易也在茶馆进行，那时还有专门进行交易的茶馆，一般都设有雅座，有茶，有点心，还可叫荣设宴，谈生意十分方便，仿佛是个经济交易所。不仅如此，邻里纠纷、商场冲突等也往往拿到茶馆调解，有人嬉称为“民间法院”。

第二，注重茶馆的文化环境。从原来设施简陋，逐渐开始讲究文化装饰和环境的优美，在做好选址的同时，中高档茶馆都配以精美雅致的家具、茶具，挂以名人字画，茶叶和茶水日趋讲究，各种名贵茶叶应有尽有，各种名水，如玉泉、惠泉、虎跑、天然雪水等也随客挑选。即使低档茶馆也以营造一个整洁、舒适、宁静的环境来吸引大众茶客。

第三，民间艺术进入茶馆。宋代时茶馆已有艺人、艺伎的吹拉弹唱，地方戏曲也常在此表演。清代中期开始，可以说说唱艺术成了茶馆的一项主营业务。我国的一批优秀古典小说，大都经历了民间艺人口头文学创作的阶段。那时《三国演义》、《隋唐演义》、《西汉》、《西游记》等是江南评弹艺人、北方评书与大鼓艺人在茶馆表演的主要曲目。许多来客饮茶是媒介，听书才是主要内容。茶馆成了评弹、评书、京韵大鼓、梅花大鼓、粤曲、木偶戏表演的主要场所，民间文化在这里得到了充分展示。

第四，点心佐茶流行起来。《茶经》、《古今茶事》等都有关于茶馆供应茶点的记载。茶点有瓜子、蜜饯以及糕饼、春卷、水饺、烧卖等各种小吃。据《清稗类钞》记载，当时茶馆有两种，江南茶馆以清茶为主，也出售茶果，另一种是荤铺式茶馆，即茶、点心、饭菜同时供应。这样让客人多了一份乐趣和享受，也增添了茶馆的吸引力。

3. 20 世纪上半叶茶馆的繁衍期

这一时期由于社会动荡，战乱不断，各种矛盾尖锐，茶馆成为人们了解时局、预测形势发展和获取各种信息的主要场所。茶馆数量陡增。四川有句谚语，“头上晴天少，眼前茶馆多”。仅以成都来说，40 万人口的城市，茶馆多达 1000 多家。绍兴光沿河桥头就有上百家茶馆。随着数量的增加，经营上也呈现出多样性、复杂性。

这个时期的茶馆主要有以下特点。

第一，茶馆的社会功能进一步扩大，政治、经济色彩更为浓厚。一些地方茶馆成为行业交易的主要场所以及人才招聘的自由市场，例如农民良种、牲畜等买卖都在茶馆做成，教师求聘、某人应职也往往在茶馆商定。由于时势动荡混乱，茶馆还成为政界人士或党派人物活动的场所，如革命战争年代，地下工作者常到茶馆接头，布置任务。《沙家浜》中的阿庆嫂就利用茶馆做革命掩护工作。当然，也有一小部分人利用茶馆干卑鄙、肮脏的勾当，如赌博、卖淫、贩毒、绑架等。

第二，装饰、布置更趋讲究，西方文化与古老茶馆文化兼营并。随着国门被打开，西方的思想文化逐渐渗透我国，反映在茶馆业方面，即一些茶馆陈设、布置出现欧化，有的直接经过挑选，建在风景名胜区或旅游景点内，设包厢，摆西方家具、沙发，挂西洋油画和风景水彩画，播爵士音乐；有的茶馆布置中西合璧，满足不同口味客人的需要。将古老茶文化与现代的摆设、新派的服务融合在一起。

第三，文化内涵与意蕴的加深。这时期茶馆的文化色彩更趋鲜明，不仅与文化人士结下深缘，而且让大众百姓在此得到文化熏陶和享受，茶馆几乎成为人们精神生活的一块乐土，许多社会名流、文人雅士在茶馆留下了一幅幅生机盎然、雅趣横生的茶事图。在北京，茶馆、茶园成了戏园的代名词，如著名的广和茶园曾邀请许多名伶在此献艺，东顺和茶社不仅京剧票友常到此聚会活动，连四大名旦之一的程砚秋也经常光顾品茗听唱。鲁迅、老舍更是茶馆常客，据说鲁迅的《小约翰》一书还是在北海公园的茶室里翻译成的。在上海的茶馆，我们也可寻觅到许多文化人士的踪迹，茅盾、夏衍、熊佛西、李健吾等作家都常去茶馆喝茶、聊天、写作。上海老城南面的“亦是园”、“点春堂”、“徐园”，城西北的“露香园”，城西南的“董园”，城中的“西园”，更是名人雅士流连忘返之地。南京著名的“新奇芳阁”茶馆，还为作家张恨水、张友鸾，画家傅抱石等设有雅座，设红木桌椅、穿衣镜。茶馆还是一些曲艺大师的艺术发祥地，如四川名艺师李德才、李月秋、贾树三，著名评弹演员徐凤仙姐妹等，他们的艺术生涯都是从茶楼、茶馆开始的，大众百姓也是从这里欣赏到了名师名家的精湛技艺，丰富和愉悦了精神文化生活。那时一些茶馆还举办棋赛、鸟鸣等活动，吸引了一大批棋迷、鸟迷，使他们身心健康，因此得益。

4. 新中国成立后茶馆的新生期

新中国成立后政府对茶馆进行了整顿、改造，取缔了过去消极的、不正常的社会活动，使其成为人民大众健康向上的文化活动场所。

“文革”动乱期间，茶馆被取消。改革开放后，一度消失的茶馆又复苏，勃发生机。不仅老茶馆、茶楼重放光彩，新型、新潮茶园和茶馆也如雨后春笋般涌现。新时期的茶馆无论从形式、内容、经营理念与文化内涵都发生了很大变化，更符合社会发展需要，也更具活力。

这个时期的茶馆主要有以下几个特点。

第一，茶馆成为精神文明建设的一个重要方面。现在各种各样的茶楼、茶馆、茶园、茶坊、茶庄、茶座、茶室、茶亭遍布城市大街小巷，乡镇的远近村落，茶馆文化已与社区文化、村镇文化、校园文化等紧密结合在一起，成为人们精神文化生活不可缺少的一个组成部分。如上海有共和新路街道的“苗苗茶园”，临汾路街道的“外来民工茶馆”，左江西路街道的“聋哑人茶馆”，潍坊街道的“老人茶馆”，黄浦区少年宫的“小茶人茶馆”，彭浦新邻街道的“晚晴苑茶 社”等，这些茶馆为社区建设做出了贡献。

第二，茶馆日益注重内在文化韵味。从茶馆的外表装潢、内部陈设，服务员的服饰礼仪、沏茶技艺，柔美音乐……无处不透出沁人心脾的文化气息。具有明清风格、古朴典雅的湖心亭茶楼，古色古香兼是庭园式风格的宋园茶馆，还有那流光溢彩，充满童话意境或乡野之风的红茶坊……，它们放射出无穷魅力，使一群不论年老年少的茶客都沉浸在浓郁的茶文化中，如北京老舍茶馆，让人亲身体会到昔日北京茶馆浓浓的古城文化生活情调，正如有的外国游客所说：“如果到北京只去长城和故宫，没去老舍茶馆喝茶，就不算到过北京！”

第三，茶道、茶礼、茶艺成为茶馆文化的重要组成部分。中国土地辽阔，民族众多，各地、各民族的茶馆及其茶道、茶礼、茶艺都有自己的特色。上海都市茶馆、江南茶馆、北京茶馆、巴蜀茶馆……都有自身独特的吸引力。如上海淮海路开了家“吃茶趣茶坊”，它有一档“四序茶会”节目，由茶坊主人和客人共同参与，大家在正四方形茶席入座。在奉上一炉香后，茶会开始，4 位司茶手捧代表春夏秋冬四季的插花款款入席，东面代表春季的青色茶桌，南面为表示夏季的赤色桌，西面是白色的秋季，北面是黑色的冬季。24 把座椅象征 24 个节气，在悠扬琴声中，司茶悠然地烫杯、取茶、冲水，然后均匀斟进小茶盅，分敬给客人。客人闻至扑鼻茶香后，品茗回味。接着司茶按顺时针次序转动，象征四季更迭。时光在不知不觉中流转，当《梅花三弄》奏完之时，司茶行花礼，送别客人。这在当前竞争日趋激烈、生活与工作节奏不断加快的社会，人们在这样一个宁静、舒适的茶馆，通过茶艺、茶道、茶礼的熏陶，完全将自己融入大自然的韵律、秩序和生机之中，既吃出了茶的真趣味，又彻底得到了放松。

第四，茶馆成为文化交流的中心。许多茶馆都是定期或不定期举办书画展，或组织品茶、评茶、观茶艺、听丝竹、吟诗词等活动，有的还举办专家学者的茶艺讲座，或进行海峡两岸的文化学术交流，中日和中韩的茶道、茶艺交流。老舍茶馆还办成为一个民族艺术博览会，让各种戏曲、民族文化艺术都有机会到老舍茶馆展示。

二 茶馆的功能

茶馆的功能是茶馆存在与发展的原因。新茶馆在建设前就得考虑，茶馆在这个地区有什么样的功能，然后才知道会有什么样的客源；才能确定茶馆的消费层次。因此，这就有必要对茶馆的功能进行分析。

1. 茶馆的文化功能

茶馆作为一个大众聚集的公共场所，自其产生以来就是一个文化传播的场所。首先，这里是茶文化的集散地，茶客们汇聚于此，交流茶叶知识，品茗心得，玩赏茶具，茶文化因茶馆的存在得以丰富和发扬。其次，茶馆是民俗文化的中心，自唐宋以来，茶馆就是说书、讲经、唱曲人讨生活的地方，宋代杭州城里的勾栏瓦肆就是这样的一个地方。茶客们在这里接受历史、宗教、戏曲等文化的熏陶，小说、戏曲也由这里诞生或繁荣。茶馆典雅的内外环境还有着很强的审美功能。

以茶馆为平台的文化活动越来越频繁，门类也越来越多。现代茶馆中举行的文化活动比较常见的有围棋比赛、书画展览、艺术沙龙、学术研讨会等，尤其是一些民间文化的保护也越来越借助于茶馆这个平台。茶文化作为茶馆文化的主体，更以此为依托来传递中华几千年的文明之光。因此，茶文化从日常饮食小事升华为一种哲学，一种人生境界，再返璞归真，还原为日常生活。

2. 茶馆的社会功能

茶馆的社会功能首先是社交功能，这也是茶馆与生俱来的一种功能。在人际交往中，老友新朋相聚，带到某人家中多有不便，此时，茶馆就是一个好的去处。许多人相亲择偶的第一次见面也通常选在茶馆，茶馆幽雅的环境相比酒楼的喧闹更适合这样的气氛。茶馆还是调解纠纷的一个重要场所，人们把到茶馆调解纠纷叫作“吃讲茶”。

信息传递是茶馆的传统功能。旧时的茶馆各种各样的人物都有，人们在这里谈生意、谈家长里短、谈国家大事，在这样的茶馆坐上一天可以收集到各种各样的信息。现代茶馆与旧茶馆的文化氛围有很大的差别，不可能再有过去那样多的信息，但通过经营者的精心策划，仍可以体现茶馆的信息优势。20世纪80年代中期，常州有家茶馆开了个信息茶座，吸引了大批的工商业人士前来品茗，20多天里，促成了多笔生意。现代的茶馆常常会为客人提供上网服务，这又为茶馆的信息功能增加了新的内容。

3. 茶馆的教化功能

茶馆的教化功能是通过茶馆的环境及文化活动来实现的。茶馆优雅、洁净的内外环境使人自然而然地注意到自己的言行举止；茶馆高雅、朴素的陈设又使人受到潜移默化的熏陶，艺术品位与鉴赏力得到提高；优美、流畅、安静的茶艺表演则使每日忙于事务的人们得到一次精神上的按摩，情操上的陶冶。

茶馆的文化活动对大众的教化由来已久。以前的茶馆里常设有书场、戏园，《岳飞传》、《杨家将》说民族大义，《西厢记》、《白蛇传》唱人间真情；《聊斋》、《封神榜》以神怪述道旨。茶客们在引人入胜的故事情节里，在悦耳动听的评弹、大鼓声中受到生动的教育。现代不少茶馆继承了这一优良传统，北京的老舍茶馆就经常有北京传统曲艺演出，登台者不乏梅葆玖这样的名家。

4. 茶馆的休闲功能

与茶馆的文化、社会、教化功能同在的还有它的休闲功能，人们在茶馆进行社交等活动，也可能纯粹是为了休闲而来。这个功能与前面的三个方面的功能是不分主次地并存着的。

早晨来茶馆的多数是进行早锻炼的老人，带着他们的鸟笼子，与新老朋友闲话，喝过早茶之后再去逛逛附近的花市，一天的惬意生活就从这里开始了。下午和晚上来茶馆的以年轻人居多，人们在这里下棋、打牌。

茶馆的休闲功能当然不止这些，更应该体现在茶馆本身。一个好的茶馆全身都散发着休闲文化的魅力，让人全面感受到茶馆的美。它包含了外环境的自然之美、茶馆建筑的姿态之美、茶馆布置的格调之美、茶具的典雅之美、音乐的琴瑟之美，以及缕缕茶香所散发出来的优雅沉静之美。有了这些，人们在茶馆才可以得到全身心的放松、享受。

三 茶馆的类型

1. 茶馆

茶馆是近些年来开得较多的，它以茶艺表演作为主要的技术支撑，以雅文化的推介为主要营销内容，以茶为主要经营品种，兼及简食、茶具、古玩、字画等，人们来此品茗对弈或商谈业务。与传统的茶馆不同，茶馆无论是豪华还是简朴，也无论是古典还是现代，总是以雅为主，来宾多为品味较高的人士。

一些产茶区或风景区的茶馆有着浓厚的地方风格，茶艺表演通常与当地的茶叶、风土人情及名胜古迹联系起来，除了用乌龙茶、普洱茶、绿茶、花茶，还有擂茶、酥油茶、奶茶等。普通茶馆的茶艺表演多以乌龙茶茶艺为主，除广东、福建外，在形式上多采用台湾泡法。随着外商进入中国，一些国外的茶馆也进入了中国，最常见到的是日本的茶道馆，还有韩式、欧式的茶馆，这些茶馆在外观及内涵上应该有较浓厚的异城风情，但有些外国茶馆往往不能做到这一点。

2. 茶餐厅

茶餐厅介于茶馆与餐馆之间，经营策略有点类似于快餐厅，但经营的重点还在茶和其他饮料上面。除了茶以外，也有牛奶、咖啡、果汁、可乐、啤酒等，食物大多分量较轻，口味也比较清淡；小吃、简餐都可作茶餐厅的食物。

茶餐厅的风格通常简约明快，餐位密度要大于茶馆，但相对于餐馆来说，休闲的意味较浓厚。规模上可大可小。在经营时，茶餐厅的饮食除了堂吃也可以外卖。

3. 仿古茶馆

仿古茶馆通常与古建筑或仿古建筑、园林结合起来，常见厅堂式、书斋式、园林式。仿古茶馆不仅建筑、装饰风格古色古香，在服务方式和服务人员的着装上也带有古典的风味。厅堂式茶馆，客人是在宫殿或庭堂的氛围中饮茶的，此类茶馆的装修档次较高，应属于高档消费的场所。

书斋式茶馆，身处其中，有宾至如归之感，这类茶馆通常是一室一台，如果设计成图书阅览室的形式，也可以多放几张台子，总的来说风格以安静疏朗为要。

园林式茶馆有两种类型，一种是传统的外景式，茶馆是园林中的建筑，茶座也可直接放在露天，在其中品茶很能够体验到清雅、闲散的风味。杭州、成都、扬州等许多城市都可见到此类茶馆。另一种是内景式，园林被布置在茶馆内部。桌与桌之间用植物隔开，但这样的茶馆如果开间不够敞亮的话，容易给人压抑的感觉。

4. 民俗茶馆

中国有56个民族，文化类型各异，以此为背景的民俗茶馆的形态也是各种各样的。一个好的民俗茶馆往往会成为当地的文化形象，如北京的老舍茶馆及其浓厚的京味就是北京民俗文化的形象写照，北京的茶馆里常有些戏曲、相声、大鼓之类的表演，老舍茶馆的四合茶院则可算是北京民俗的代表了；扬州的冶春茶社则是典型的扬州饮食民俗的样板，每天早晨吃早茶的人把小小的茶社挤得满满的，早茶一直要吃到十点左右客人才渐渐离去，此情景让人对扬州"上午皮包水"的俗语有了深刻的了解。清朝中后期，盐商没落后，流行在扬州的名食基本上就是茶馆中的小吃，所以逛了茶馆也就对扬州饮食的风味有了个大概的了解。其实中国很多城市都有这样的风景。盖碗茶是四川茶馆中所常见的，还有拎着长颈铜茶壶作苏秦背剑状的茶博士和竹茶楼。其他如白族的三道茶、蒙古族的奶茶、藏族的酥油茶以及流传于南方的擂茶都是民俗茶馆中的亮点。

5. 个性茶馆

个性茶馆是店主按自己的兴趣来给茶馆定位，风格迥异于其他茶馆，有点类似于俱乐部，客人们往往都是与店主有相似爱好的人，大家因为相近的兴趣、品味、观点而聚集在一起。

棋茶馆的店主与茶客必定都是棋迷，人们来这样的茶馆所看重的是这里的下棋的环境，是不是安静，是不是有高手，对于茶的要求不一定很高；有的茶馆实际是一个画廊，来这里的画家通常还不太有名，他们将自己的作品在这里展览并标价出售，也在这里交流对艺术的理解；有的茶馆更像是一个茶具博物馆，紫砂茶具、陶瓷茶具、玻璃茶具，古典风格、现代风格，大部分是日常使用的，也不乏一些可供收藏的精品；也有的茶馆就是一个古董店，在博古架上陈列着一些古董，茶客中有古董的发烧友，也有一般的爱好者。个性茶馆的茶具、布置要与其文化定位协调，才能散发出迷人的魅力。

6. 自助式茶馆

自助式茶馆是近年来较为流行的茶馆。上海的育藤阁茶居是当地首家全自助式茶馆，茶点自助、更茶免费、时间不限、取舍自由。客人可以尽兴地体验茶的休闲、惬意。现在全国许多城市有不少茶馆都采取无限量供应的办法，如扬州的日月明大茶馆、常德的清荷茶馆、大连的西子和茶馆等。在自助式茶馆里，茶艺不再是主角，但对于茶具与茶的搭配还是很讲究的，茶馆的氛围也都清雅疏朗。

任务二　茶馆经营管理

一　茶馆的筹备

1. 茶馆的市场定位

茶馆的市场定位就是根据茶馆市场的整体发展情况，针对消费者对茶馆的认识、理解、兴趣和偏好，确立具有鲜明个性特点的茶馆形象。

在开设茶馆之前，茶馆的经营者必须在调查、考察和研究的基础上，对消费者的消费需求和消费水平进行分析，以确定市场范围。通过定位，锁定目标消费者，明确他们选择茶馆的标准，有针对性地进行经营和管理，从而更好地吸引顾客，提高茶馆的经济效益和社会效益。

要进行茶馆的市场定位，就必须重视市场细分。所谓市场细分，就是依据消费者需求之间的差异，把整个市场划分出不同的消费群体，从而确定目标市场的活动。根据不同标准，可以对市场进行不同的细分。

(1) 以地区为标准划分。

茶馆所处区域不同，消费群的差别也很大。在繁华的市中心和主要商业街道的茶馆，其光顾者中常有商界名流、高薪白领，他们对茶馆的环境氛围和服务比较看重。在一般街道或社区的茶馆，其光顾者多为普通工薪人士及退休职工，他们对茶馆设施的要求不是很高，希望经济实惠。在一些风景区和旅游景点，游客占据了客源中的大多数，他们是为了歇脚、解渴，有的是来此品茗赏景，也有的是来此谈情说爱。他们看重的是这类茶馆宁静幽雅的环境和清新的空气。

（2）以消费动机划分。

茶客光顾茶馆的目的不同，希望得到的服务也不同。有的是为了寻找雅趣，有的是为了谈生意，有的是为了叙旧，有的是为了娱乐，也有的是为了找地方进行小型聚会。

（3）以消费频率划分。

茶馆中，既有常客，也有一次性的光顾者。常客中有的是每天必到，有的是每周来一次，也有的是不定期但经常光顾。对于常客，由于他们拥有的信息量不同，因此，他们对茶叶的等级、服务的内容、茶馆的氛围也有不同的要求。

市场细分有助于茶馆经营者选准目标市场，有针对性地开展特色经营，从而更好地满足消费者的需求，同时也能提高茶馆的经济效益。

2. 选址的基本原则

（1）满足社会的需求性。

人们品茶，品味的不仅仅是茶，还包括品味环境和心境，有时主要是后两者。明代陆树声在《茶寮记》中，把饮茶的理想环境概括为“凉台静室，明窗曲几，僧寮道院，松风竹月，晏坐行吟，清潭把卷”。明代徐渭在《徐文长秘集》中说：“茶宜精舍，云林，竹灶，幽人雅士，寒霄兀坐，松月下，花鸟间，清泉白石，绿藓苍苔，素手吸泉，红妆扫雪，船头吹火，竹里飘烟。”这在一定程度上反映了古人对品茶环境很讲究。现代人品茶，同样十分讲究品茗环境。一般来讲，选择茶馆的开设地点应以环境清幽为佳。

（2）确保经营的可行性。

茶馆选址应考虑的经营因素主要涉及客流量、经营环境和建筑结构三个方面。

首先，客源是茶馆经营得以维持和发展的重要条件，因此，在选址时必须调查店址附近的客流量，要保证在最低客流量的时间也至少能收回成本。

其次，经营环境也是影响茶馆正常经营的主要因素，包括店址周围企事业单位的情况、周围居民的基本情况、周围其他服务企业的分布及经营状况；交通是否便利及有无足够的停车场地；当地政府及有关管理部门的政策环境等。

最后，要了解建筑的面积、内部结构是否适合开设茶馆，是否便于装修，有无卫生间、厨房、安全通道等，对不利因素能否找到有效的补救措施。了解水电供应是否配套、方便，能否满足开馆的正常需要；水电设施的改造是否方便，有无特殊要求；排水状况；水费、电费的价格，收费方式等。

如果是租用建筑开茶馆，还应了解租金、缴纳方法、优惠条件、有无转让费等。因为租金是将来茶馆经营成本中最主要的组成部分，所以必须慎重考虑，不能不计后果地轻率做出决定。

3．选址的基本分类

（1）现代都市类。

现代都市中的茶馆更贴近于时代脉搏，崇尚新潮，其理念定位是艺能至上，服务多层，具有开放性、宽容性，标新立异，富有创新精神。目前，在城市中大街小巷基本上都能看到茶馆，有的与酒楼菜馆为邻；有的与商务宾馆为伴；有的坐落于城市中著名的旅游休闲区；有的扎营在繁华的商业购物区；还有的在码头、社区为消费者服务。如20世纪90年代初，深圳的第一家茶馆就是在一家酒楼里开设的。北京的弘香轩茶楼开设在丽都饭店。这些茶馆与酒楼宾馆为邻，其结果就是酒楼宾馆与茶馆的利益双赢。

（2）旅游风景区类。

在旅游风景区内开设茶馆可以使茶馆与自然美景有机结合，突现饮茶环境，增强饮茶的休闲性。一般在风景区内能供人们攀登、游览的风景名山中，大多数都设有规模不等的茶馆和茶室。茶馆的选址，有的在山脚，有的在山腰，也有的在山顶。如武夷山仙游峰的山顶和山脚各有一家茶馆。游客来茶馆可歇脚、可解渴、可赏景。

江南茶馆多设于河旁、湖边，可造就一种舒心的环境。江苏吴江市的同里镇是座典型的水乡古镇。镇里有百年老茶楼，两面临河，茶客在茶楼里喝茶，可以临窗而坐，眺望河上景色。扬州瘦西湖有两处茶室，一处坐落在五亭桥附近的湖心“血庄”；另一处坐落在“二十四桥”景区拱桥南端的湖畔，在此品茶无疑会让人平添“二十四桥明月夜，玉人何处教吹箫”的情趣。

在我国数以千计的清泉中，有一部分是与茶相关的名泉，如杭州的虎跑、龙井、玉泉，镇江的中泠泉，无锡的惠山泉，扬州的“第五泉”，庐山的谷帘泉……古人云“水为茶之母”、“香茗需有好水匹配，方能相得益彰”，所以哪里有名泉，哪里就有茶馆或茶室。

旅游风景区内的茶馆不仅能让客人得到品茗与观景的双重满足，而且由于一年四季景致具有独特之处，因此品茶也各有情趣。

（3）农村乡镇类。

农村乡镇的茶馆则更注重民俗风土人情，又顺其自然，富于传统特色和浓厚的乡土气息。近几年来，人们追求自然、返朴归真的情结日益深厚，农家茶馆受到了现代人的极力追捧。一般来讲，农村乡镇的茶馆可选在集镇商业中心或乡镇文化中心等经济文化较繁荣的地点。

4．茶馆的装饰设计

（1）确定茶馆的装饰风格。

20世纪80年代末90年代初，我国各地也相继出现了大量布置高雅、服务讲究的茶馆。现代经营的茶馆大致可分为4种形式：一是历史悠久的老茶馆，多保留着旧时的风格，传统文化氛围浓厚；二是近年来新开设的茶馆，铺面通常位于现代建筑中，通常以假山、喷泉、花草、树木来营造闹中取静的效果，室内则布置以书画来突出文化氛围，茶馆除供应茶水、茶食和进行茶艺表演外，还主办各种茶会，面向公众传播茶文化；三是设在交通要道两侧、车船码头、旅游景点等处的流动性茶摊，主要是为过往行人休息解渴之用，颇具地方乡土气息；四是露天茶园、棋园茶座，这类茶园或坐落于公园清幽处或紧邻绿地，用的是简易的木质茶桌、椅，喝的是普通茶叶，客人可自娱自乐，轻松悠闲，别有一番自然情趣。

茶馆店址选好后，就可以确定茶馆的装饰风格了。目前，就茶馆的装饰风格来说，常见的有以下几类。

① 庭院式茶馆。

庭院式茶馆的布置以中国江南园林建筑为蓝本，有小桥、流水、亭台楼阁、拱门回廊，室内陈设多以民艺、木雕、文物、字画等为主，有一种返朴归真、回归大自然的感觉。

② 乡土式茶馆。

乡土式茶馆的布置强调乡土特色，追求乡土气息，以乡村田园风格为主轴，大都以农业社会时代的背景作为布置的基调，如竹木家具、马车、蓑衣、斗笠等，充分反映乡土特色。有的直接利用古宅加以整修成茶馆，有的设计成客栈门面，工作人员穿店小二的服装接待客人，更增添一番情趣。

③ 厅堂式茶馆。

厅堂式茶馆的布置以传统的家具厅堂为蓝本，摆设古色古香的家具，张挂名人字画，陈列古董、工艺品等。所用的茶桌、茶椅、茶几等古朴、讲究，或红木，或明式，反映中国文人家具的厅堂陈设，让人有时光倒流的感受。

④ 唐式茶馆。

唐式茶馆也就是习惯所说的日本和式茶馆，以拉门隔间，内置矮桌、坐垫，人们往往需要脱鞋，席地而坐，有一种浓厚的东洋风味。

⑤ 综合式茶馆。

综合式茶馆的布置是将古今设备结合，东西形式合璧，室内室外相衬的多种形式融为一体的茶馆，以现代的科技设备创造传统的情境，以西方的实用主义结合东方的情调，这类茶馆颇受年轻人的欢迎。

（2）合理安排茶馆的内部布局。

茶馆的内部主要划分为饮茶区、表演区、工作区 3 个部分。

① 饮茶区。

饮茶区是茶客品茗的场所，根据茶馆规模的大小，可分为大型茶馆和小型茶室两类。

大型茶馆的品茶室可由大厅和若干个小室构成。视茶室占地面积大小，可分设散座、厅座、卡座及房座(包厢),或选设其中一两种合理布局。

散座:在大堂内摆设圆桌或方桌若干,每张桌视其大小配4—8把椅子。桌子之间的间距为两张椅子的侧面宽度加上60厘米通道的宽度,使客人进出自由,无拥挤的感觉。

厅座:在一间厅内摆放数张桌子,距离同散座。厅四壁饰以书画条幅,墙角地上或几上可放置绿色植物或鲜花,最好让各个厅室有各自的风格,配以相应的饮茶风俗,赋予厅名,令茶客有身临其境之感。

卡座:类似西式的咖啡座。每个卡座设一张小型长方桌,两边各设长形高背椅,以椅背作为座位之间的间隔。每一卡座可坐4人,两两相对,品茶聊天。墙面装饰壁灯或壁挂,或精致的框画,或装饰画,或书法作品等,作为点缀。

房座:又称包厢,四壁装饰简洁典雅,相对封闭,可供商务洽谈或亲友聚会。可取典雅的室名。

小型茶室的品茶室,可在一室中混设散座、卡座和茶艺表演台,注意适度、合理地利用空间,要讲究错落有致。

② 表演区。

茶馆在大堂中适当的部位必须设置茶艺表演台,力求使大堂内每一处茶座的客人都能观赏到茶艺表演。小室中不设表演台,可采用桌上服务表演。

③ 工作区。

工作区包括茶水房、茶点房和其他工作用房。

茶水房。茶水房应分隔成内外两间。外间为供应间,墙上可开设大窗,面对茶室,放置茶叶柜、茶具柜、消毒柜、电冰箱等。内间安装煮水器(如小型锅炉、电热开水箱、电茶壶)、热水瓶、水槽、自来水龙头、净水器、储水缸、洗涤工作台、晾具架及晾具盘等。

茶点房。茶点房也同样隔成内外两间。外间为供应间,面向茶室,放置干燥型及冷藏保鲜型两种食品柜和茶点盘、碗、碟、筷、匙等专用柜。里间为特色茶点制作处或热点制作处,如果不供应此类茶点,可以简略,只需设立水槽、自来水龙头、洗涤工作台、晾具架及晾具盘等。

其他工作用房。在小型茶室(馆)里,可不设立专门的开水房和茶点房。在品茶室中设柜台代替,保持清洁整齐即可。根据茶室规模大小,还可设立经理办公室、员工更衣室、食品储藏室等。

(3) 精心设计茶馆的装饰布置。

茶馆的布置往往体现了茶馆文化品位、文化氛围和经营者的文化修养。同时,好的茶馆布置也为茶客提供了高雅的环境,使茶客得以在此修身养性。茶馆的布置既要合理实用,又要具备审美情趣,这就需要经营者在精心设计上下一番功夫。以下几个方面是需要认真布置的。

① 字画悬挂。

在浓郁的茶香中让茶客静静地欣赏一幅幅怡情悦目的名家字画,可以使其获得一种超凡脱俗的精神享受。茶室内悬挂的中国画内容可以是人物、山水、花鸟,字画的悬挂通常采用卷轴和画框两种形式,茶馆内名人字画的悬挂大多兼用这两种形式。一般可以在茶馆的门厅、走廊、楼梯侧壁、柱子及品茶区悬挂字画,既具装饰作用又有欣赏价值。

② 饰品陈列。

为了烘托茶馆的文化韵味,茶馆中常用一些中国传统的工艺美术作品作为装饰,如奇石、木雕、玉雕等。

③ 茶具展示。

茶馆可以在茶厅中摆设各种茶具展示柜,展示瓷制、陶制等各种质地的茶具。这样既可以供客人参观欣赏,满足客人的好奇心,又可以烘托茶馆的文化氛围。

④ 茶品出样。

茶馆可以在厅堂的透明保鲜柜或玻璃橱内陈列展示造型别致、形态各异的各类名茶、新茶,这样不仅可以为茶客传递茶叶信息,推动茶品销售,而且可以借助琳琅满目的中国茶品,构筑出一道中国茶文化风景线。

⑤ 植物点缀。

绿色植物在茶室中具有净化空气、美化环境、陶冶情操的作用,茶室里恰当地点缀一些绿色植物,可使茶室显得更加幽静典雅、情趣盎然,营造出赏心悦目、舒适整洁的品茗环境,从而使客人达到心境平和、赏心悦目的审美情趣。适宜茶室陈设的绿色观赏植物,既有多年生草本植物,又有多年生木本、藤本植物。如广东万年青、观音莲、君子兰、巴西木、马拉巴栗、散尾葵、苏铁、橡皮树、棕竹、绿萝、吊兰等。

⑥ 音乐烘托。

为了烘托茶室的典雅氛围,不少茶馆还专门安排茶艺表演者在表演区演奏器乐曲,或播放古典名曲、民族音乐等。常见的有古琴乐曲、古筝乐曲、琵琶乐曲、二胡乐曲、江南丝竹、广东音乐、轻音乐等。

5. 茶单设计

茶单是茶馆设施规划的基础,是茶馆服务生产和销售活动的依据,也是茶馆最重要的推销工具。茶单的设计,作为茶馆计划组织工作的首要环节,是茶馆经营管理活动的重要内容。

(1) 茶单的设计原则。

茶单的科学性和合理性会影响茶馆的市场、设备、人员、成本等方面,而这些因素也必然影响茶单的设计工作。如果不顾宾客的需求和经济能力,不考虑本身的设备条件以及原料供应等因素，脱离实际地去拟写一份美好的茶单，其结果必然会给茶馆经营带来混乱。因此，在茶单设计时必须遵循以下原则。

第一，以市场需求为导向。

茶单的设计应该首先认清茶馆的目标市场，掌握目标市场的各种特点和需求。必须了解谁是本茶馆的宾客，以及这些宾客的具体情况，只有在及时、详细地调查了解和深入分析目标市场各种特点和需求的基础上，茶馆才能有目的地在茶点品种、价格等方面进行计划和调整，从而设计出宾客喜闻乐见的茶单。

第二，以自身条件为依据。

茶单的设计应当考虑茶馆的设施设备、技术能力及资金等方面的实际情况，量力而行，确保获得较高的销售额和毛利率。

第三，以自身特色为卖点。

茶单设计者要尽量选择反映本店特色的茶类列于茶单上，进行重点推销，以扬茶馆之长，增强竞争力。茶单应具有宣传性，促使宾客慕名而来；成功的茶单往往总是把一些本茶馆的特色茶类或重点推销茶类放在茶单最引人注目的位置。

第四，以推陈出新为理念。

设计茶单要灵活，茶品经常更换，会给宾客带来新的感觉。另外，茶单还要考虑季节因素，安排时令茶类，同时还要顾及宾客的个性爱好要求。

第五，以艺术美学为基础。

茶单设计者要有一定的艺术修养。茶单的形式、色彩、字体、版面安排都从艺术美学的角度去考虑，封面与里层图案均要精美，且必须适合于茶馆的经营风格，封面通常印有茶艺馆名称标志。茶单尺寸的选择要以本茶馆销售的茶叶商品和茶饮种类多少为依据，合理地安排茶单中的内容。茶单还要方便宾客翻阅，简单明了。

(2) 茶单的内容。

茶单是具有告知作用的，通过茶单，客人可以了解茶馆的经营品种、价格档次、营业时间及营业地址等信息。因此一份完整的茶单上应有茶品的名称和价格、茶品的介绍、告示性信息、机构性信息、特色茶点介绍等内容。

① 茶品的名称和价格。

茶品的名称及价格会直接影响到客人对茶品的选择。初次光临或没有特殊喜好的顾客往往会凭茶品的名称进行选择。因此，茶单上茶品的名称和价格必须具有真实性。

首先，茶品的质量应真实可靠。茶品的质量真实可靠是指茶品实际等级要与菜单的介绍相一致，如茶单介绍的是特级铁观音，那么呈给客人的茶品就不能是二级或三级铁观音。

其次，茶品的价格真实稳定。茶品的价格应与实际进货价相符，且在一段时间内具有稳定性。有些加收的服务费，如包房费、物品费等，这些必须要在菜单上加以注明，若有价格变动也应立即在茶单上注明。如果茶单上的价格总是变动，会给客人造成茶馆经营不稳定的印象，影响经营效果。

再次，茶单上的茶品名称，包括外文名称必须准确无误。茶单是茶馆对外宣传的窗口，可以体现茶馆的管理水平和服务质量的高低。如果茶单上出现错别字或错误的外文名称，不但会误导客人，而且也说明该茶馆对茶叶及相关知识不熟悉或管理不严。

最后，茶单上所列的茶品应能够保证按需供应。这是相当重要但极易被忽视的，因此，在设计茶单时必须充分掌握各种茶品的供货情况。

② 茶品的介绍。

茶单上要对一些特色茶品进行介绍，这样可以省去或减少服务人员介绍菜肴的时间，提高服务效率。茶单上对茶品的介绍内容主要包括茶叶的特点及具体功效；茶叶的饮用方法；最佳的茶点搭配；重点促销的茶品等。

③ 告示性信息。

每张茶单都应提供一些餐厅经营中所必需的告示性信息，这些信息一般都很简洁。告示性信息主要有茶馆的名称，通常安排在封面；茶馆的地址、营业时间和订位电话一般列在菜单的封底下方，有些茶馆还在茶单的封底标示出茶馆在该城市的具体位置；加收费用，如果加收服务费用，应该在茶单每一张内页的底部标明，如包房加收 50 元/小时的包房费。

④ 机构性信息。

有些茶馆还会在茶单上介绍茶馆的历史背景、经营特色、店名内涵等信息，使人一目了然，对该茶馆有一个全面的认识。

茶单中茶品应按一定的顺序排列，突出重点推销的高档茶品、特色茶品等，制作设计也要注意美观、艺术，制作精良。

（3）茶单的制作。

① 茶单的制作材料。

茶单的制作材料不仅能很好地反映茶单的外观质量，同时也能给顾客留下较好的第一印象。因此茶单在选材时，应根据茶单的使用方式合理选择制作材料，既要考虑茶馆的类型与规格，也要顾及制作成本。一般来说，长期重复使用的茶单，要选择质地精良、厚实的纸张，例如绘画纸、封面纸等，同时还必须考虑纸张的防污、去渍、防折和耐磨等性能。当然，耐用的茶单也不一定非得完全印在同一种纸上，不少茶单是由一个厚实耐用的封面加上纸质稍薄的单贯组成的。而一次性使用的茶单，一般不考虑其耐磨、耐污性能，但并不意味着可以粗制滥造。许多茶馆的茶单虽然只使用一次，但仍然要求选材精良，设计优美，以此来充分体现茶馆的服务规格和档次。

② 茶单的封面和规格。

设计完美的茶单封面能体现出茶馆的形象和风格，有助于营造一种气氛。茶单的封面设计要注意以下几点。

第一，茶馆的名字是封面所需的全部内容。封面上的内容不能太零乱，只要将茶艺馆的名字设计好放在封面位置就可以了。至于茶馆的地址、电话、营业时间等基本信息可以放在封底，封底也是印放其他附加性促销内容的地方。

第二，茶单封面的风格应当与茶馆主体风格相一致。如茶馆以中国传统文化为特色，那么茶单设计就应当古香古色。

第三，封面的用料应厚实，具有耐久性。

茶单的规格应根据茶饮内容、茶馆规模而定。一般茶馆使用 28 cm× 40 cm 单面、25 cm×35 cm 对折或 18 cm×35 cm 三折茶单比较合适。当然，其他规格或样式的茶单也不罕见，重要的是茶单的大小必须与茶馆的面积和座位空间相协调。

③ 茶单的文字和图片设计。

茶单上的茶名一般用中英文对照，以阿拉伯数字排列编号和标明价格。字体要印制端正，字体颜色要与底色形成明显反差。除非特殊要求，茶单应避免用多种外文来表示茶名，所用外文都要根据标准词典的拼写法统一规范，防止差错。

茶单文字字体的选择也很重要，它与茶馆的名称一样，是茶馆形象的一个重要组成部分。一般仿宋体、黑体等字体被较多地用于茶单的正文；楷体、隶书等字体则常被用于茶品类别的题头说明。引用外文时应尽量避免使用圆体字母，宜采用一般常见的印刷体。

茶单的字形，即印刷菜单时所用铅字的型号大小，根据调查统计，最容易被顾客阅读接受的字形是二号铅字和三号铅字，其中又以三号铅字最为理想。茶单的标题和茶点的说明可用不同型号的字体，以示区别。

在茶单上使用图片并运用色影效果可以增强茶单的艺术性和吸引力，是现代茶馆的一种潮流。一般茶馆的茶单可用建筑物或当地风景名胜的图画作为装饰插图。另外，赏心悦目的色影不但能使茶单显得更加吸引人，还能反映一家茶馆的情调和风格。因此，要根据茶馆的规格和风格选择色彩。

6. 茶馆人员招聘

一个好的茶馆，不仅要有一个优秀的老板，更重要的是要有一群素质较高的服务人员和管理队伍。在现实中，许多人往往忽略这一点，根本没有意识到自己在这方面的失误，因而在查找经营不善的原因时，总是难以抓住问题的关键。

招聘工作的质量直接影响到茶馆日后的经营管理工作。招聘人员合适，不仅有利于提高茶艺服务质量，而且还能够保证员工队伍的稳定性。如果选人不当，不但不利于管理，影响服务质量，而且还会造成较高的人员流动率，增加招聘与培训成本。所以对招聘工作必须给予足够的重视。

（1）招聘前准备工作。

为了保证招聘工作的顺利进行，并给应聘者留下较好的印象，在招聘开始前必须做好以下准备工作。

① 设计、印制“应聘人员登记表”。

② 确定初试、复试的内容和方式。测试的内容包括茶艺知识、社会知识、能力、品质等。方式主要有口试、笔试、现场表演、具体操作等。

③ 确定员工的待遇。包括工资、奖金、福利、假期、食宿等。

④ 招聘负责人及测试人员的确定。

⑤ 测试标准与考核办法的确定。

⑥ 确定初试、复试时间及结果的公布方式。

⑦ 落实面试、考试、表演的场地以及所需物品。

（2）招聘员工的种类。

茶馆招聘主要包括服务人员和管理人员两大类。

① 服务人员。服务人员主要负责茶馆的服务和销售工作。一般由领班、收款、引座、保洁等岗位构成。服务员中最重要的人选是领班，需要具备较为丰富的实践经验，因此常由经验丰富的茶艺师担任此职。

② 管理人员。管理人员的岗位包括经理、财务、采购、保管等。茶馆经理必须有丰富的管理工作经验，并熟悉茶馆的相关业务知识。财务人员包括会计和出纳，要能熟练掌握餐饮业会计制度，熟悉税务和银行的各项业务。采购人员要具有鉴别各种茶叶、茶具的能力，熟悉各供应地点和价格差异。保管人员要掌握保管各种茶叶及相关用品的知识和经验，有库房的管理经验。

（3）招聘过程。

茶馆招聘基本过程如下。

① 报名。报名要有固定的地点，由专人负责。报名者要填写“应聘人员登记表”，并告知初试时间。

② 初试。在应聘人员较多时，可以进行初试，淘汰一部分人，以提高复试质量。有的单位把报名过程就作为初试过程。初试可以采取口试的方式，通过与应聘者的交流了解其基本情况。测试者对每个应聘人员客观地做出判断。初试结束后，测试者把各自的判断综合在一起，确定参加复试人员的名单。

③ 复试。复试可以采用口试、笔试、具体操作等不同形式。每个测试者都从不同的角度（如语言表达能力、思维反应能力、性格、技能等方面）给应聘者打分。复试结束后，综合各种测试的总体结果，确定录取人员名单。

④ 签约。录取人员名单确定以后，茶馆应以适当的形式公布出来，或直接通知相关人员，并与录取的人员签订劳动合同，在合同中明确工作内容、劳动报酬、福利待遇等相关条款。同时要告知员工培训的时间、地点及注意事项。

（4）人员的培训。

现代茶馆对培训工作都给予了高度的重视，并希望通过高质量的培训来提高经营管理水平。

① 培训方式。培训可以采用外部培训和内部培训两种方式，或者两种方式相结合。外部培训要选择正规的、负责任的专业培训单位，如有影响的茶馆、茶艺培训学校、茶艺培训班等。内部培训由本茶馆具有较高茶艺水平、经营管理水平以及茶文化知识丰富的专业人员负责。

茶艺人员的培训是实用性很强的培训工作，在时间安排上应把理论学习与实际操作结合在一起交叉进行。前期进行理论学习和茶艺训练；中期重点突出服务技能、服务程序、规章制度的培训；后期进行实践模拟训练，以增加茶艺工作人员的临场经验。

② 培训内容。新一代的茶馆虽是新生事物，但它也是服务行业的一个组成部分，所以"讲"和"做"也是茶艺服务人员文化素质和操作技能的具体反映。所以，对茶艺员的培训，主要包括以下内容。

第一，茶艺技能培训。包括茶艺表演的基本步骤、动作要领、讲解内容、面部表情、身体语言、提供服务所需要的各种技能等。

第二，茶文化的基本知识培训。对茶的历史、栽培、加工制造、茶叶分类与茶具、茶文化的知识有深入的了解。

第三，服务程序培训。包括从迎宾、服务、结账、送宾到顾客投诉的处理等一系列过程的具体步骤和要求。

第四，服务案例培训。把茶艺服务过程中经常遇到的问题编成案例，提出切实可行的解决方案供茶艺员学习。

第五，人际关系技能培训。包括处理与同事的关系、上下级的关系、与顾客的关系的具体原则、方法和技巧等。

第六，规章制度培训。包括劳动纪律、仪容仪表的要求、卫生制度、考勤制度、奖惩制度等内容。

二 茶馆经营中的管理

茶馆作为一个企业，和其他各类企业一样，是一个为了实现经营目标而实施管理职能的营利性经济组织。因此，茶馆要想获得竞争优势就必须加强经营管理，以优质服务赢得顾客。茶馆经营管理的内容，概括起来主要包括采购管理、现场管理、成本管理。

1. 采购管理

采购的质量和水平不仅影响到茶馆的经营水平，而且也会影响到茶馆的服务质量和信誉。因此，对采购工作必须规范管理，严格要求。采购管理的内容主要包括以下几个方面。

(1) 采购人员的基本条件。

茶馆管理者选拔采购人员，应以采购人员的人品和专业知识为选拔条件。基本条件如下。

① 成本意识与价值分析能力。

采购支出将构成产品成本的主要部分，因此，首先，采购人员必须具有成本意识，必须精打细算。其次，必须具有成本效益观念，随时将投入与产出加以比较。此外，对报价单的内容应有分析技巧，不可以进行简单的总价比较，必须在相同的基础上，逐项(包括原料、人工、工具、税收、利润、交货时间和付款条件等)加以剖析评判。

② 预测能力。

在动态经济环境下，物品的采购价格与供应数量经常调整变动。采购人员应能依据各种产销资料，判断供应是否足够。从物品原料价格的涨跌，也能推断采购成本将受影响的幅度。总之，采购人员必须扩充视闻，具备分析市场的能力，对物品将来的供应趋势想好对策。

③ 表达能力。

采购人员无论是用语言还是文字与供应商沟通，必须能正确、清晰地表达所要采购的各种条件，如规格、数量、价格、交货期限和付款方式等，避免语言含糊而产生误解。特别是忙碌的采购工作，必须使采购人员具备长话短说、简洁明了的表达能力，以免浪费时间。“说之以理，动之以情”来取得优惠的采购条件，更是采购人员必须锻炼的表达技巧。

④ 专业知识。

采购人员对其经办的茶产品，若能了解茶叶原料的来源、加工过程、品质和基本成本等，将有助于与供应商的沟通，并避免吃亏上当。有了专业知识，更能主动开发新来源，有助于降低采购成本。

(2) 采购人员的职业道德要求。

第一，以企业的利益为重。采购人员必须保持平常心和不动心，否则以牺牲公司利益，图利他人或自己，终将误人误己。

第二，对工作认真负责。如果采购人员不能保持“舍我其谁”的态度负责调度所需物料，很可能会给公司造成严重损失。

第三，保持与供应商的良好关系。从交易的角度来看，采购人员虽然较占上风，但对供应商的态度不可趾高气扬、傲慢无理。与供应商的谈判或议价过程可能相当艰辛和复杂，采购人员更需要有耐心和等待的修养才能事半功倍。

(3) 采购工作的程序。

为了使采购人员清楚地知道怎样工作,也为了管理人员实行有效控制,茶馆必须建立标准化的采购程序,明确规定各自的责任和各项工作的先后顺序。标准化的采购程序主要通过表单的传递来实施,其基本表单有请购单、订购单、进货单和每日茶品存购单一览表。请购单是由使用部门提出的,是采购人员进行采购的依据。订购单则是采购部门向供货单位发出的,是供货单位供货和茶馆验收人员的依据。进货单(进货回执)则是由验收人员填写的供货单位的结算凭证。在此基础上填写每日茶品存购一览表,以便全面控制茶品的采购和结存。常用采购程序如下。

① 提出进货要求。原料及物品的使用部门提出进货要求。

② 确定采购量。采购员将销售情况同现有的库存量进行比较,确定最终采购量。

③ 报价报批。按照采购物品清单列出物品市场价格,并报与总经理批示。

④ 发出订购单。采购部门向供货单位发出订购单。

⑤ 进货、验收。物品入店由专门的验收人员验收,并填写进货回执。

(4) 采购方式。

从时间上来看,货物采购方式可分为以下两种。

① 市场即时购买,是指按现行茶叶市场上的品种、质量、价格进行选择购买,购买的价格随市场的供应情况而变化。

② 预先购买,是指在预先确定了经营需要之后,提前购买储存备用,或者购买单位与供应单位之间订立正式购买合同,确保一定时期内的供应。之所以采用这种方式是因为许多茶馆在确定了茶单上产品的售价后不能频繁变动,故必须用预先购买的方式使茶品价格在几个月甚至一年中维持相对的稳定,以有效控制成本。

(5) 采购质量管理。

要保证茶品质量的稳定,茶叶及食品原料的质量必须始终如一。对此,茶馆必须列出本店常用的需采购的茶品原料的目录,并采用采购规格书的形式,规定各种茶品原料的质量要求。

采购规格书是对需采购的茶品原料规定详尽的质量规格等要求的书面标准。一般一份全面的茶品采购规格书应包括以下基本内容。

① 茶叶及食品原料的确切名称。

② 茶叶及食品原料的品牌。

③ 茶叶及食品原料的质量等级。

④ 茶叶及食品原料的来源或产地。

⑤ 茶叶所达到的必要指标。

制定茶品原料质量标准可以把好采购关，避免因采购的茶品原料质量不稳定而引起产品质量的不稳定；把采购质量标准分发给供货单位，使供货单位掌握该茶馆的质量要求，避免发生分歧和矛盾，还可以避免每次对供货单位提出各种原料的质量要求，可以减少工作量。

（6）评价供货单位优劣的标准。

在采购管理中对供货单位进行选择至关重要，因此，在采购前需要对供货单位进行优劣评价。评价过程中主要看以下因素。

① 地理位置。

供货单位与茶馆的距离较近，可以缩短采购和供货时间，节省采购费用。

② 设施及管理水平。

根据供货单位的卫生条件是否良好、规章制度是否健全、设备设施是否齐备且较具现代化的标准来确定供货单位的管理水平。

③ 财务的稳定性。

要对未来的供货单位的财务可靠程度进行调查，以避免今后供应受到影响。

④ 供货单位业务人员的技术能力和服务水平。

一个优秀的供销员不仅仅是接受订货单，应当熟知出售的物品的性能并能帮助购货单位了解如何最好地使用这些物品，同时能提供较好的售后服务。

⑤ 价格。

在保证食品原料质量的基础上，供货单位还要提供公平合理的价格。

2. 生产管理

茶馆的产品主要包括两大方面，一是实物产品，二是服务产品。实物产品既包括成品茶叶和茶点，又包括现场制作的茶食。服务产品以服务人员提供的服务为主，同时还包括茶馆整体的环境氛围。茶馆产品的生产过程十分重要，它关系到茶馆的生存和发展，因此要做好茶馆的生产管理。茶馆的生产管理主要由服务人员、茶叶茶食、物品设施和环境氛围四大要素构成，体现在人员管理、茶食开发、物品管理和环境管理四个方面。

（1）服务人员的管理。

第一，仪容仪表的管理。

① 服装。按季节规定统一着装，做到干净、整齐、笔挺，不得穿规定以外的服装上岗；服装上不得挂饰规定以外的饰物；衣袋内不得多装物品；不得戴手链、大耳环等饰品；非工作需要，不得在茶馆外穿工装。

② 个人卫生。上岗前不能吃葱、蒜等带有异味的食物；饭后要刷牙，保持口腔清洁；勤理发、洗头，勤剪指甲，指甲内不得有污垢，不染指甲；保持自然发型，不得染发，不能留怪异发型、淡妆上岗，不得使用带有较明显刺激性的化妆品、手不能涂抹化妆品；患有皮肤类疾病者，要选择用药，勤洗澡；不准在服务区域剔牙、抠鼻、挖耳；不准随地吐痰；经常洗澡，保持身体清洁。

第二，言谈举止的管理。

在茶艺服务工作中应按照合乎礼仪的言谈举止进行要求，主要体现在基本礼节的使用和服务技能的应用上。无客人时，不能扎堆聊天，不能梳妆打扮，不能大声喧哗，可有组织地进行学习、讨论、练习等，并安排专人做好迎宾工作。在日常工作中应注意以下几个方面。

① 在接待客人和服务过程中，恰当使用文明服务用语。

② 不能使用服务禁忌语言。

③ 在服务区域碰到客人要主动打招呼，向客人问好。对顾客要热情服务，耐心周到，百挑不厌、百问不烦。

④ 递送物品要用双手，轻拿轻放，不急不躁。

⑤ 不能与客人发生争执、争吵。

⑥ 不能带情绪上岗，不能带着不悦的情绪接待顾客。

⑦ 对特殊客人要了解其禁忌，避免引起客人的不快或发生冲突。

⑧ 尊重客人的习惯，不得议论、模仿、嘲笑客人。

⑨ 保持愉快的情绪，微笑服务，态度和蔼、亲切。

⑩ 进入房间要先敲门，经许可方能入内。

第三，劳动纪律。

① 员工必须按时上班，准时进入工作岗位。如有急事要向经理请假，获得批准后方可离开。

② 不得在服务现场吃东西、干私活。

③ 严禁酒后上岗。

④ 工作期间必须讲普通话，不得使用方言。

⑤ 严守工作岗位，不得随便离岗。

⑥ 维护茶馆的形象，不得在服务现场聊天、打闹、嬉笑、大声交谈。

⑦ 不能因点货、收拾台面、结账等原因不理睬顾客。

⑧ 不得当面或背后议论客人，不得对客人评头论足。

⑨ 不得使用破损、有缺口、有污渍的茶具。

⑩ 不得与顾客争吵。

⑪ 不得坐着接待顾客，对待顾客要礼貌、热情、主动。

⑫ 不得随地吐痰、乱扔杂物，要保持工作区域的清洁。

⑬ 不得表现出对客人的冷淡、不耐烦及轻视，对所有客人要一视同仁。

⑭ 保持良好的站立姿势，不可靠墙或服务台，不可袖手或倒背双手。

⑮ 与客人交谈时要掌握技巧，注意分寸，不得打听客人的隐私。

⑯ 全面了解茶馆的情况，不得对客人的问题一问三不知。

⑰ 收放物品时要小心，轻拿轻放，不能声音过大。

⑱ 不能不理会其他服务员招待的客人的招呼。

⑲ 不得当着客人的面打扫卫生。

⑳ 严禁向客人索取小费。客人付小费时要婉言谢绝。

第四，考勤制度。

① 为保证正常的工作秩序，员工必须按时上班，不迟到，不早退，不旷工，不擅离职守，有事要请假，并按要求办理请假手续。

② 经理或领班要如实记录所有人员的出勤情况。考勤作为员工考核、奖惩的重要依据之一。考勤记录不得涂改，记录错误确需更改，当事人要签名并说明更改原因。

③ 请假要由员工本人填写请假条，写明请假的事由和起止时间，经理批准后方可离开。职工病假超过 1 天者，需出具市级以上医院的证明。一般情况下，不得电话请假，不得他人代为请假。

④ 各种假期的管理，如事假、病假、婚假、丧假、探亲假、休假等，视具体情况做出相应的规定，内容包括请假手续的办理，工资、奖金的处理等。

⑤ 对违反考勤制度者，如迟到、早退、旷工、捏造理由请假、考勤弄虚作假等，要制定相应的处罚措施，以保证考勤制度得以切实执行。

第五，劳动保护和安全。

劳动保护和安全是茶馆在经营过程中，为保护员工的身心健康，消除各种不安全的事故和隐患，所采取的各种保护和预防措施。如在工作中应尽量避免开水烫伤自己和茶客。为预防和处理此类事故发生，茶楼应备有一些烫伤药及常用的药品。因此，为了达到保护劳动者和保证工作安全的目的，茶馆必须做到以下几点。

① 建立安全责任制和检查制度。对开水炉、煤气灶及煤气管道、电气设施设备应定期检查和维护。

② 改善员工劳动条件。根据茶馆的自身能力，逐步地有计划地改善劳动条件，提高员工的福利待遇，并保护员工的身体健康。

③ 定期对员工进行安全教育。

（2）物品和设施管理。

① 茶馆的各种服务设施、用具、物品的维护、保管十分重要，必须建立相应的管理制度。

② 设施和物品要由专人负责，专人管理，做到岗位清楚，职责分明。

③ 明确设施、用具的检查项目、检查方式，定期定时进行检查，发现问题及时处理。

④ 建立设施维修保养资料卡和用具账目及损坏情况登记卡，以便积累数据，掌握规律。

⑤ 对商品陈列做出明确规定，使陈列安全、有序，显示出美感，并方便顾客选购。

⑥ 对物品的人为损坏，要有相应的处理办法。

（3）环境管理。

茶馆服务环境的要求是：整洁、美观、舒适、方便、有序、安全、安静。好的服务环境，一方面可以满足顾客的需求，获得顾客的好感和信任，树立企业的良好形象；另一方面会使服务人员精神焕发，工作更有劲头。

第一，卫生要求。

① 每天上午开门接待顾客前，经理或领班要组织服务人员全面打扫卫生，对所有区域按标准进行清理，并逐项检查，不合格的地方要重新清理。

② 地面要求光、亮、净，不得有未清理的垃圾。顾客丢弃的废物要随时清理。

③ 大厅、房间、卫生间墙面、墙角、窗台等处无积尘、浮土、蛛网等；门窗、楼梯扶手无灰尘、污垢，玻璃要清澈透亮，无污点、污痕，柜台、货架、灯架、音响、电视机等凡能看得见、摸得着的地方，不得有污物、灰尘、污渍；台面无杂物、灰尘、茶渍等；室内无蚊蝇、老鼠及腐烂变质的商品、食品，无异味。

④ 卫生间地面干净，无污水、脏物；纸篓的垃圾及时清理，所存垃圾不得超过纸篓高度的1/2；管道上下水通畅，洗手池外壁、内壁、台面、水管把手无污迹、灰尘，便池干净、洁白，无明显污渍；室内经常通风，无异味；各种物品摆放整齐、有序，墙面无乱涂乱画。

⑤ 茶具无水痕、污渍、手纹、茶渍（紫砂壶、茶船除外）；茶具、餐具按规定进行消毒。

⑥ 吧台物品摆放整齐，卫生要求与室内的其他要求相同。

⑦ 晚上送客后，对地面、台面、墙面要彻底打扫一遍。

⑧ 及时清理台面上的果皮、茶叶、水迹等，勤换烟缸，保持台面的干净、整洁。

⑨ 对员工进行卫生知识和卫生法律制度的培训，帮助员工养成良好的卫生习惯，树立卫生意识，注意约束自己的行为，努力创造卫生、清洁、舒适的工作和服务环境。对出现问题的员工，领班和经理要随时提醒其注意个人行为，问题严重的，要进行相应的处罚。

⑩ 经理、领班要经常检查卫生制度的落实情况，对存在的问题要提出改进意见和要求。

第二，营造安静的服务环境。

① 所有服务人员要注意自己的言谈举止。

② 音乐要柔和，声音适度，不能太大，保持环境安静。

③ 对发出声音、声响较大的顾客，要以适当的方式提醒其注意，共同营造安静的环境。

3. 成本管理

茶馆自开业之初就应该严格搞好成本控制。成本控制的成功与否，将直接影响到茶艺馆经营的利润。茶点和服务是茶馆主要的经营产品，因此对茶馆的成本控制和管理主要体现在工作人员的配备和茶点的定价及成本核算方面。

（1）工作人员的配备。

茶馆属于服务性行业，在经营过程中，应当组织员工合理有效地进行劳动分工，以达到节约成本、科学管理的目的。

① 前台服务部门人员的配备。

根据茶楼规模、营业时间确定班次，从而计算出工作人员的数量。

$$服务员数量=\frac{茶馆总桌子数/工作定额桌数}{每周实际工作制/7天}$$

假设一茶馆共有 18 张桌子，服务班次安排为早、晚两班，根据工作量，白天工作量较小，工作定额为每人 6 张桌子，而晚上工作量较大，工作定额为每人 4 张桌子，每周实行 5 天工作制，则茶馆所需服务人员人数可以做如下计算：

平班服务员　$\frac{18\div6}{5\div7}\approx4$(人)

晚班服务员　$\frac{18\div4}{5\div7}\approx6$(人)

茶馆所需服务员人数＝早班服务员＋晚班服务员＝4＋6＝10(人)

② 工作间的人员分工。

工作间人员的分工主要有烧水、泡(发)茶、洗茶具、分装茶叶以及点心制作，一般茶馆由一人负责烧水、泡茶，另一人负责茶具的清洗和茶叶的分装。如有茶点，要有 1—2 名人员负责点心的制作和烹调。

（2）茶点的设计、成本核算及其定价。

① 茶点的设计。

茶点是提供给客人的主要商品，是茶馆营销组合中一个很重要的因素。茶点的设计一般应根据茶馆所处的不同环境和经营特色来组合设计。如果茶馆所处位置在文化层次较高的地区，消费者以高级商务客人、政府要员、外国使领馆工作人员等为主的，茶叶应选择一些较高档的中国名茶，特别是一些外形美观、富有情趣的茶品；如果茶馆位于闹市区，主要消费者为游客和外出购物者，来茶馆的目的是休息、解渴，则茶叶应以中高档为主；而一般的街边茶馆，茶叶则以中低档为主。

② 茶点的成本核算。

控制茶点成本是茶楼管理的基础工作，它直接影响到茶楼的信誉和竞争力。根据成本核算制度，茶点的成本主要包括茶叶、茶食点心、瓜果、蜜饯等以及其他支出。茶食成本包括制作茶食所耗用的原料和配料。其他燃料费、劳动力费用等均列入营业费用，不计入菜肴出品的成本。

③ 影响茶馆产品定价的因素。

价格的制定对茶馆的经营决策是一个很重要的内容。一般来说，影响茶馆定价的因素有以下几个方面。

第一，地段因素。茶馆所处地段的位置、租金高低会影响产品定价。一般地段较好的位置租金较高，茶馆的经营成本也就偏高，因此茶品价格一般较高；反之，偏僻的地段，经营成本较低，茶品价格也就较低。

第二，成本因素。茶馆的成本，主要包括原料成本和经营成本，原料成本是制定价格的基本依据。按原料定价首先应考虑毛利率的高低。茶馆的消费特点是时间比较长，消费者一般一坐就是几个小时，不仅影响了座位的周转率，而且提供的服务量也比较多，因此茶艺的毛利率也就比较高，价格也就相应地要定得高一些。

第三，营业时间。一天中不同的时间段，客人的数量是不同的，因此销售额也会出现变动。如果在产品定价时考虑到营业时间因素，就可以满足不同层次、不同时间段消费者的需要，还可有效地利用茶馆有限的场地，获得较大的经营收入。

④ 茶点按成本定价方法。

茶点定价通常把原材料成本作为成本要素，把费用、税金和利润合在一起作为毛利，其计算公式为：

茶点价格＝原材料成本＋费用＋税金＋利润

＝原材料成本＋毛利

茶点价格的确定，必须以茶点成本为基础，并考虑到市场的竞争和茶馆的实际情况，坚持物有所值、按质论价的原则，其定价一般有以下几种方法。

第一种，随行就市法。是以其他茶馆的茶点价格水平作为参照物来确定本茶馆茶点价格的方法。根据本茶馆所处的地段、环境、软硬件设施等条件和其他茶馆相比，制定出比较合理的价格，这种方法比较简便，有利于同其他茶馆的竞争。

第二种，内扣毛利率法。这是根据茶点成本和内扣毛利率来计算销售价格的方法。毛利率是毛利占茶点销售价格的百分比。其计算公式为：

销售价格＝茶点成本÷(1－销售毛利率)

例如，一种茶点的原料成本为 8 元，茶馆对该茶点规定毛利率为 75％，那么，该茶点的销售价格应为：

$$8\div(1-75\%)=32(\text{元})$$

用这种方法定价，茶点毛利在销售额中所占比例一目了然。

第三种，外加毛利率法。以茶点成本为基础即 100％，加上毛利占成本的百分比即成本毛利率，再以此计算茶点的销售价格，其计算公式为：

销售价格＝茶点成本×(1＋成本毛利率)

例如，一种茶点的成本为 6 元，茶楼规定该茶点的成本毛利率为 300％，则该茶点的销售价格为：

$$6\times(1+300\%)=24(\text{元})$$

外加法比内扣法在计算上更符合人们的习惯，但不能清楚地反映毛利在销售额中所占的比例。

第四种，系数定价法。这种方法应根据以往的经营情况，确定茶点成本率。如计划茶点成本率为 25％，那么定价数为 1/25％，即 4，其计算公式为：

销售价格＝茶点成本×定价系数

例如，茶点成本为 15 元，其定价系数为 25％，则该茶点销售价格为：

$$15/25\%=15\times4=60(\text{元})$$

这种方法是以成本为出发点的经验法，简便易行，是茶馆常用的一种定价方法。

三 茶馆的营销

茶馆的营销就是通过客人参与服务并对服务满意来实现经营的目的。营销任务在于不断发现和跟踪顾客需求的变化，及时调整茶馆的整体经营活动，努力开发和满足顾客的需要，推动茶馆的不断发展。

1. 茶馆营销活动的策划

(1) 确立现代企业营销思路。

市场营销观念是企业的经营观念和管理哲学，对茶馆的经营也不例外。在市场营销中强调良好的顾客网络关系，对经营者的成败来说是一个关键的问题。因此，作为茶馆的经营者一定要坚持投消费者所好，关注消费者的需求的主要思想，认真地细分市场，制定相应的营销战略和营销策略，从而不断地开发新的市场。

第一，营销战略是从茶馆长远发展的角度对营销管理进行的总体规划，它是在茶艺馆的定位和对市场分析、预测的基础上制定出来的。营销战略不是把眼光局限于茶馆目前的经营状况及狭小的市场范围，而是着眼于茶馆未来的发展方向，着眼于对营销系统整体的、有步骤的安排和推进，要求的是未来的结果和良好的局面。营销战略要对茶馆未来3—5年，甚至更长时期的营销管理进行统筹规划，以充分利用茶馆的有限资源，一步步实现企业的发展目标。

第二，营销策略是在营销战略的指导下，结合目前茶馆的经营情况和市场状况，针对竞争对手的营销活动、营销措施以及消费需求的变化，对茶馆营销进行的短期规划和安排。它涉及的时间较短，一般在1年以内。如适时制定的价格策略、服务策略、产品策略、宣传策略等，都具有较强的针对性和目的性，以便在一定时期内吸引顾客，扩大影响，提高销售额和企业的效益。

（2）进行市场调研。

茶馆的经营者必须做好市场调研活动，以了解茶馆所处的环境、地理位置等，从而有针对性地进行经营层次的定位以及茶品的开发和设计。一般调研活动主要从以下几个方面进行。

第一，现场测定。在实地分时间阶段观测人流量，对消费者及有可能进行消费的人流量做出估测。

第二，周边调查。了解周围的居民社区人群密度、学校、商店、机关、饭店、娱乐场所等情况以及收入水平与消费水平等。

第三，了解同行。调查周围同行数量，并了解同行的经营状况、客源渠道、客流量、价格定位、经营品种、环境设施等。

通过市场调查，对整个经营环境进行分析、研究，并根据茶馆的具体经营情况有针对性地进行茶馆营销活动的策划。

（3）茶艺营销活动的策划。

营销活动是企业吸引顾客，提高销售额常用的一种手段。茶馆可以开展的营销活动多种多样，如价格优惠、推出新的服务、举办文体活动、开展茶文化宣传等。为了增加活动的吸引力，扩大影响，一是对活动要精心策划，找到好的创意和方法；二是要认真组织，使活动能达到预期效果。目前茶馆常用的推销方式一般有以下几种方法。

第一种，现场推销。就是指在茶叶门市部或服务活动现场，由茶馆的工作人员直接进行推销。它的优点是与顾客面对面直接交流，易使顾客产生认同感。但是，对于推销人员的素质和能力有较高的要求。

第二种，电话推销。即茶馆推销人员利用电话向消费者进行推销。此方式的前提是茶馆必须通过调查得到目标顾客的电话号码。另外，茶馆可以通过电话来加强与顾客的沟通与联络，以稳定客源。茶馆有重大活动，推出的酬宾活动、营销活动等，可以通过电话及时通知老顾客。

第三种，广告推销。广告的宣传以其传播范围广、影响大的优点，成为很多茶馆常采用的一种促销方式。茶馆可采取的广告形式很多，如举办一些有特色的创意活动，事后以新闻采访的形式在媒体上进行宣传；出资在一些媒体上宣传企业的形象和产品等。

第四种，活动促销。茶馆应定期举办各种形式的与茶文化相关联的促销活动。开展促销活动的目的是吸引公众的注意，达到刺激消费的目的。如春季在新茶开始采摘时举办"新茶推介会"、夏季举办"消暑纳凉茶会"、秋季举办"乌龙茶会"、冬季举办"茶与养生茶会"等，既丰富了消费者的业余生活，又通过这一系列的活动扩大了茶馆的知名度。

2. 茶馆常用营销活动的具体安排

（1）庆典酬宾活动。

为了吸引顾客，扩大影响，茶馆可以定期推出酬宾活动，如打折优惠、买一送一、赠送礼品等。如果酬宾活动和节日庆典（如中秋、元旦等传统节日及茶馆开业、周年等）能有机地结合在一起，宣传效果会更好。

因为庆典影响较大，涉及面广，所以要精心策划，详细安排和布置，以保证万无一失。庆典的策划与安排要考虑以下几个方面的内容。

① 开始时间。

② 活动的内容与形式。

③ 活动负责人的确定，人员的安排与分工，必要的排练。

④ 庆典的程序安排。

⑤ 来宾的联系和确定。

⑥ 新闻媒体的联系和确定。

⑦ 场地的确定和布置。

⑧ 音响的准备和调试。

⑨ 宣传资料的制作与发放。

⑩ 礼品的制作与发放。

⑪ 来宾与媒体的签到、招待与安排。

⑫ 现场秩序及安全问题，等等。

（2）茶事展销活动。

展销会是一种通过实物、文字、图表来展览成果、风貌、特征的宣传形式，属于微缩了的、综合性的宣传媒介。办好展销会也是茶馆做好营销工作的途径之一。

① 展销会的种类可从不同角度来划分。

第一，从展销会的性质来划分，可分为宣传性展销会和贸易性展销会。宣传性展销会的重点是宣传茶馆的自身形象，具有一定的整体性和概括性。贸易性展销会的重点是开拓商品市场，促进商品销售。这种展销会主要展出实物产品。

第二，从展销会的规模来划分，可分为大型、中型、小型展销会。大到“世界博览会”，小一个店面橱窗的商品陈列。

第三，从展销的内容来分，可分为综合性展销会和专题展销会。

第四，从展销会的时间来分，可分为长期展销会、定期更换内容的展销会和一次性展销会。长期展销会展览形式是长期固定的，如北京故宫博物院、上海自然博物馆等。定期更换内容的展销会展出内容定期进行部分更换，如北京和上海的工业展销会。一次性展销会是在一定时间内举行，展览结束后即拆除，如“广州出口商品交易会”、“吃、穿、用商品展销会”等。

第五，从展出地点来划分，可分为室内展销会、露天展销会和巡回展销会。室内展销会在室内举行，不受天气影响，不受时间限制，但花费较大，布置也较为复杂，但展销会较为精致、价值高。露天展销会的场地在室外，花费较少，布置也较简单，但受天气影响，在露天举办的展销会有农业机械展销会和花展等。巡回展销会是流动性的，利用拖车、火车、特种车辆等从事展销活动。

② 展销会的特点。

第一，展销会是一种复合型的传播方式。即可以同时使用多种媒介进行交叉混合传播的方式，如可运用声音，讲解、交谈、广播等；文字，说明词、介绍材料等；图像，照片、幻灯、录像、电影等；实物，模型、产品等；人物，模特等。由于展销会这种复合型的传播方式综合了多种传播媒介的优点，所以通常能达到令人满意的沟通效果。

第二，展销会是一种具有感染力的传播方式。一般展销会的展品以实物为主，辅以现场讲解和示范表演。精致的实物、形象的画面、动人的解说、优美的音乐和生动的造型艺术的有机结合，能产生一种引人入胜的感染力。

第三，展销会能给茶馆提供与顾客进行直接沟通的机会。展销会上茶馆可以有效地利用讲解、咨询、洽谈、意见征询等方式，了解顾客的需求和意见。同时，茶馆也可以将本店的实际情况、经营特色、服务方式等信息向顾客传递，增加与顾客之间的相互了解。

第四，展销会是一种高效率和高度集中的沟通方式。一个展销会可以集中许多行业的不同展品，也可以集中统一行业中多种品牌的同类展品，这就为参观者提供了更多的机会，并节约了大量时间和费用，方便了参观者。

第五，展销会常常成为新闻媒介追踪的对象。展销会是一种综合性的大型活动，往往成为新闻媒介追踪的对象，容易形成新闻热点。新闻媒介对展销会及展品的传播会对消费者产生很大的影响，参展单位可以利用展销会的机会扩大影响。

③ 展销会的具体安排。

第一，确定展销会的主题。每一次展销会都有明确的主题，只有主题明确才能使参展物有机地结合在一起，并以此决定展销会中将使用的沟通方法、展览形式和接待形式。

第二，确定展销会的地点。要综合考虑多方面的因素，如参展的内容、交通情况、周围环境等。

第三，确定参展单位。可采用广告和发邀请函的形式组织参展单位。

第四，准备好展销会所需的各种资料。如展品、录音录像及各种宣传册等。

第五，培训展销会工作人员。对讲解员、接待员、服务员等进行良好的训练和专业知识培训，使之能够满足展销会的要求，使参观者满意。

第六，构思展览会的结构。要提前拟定出活动的整体结构，包括设计会标、主题曲、整体布局、前言和结束语等。

第七，做好经费预算。要根据展销会所要达到的效果来考虑花费标准，既要节约，又要留有余地。支出费用主要有场地租金、设计建造费、劳务费、广告费、印刷费、运输费、联络与交际费、纪念品制作费。除以上费用外，还应有一定的预备金，以备调剂补充之用。预备金一般占总费用的5%—10%。

④ 展销会的效果评估。

展销会的效果是指实施展销会所带来的经济效益和社会效益。测定方法有很多，如主办有奖测验活动、设置观众留言簿、召开观众座谈会、登门访问或发放调查信件等。

知识链接

中国茶馆营销新模式

中国茶馆萌芽于晋，兴起于唐，繁荣于宋，普及于明清，微衰于近代，复兴于现今。中国茶馆是社会的一个窗口和缩影，中国茶馆起着社会文化信息传播的功能。然而，中国茶馆发展至今天，复兴繁荣的同时，也存在诸多问题，其中较为突出的便是营销模式的选择与应用。

中国茶馆经营现状：走不出去的传统套路

中国茶馆发展一千多年来，始终沿着休闲茶馆、文化茶馆的套路走下来，一直没有大的突破。在运作模式上，多是“为卖茶而卖茶”的经营模式；在人员使用上，多是店主本人或其配偶亲戚是饮茶方面的专家或知之较多者；在品牌塑造上，没有品牌意识，缺乏茶馆价值的塑造；在文化层次上，虽认识到文化的重要性，但未真正理解茶文化的真谛。同时，装修风格相近，茶叶品种雷同，价格不相上下，没有自己的特色。

当今，虽然有一部分中国茶馆，如北京老舍茶馆等已开始注重特色的塑造，但整体上都未走出传统套路，经营同质化严重，市场定位不清，营销意识淡薄。

中国茶馆文化营销：突显“天人合一，物我玄会”的茶文化

一部茶文化史就是一部中国文化史，中国文化在茶文化中得到了充分体现。在茶馆经营中要注重茶文化的诠释，要在向顾客提供服务的“真实瞬间”体现中国茶文化的内涵和精神。中国茶文化以“天人合一，物我玄会”为哲学基础，“天人合一”倡导人与自然之间应密切联系，相互融通，“物我玄会”强调主体和客体的双向交流，通过物我的相互引发，相互融通，最终达到“思与境谐”、“情与景冥”，并通过这种审美体验去感受人与自然、人与茶之间最深刻、最亲密的关系。“智者乐水，仁者乐山”（智者达于事理而周流无滞，有似于水，所以偏爱水；仁者安于义理而厚重不迁，有似于山，所以偏爱山）是中国茶文化的人文思考。茶文化的审美实际上是饮茶人对自我人格的欣赏。审美主体在审美时带有明显的选择性，偏爱于自己的品德和人格相通的东西。“道法自然，保合太和”是茶文化美学的基本法则。“道法自然”力求朴素，返朴归真；“保合太和”强调既不太过，又无不及，一切都要恰到好处。

我们一般可以这么理解：没有人因为口渴而去茶馆饮茶，他们去茶馆往往是为了休闲放松和突出自己的文化品位。茶馆要迎合顾客需求，做好文化营销。茶馆要在装修上体现自然特色，突出人与自然的和谐相处，可以使用木质桌椅并植种竹子等；要使用有气质的茶艺师并给予充分的茶艺与茶文化培训；要通过音乐、灯光等渲染一种文化氛围。

中国茶馆体验营销：以顾客感受和满意为核心

体验就是感觉、感受，是顾客在脑海中留下的美好记忆，并回味无穷。体验营销不仅为顾客提供满意的产品和服务，还为顾客创造和提供有价值的体验。在茶馆的竹林中，灯光柔和，克莱德曼的现代钢琴曲《蓝色多瑙河》飘荡四周，坐在古铜色的木质椅子上，和朋友或恋人围着一小桌，旁边站着一美丽的着旗袍的年轻女茶艺师，手里捧着一个颇具个性的瓷器茶杯，慢慢地品着西湖龙井，这幅画面将给顾客带来无穷无尽的、难以忘怀的体验。

在中国茶馆的经营中，体验营销尤为重要，因为顾客来饮茶满足口渴的需要这一目的并不强烈，强烈的是寻求一种体验，一种感受。茶馆是典型的服务型组织，顾客在服务的过程中参与程度很高，顾客参与程度越高，顾客的体验越丰富、越难忘、越愉快。体验和顿悟的过程是愉悦的，适当引导顾客，使顾客自己完成体悟的过程会比茶艺师引导的效果更好。因此，要在服务员的引导和提示下让顾客体验冲茶、品茶等，以带来顾客参与的快感。茶馆要充分使用道具，道具要有寓意深刻的语言、童话、哲理性小故事等，并通过道具生动演绎茶味人生，“一花一世界，一叶一菩提”。要满足顾客的个性化需求，使用有限的道具营造“月映千江水，千江月不同”的意境。

中国茶馆文化营销＋体验营销：创造绝佳新模式

卖茶卖文化，卖茶卖体验，其次才是卖茶水。在中国茶馆经营中，如果能将文化营销与体验营销相结合，将会创造中国茶馆营销的新模式，带来绝佳商机。文化营销＋体验营销

这一中国茶馆营销新模式是将茶文化与饮茶体验作为两个卖点进行运作的。其中，不但要注重饮茶文化方面的设计，还要注重体验方面的设计，更要将两者很好地结合起来，突显营销特色。文化营销，营销的是人生与社会的千年体验；体验营销，营销的是人生与社会的百态文化，这应该是中国茶馆文化营销与体验营销的结合点。

项目小结

知识要点

1. 了解茶馆发展历史和各个发展阶段的特点。
2. 熟悉茶馆的功能、茶馆类型以及茶馆筹备的相关工作。
3. 掌握茶馆的经营管理相关知识及营销策略。

技能要点

1. 懂得茶馆经营管理相关流程。
2. 能够对相关茶馆进行比较专业的分析。
3. 能够利用茶馆营销策略为企业进行各种营销策划活动。

项目实训

知识考核

思考题

1. 假设你将在长沙的旅游景区开一间茶馆，请确定你所开茶馆的选址及装修风格。

2. 一茶馆有30张桌子，服务员班次安排为中、晚班，根据工作量，中班工作定额每人10张桌子，晚班每人6张桌子，每周实行5天工作制(不考虑其他节假日)，计算该茶馆需要多少服务员？

能力考核

实训一：茶馆人员招聘模拟训练。

实训要求：熟悉茶馆招聘工作的内容，掌握现场招聘的工作程序。

实训步骤及标准：

在招聘计划中必须包括以下部分。

(1) 招聘的准备工工作。

① 设计“应聘人员登记表”。

② 确定初试、复试的内容和方式。

③ 确定员工的待遇。

④ 招聘负责人及测试人员的确定。

⑤ 测试标准与考核办法确定。

⑥ 确定初试、复试时间及结果的公布方式。

⑦ 落实相关场地及相关物品准备。

（2）确定要招聘员工的种类及人数。

（3）对招聘过程进行设计。

实训二：茶馆营销活动策划。

实训要求：熟悉茶馆营销活动策划内容，掌握活动策划各要素。

实训标准：各个要素齐全，分析合理，具有一定实施可行性。

主要参考文献

[1] 陈文华,余悦. 国家职业资格培训教程茶艺师[M]. 北京:中国劳动社会保障出版社,2013.

[2] 李洪. 轻松茶艺全书[M]. 北京:中国轻工业出版社,2010.

[3] 陈龙. 中国茶艺茶道轻松入门[M]. 北京:电子工业出版社,2013.

[4] 林治. 中国茶艺学[M]. 北京:世界图书出版社,2011.

[5] 吴浩宏. 茶艺服务[M]. 北京:旅游教育出版社,2017.

[6] 吴建丽. 从零开始学茶艺[M]. 北京:电子工业出版社,2011.

[7] 朱迎迎,刘明华. 中国茶道插花[M]. 北京:化学工业出版社,2016.

[8] 贾红文,赵艳红. 茶文化概论与茶艺实训[M]. 北京:清华大学出版社,2010.

[9] 杨涌. 茶艺服务与管理实务[M]. 南京:东南大学出版社,2007.

[10] 王玲,于雅婷. 中国茶全图鉴[M]. 南京:江苏凤凰科学技术出版社,2016.

[11] 陆羽. 全图本茶经[M]. 北京:中国农业出版社,2017.

教学支持说明

一流高职院校旅游大类创新型人才培养“十三五”规划教材系华中科技大学出版社“十三五”规划重点教材。

为了改善教学效果，提高教材的使用效率，满足高校授课教师的教学需求，本套教材备有与纸质教材配套的教学课件（PPT 电子教案）和拓展资源（案例库、习题库、视频等）。

为保证本教学课件及相关教学资料仅为教材使用者所得，我们将向使用本套教材的高校授课教师免费赠送教学课件或者相关教学资料，烦请授课教师通过电话、邮件或加入旅游专家俱乐部 QQ 群等方式与我们联系，获取“教学课件资源申请表”文档并认真准确填写后发给我们，我们的联系方式如下：

地址：湖北省武汉市东湖新技术开发区华工科技园华工园六路

邮编：430223

电话：027-81321911

传真：027-81321917

E-mail：lyzjjlb@163.com

旅游专家俱乐部 QQ 群号：306110199

旅游专家俱乐部 QQ 群二维码：

群名称：旅游专家俱乐部
群　号：306110199

教学课件资源申请表

填表时间：________年____月____日

1. 以下内容请教师按实际情况填写，★为必填项。
2. 学生根据个人情况如实填写，相关内容可以酌情调整提交。

★姓名		★性别	□男 □女	出生年月		★ 职务	
						★ 职称	□教授 □副教授 □讲师 □助教
★学校				★院/系			
★教研室				★专业			
★办公电话			家庭电话			★移动电话	
★E-mail （请填写清晰）						★QQ 号/微信号	
★联系地址						★邮编	

★现在主授课程情况		学生人数	教材所属出版社	教材满意度
课程一				□满意 □一般 □不满意
课程二				□满意 □一般 □不满意
课程三				□满意 □一般 □不满意
其　他				□满意 □一般 □不满意

教 材 出 版 信 息		
方向一		□准备写 □写作中 □已成稿 □已出版待修订 □有讲义
方向二		□准备写 □写作中 □已成稿 □已出版待修订 □有讲义
方向三		□准备写 □写作中 □已成稿 □已出版待修订 □有讲义

请教师认真填写表格下列内容，提供索取课件配套教材的相关信息，我社根据每位教师/学生填表信息的完整性、授课情况与索取课件的相关性，以及教材使用的情况赠送教材的配套课件及相关教学资源。

ISBN（书号）	书名	作者	索取课件简要说明	学生人数（如选作教材）
			□教学 □参考	
			□教学 □参考	

★您对与课件配套的纸质教材的意见和建议，希望提供哪些配套教学资源：